钟表技术

原理·装配·维修

萧治平 主 编

许可本　孙学锋　金驰光 参 编

史美琪 审 校

中国轻工业出版社

图书在版编目（CIP）数据

钟表技术：原理·装配·维修/萧治平主编. —北京：中国轻工业出版社，2025.8
ISBN 978-7-5019-6442-0

Ⅰ. 钟… Ⅱ. 萧… Ⅲ. 钟表－技术 Ⅳ.TH714.5

中国版本图书馆 CIP 数据核字（2008）第 067845 号

责任编辑：杜宇芳　　责任终审：孟寿萱　　封面设计：锋尚设计
版式设计：王超男　　责任校对：燕　杰　　责任监印：张京华

出版发行：中国轻工业出版社（北京鲁谷东街 5 号，邮编：100040）
印　　刷：三河市万龙印装有限公司
经　　销：各地新华书店
版　　次：2025 年 8 月第 1 版第 15 次印刷
开　　本：787×1092　1/16　印张：16.25
字　　数：375 千字
书　　号：ISBN 978-7-5019-6442-0　定价：28.00 元
邮购电话：010-85119873
发行电话：010-85119832　　010-85119912
网　　址：http://www.chlip.com.cn
Email：club@chlip.com.cn
版权所有　侵权必究
如发现图书残缺请与我社邮购联系调换
251493K4C115ZBQ

前　言

  在钟表技术领域，从古代的日晷到现代的石英钟表，经历了数千年漫长的岁月。然而日新月异的钟表技术成就，应当首推目前在商业橱窗中展示的各种精密机械钟表和轻巧新颖的石英电子钟表。本书系统地阐述了这两大类钟表的基本原理和装配、维修技术。

  本书主要用于钟表技术教育和技能培训。为此，在编写时，特别注意基本原理与实践技术并重；机械技术与石英电子技术共容；时钟机构与手表机构齐备以适应各个方面、各个系统的教育和培训的需要。

  本书除部分结构设计、齿轮参数计算、尺寸链计算及振动公式推导属高职或高级工培训教育层次外，其他内容均适用于中专、职校和技校的技术教育或初、中级工技术培训。

  本书在编写过程中，尽可能全面地搜集各类具有代表意义的钟表技术资料，为此得到上海钟表行业有关单位的积极支持和大力配合；本书的编写和出版还得到了上海钟表公司培训中心王惠基、张顺生等领导的关心和支持；上海大学史美琪副教授对书稿作了仔细的审校，并提出了宝贵的修改意见。

  此次修改和再版，上海市工业技术学校高级讲师张建鸣又对本书作了全面审校。在此谨向所有为本书作出过贡献的同仁、专家表示诚挚的感谢！

  由于编者水平有限，不足之处在所难免，还望各界有识之士不吝指正。

编者

2008 年 3 月

目 录

第一章　钟表计时基本知识 …………………………………………………（ 1 ）
　　第一节　时间与时间的计量 ……………………………………………（ 1 ）
　　第二节　时间基准的制定 ………………………………………………（ 2 ）
　　第三节　区时系统——全球计时方法的统一 …………………………（ 3 ）
　　第四节　常用计时名词 …………………………………………………（ 4 ）
　　第五节　世界钟 …………………………………………………………（ 5 ）
　　第六节　现代钟表分类 …………………………………………………（ 5 ）
　　第七节　振动计时钟表的基本原理 ……………………………………（ 6 ）

第二章　机械钟表整机工作原理与传动形式 …………………………（ 7 ）
　　第一节　机械手表整机工作原理与传动形式 …………………………（ 7 ）
　　第二节　机械闹钟整机工作原理与传动形式 …………………………（ 9 ）
　　第三节　摆钟整机工作原理与传动形式 ………………………………（ 10 ）

第三章　振动系统 …………………………………………………………（ 14 ）
　　第一节　摆轮游丝系统的结构 …………………………………………（ 14 ）
　　第二节　摆轮游丝系统振动工作原理 …………………………………（ 17 ）
　　第三节　理想摆轮游丝系统振动公式和振动周期 ……………………（ 18 ）
　　第四节　摆轮游丝系统振动周期的调节 ………………………………（ 20 ）
　　第五节　影响摆轮游丝系统振动周期的因素 …………………………（ 20 ）
　　第六节　摆的结构 ………………………………………………………（ 29 ）
　　第七节　摆的振动工作原理与振动周期 ………………………………（ 30 ）
　　第八节　影响摆的振动周期的因素 ……………………………………（ 31 ）
　　第九节　摆的振动周期的调节 …………………………………………（ 33 ）

第四章　擒纵机构 …………………………………………………………（ 34 ）
　　第一节　叉瓦式擒纵机构的结构 ………………………………………（ 34 ）
　　第二节　叉瓦式擒纵机构的工作原理 …………………………………（ 35 ）
　　第三节　叉瓦式擒纵机构的保险机构及其作用 ………………………（ 38 ）
　　第四节　叉瓦式擒纵机构对振动周期的影响 …………………………（ 40 ）
　　第五节　销钉式擒纵机构的结构 ………………………………………（ 41 ）
　　第六节　销钉式擒纵机构的工作原理 …………………………………（ 42 ）

第七节　销钉式擒纵机构的保险装置 …………………………（44）
　　第八节　摆式擒纵机构的结构 …………………………………（44）
　　第九节　格拉哈姆擒纵机构的结构及工作原理 ………………（45）
　　第十节　摆钟的等时点 …………………………………………（46）

第五章　齿轮传动 …………………………………………………（48）
　　第一节　钟表齿轮传动的应用及其特点 ………………………（48）
　　第二节　传动比及其计算 ………………………………………（49）
　　第三节　钟表齿形 ………………………………………………（51）
　　第四节　钟表齿轮各部分名称与计算 …………………………（54）
　　第五节　辅助齿轮传动 …………………………………………（55）
　　第六节　销轮啮合 ………………………………………………（56）

第六章　原动机构与上条拨针机构 ………………………………（57）
　　第一节　原动机构的作用与结构 ………………………………（57）
　　第二节　钟表机构对发条的要求 ………………………………（59）
　　第三节　发条的工作原理 ………………………………………（60）
　　第四节　提高发条输出力矩和力矩平稳性的措施 ……………（61）
　　第五节　上条拨针机构的作用与结构 …………………………（63）
　　第六节　上条拨针机构的工作原理 ……………………………（65）

第七章　夹板、钻石及简易尺寸链计算 …………………………（67）
　　第一节　夹板 ……………………………………………………（67）
　　第二节　钻石 ……………………………………………………（69）
　　第三节　简易尺寸链计算 ………………………………………（73）

第八章　日历与自动机构 …………………………………………（76）
　　第一节　表用日历机构 …………………………………………（76）
　　第二节　钟用日历机构 …………………………………………（80）
　　第三节　自动上条机构 …………………………………………（81）

第九章　机械手表的装配与维修 …………………………………（86）
　　第一节　常用工具 ………………………………………………（86）
　　第二节　典型机械手表零部件名称和装配位置 ………………（87）
　　第三节　原动机构的装配 ………………………………………（90）
　　第四节　上条拨针机构的装配 …………………………………（92）
　　第五节　传动轮系的装配 ………………………………………（93）

第六节　擒纵机构的装配 ………………………………………………（ 95 ）
　　第七节　摆轮游丝系统的装配 …………………………………………（ 97 ）
　　第八节　机械手表的拆卸、清洗与加油 ………………………………（103）
　　第九节　机械手表常见故障与排除 ……………………………………（107）

第十章　闹钟、摆钟的装配与维修 ………………………………………（111）
　　第一节　闹钟的装配 ……………………………………………………（111）
　　第二节　闹钟的维修 ……………………………………………………（116）
　　第三节　摆钟的装配 ……………………………………………………（123）
　　第四节　摆钟的维修 ……………………………………………………（128）

第十一章　电子钟表 ………………………………………………………（132）
　　第一节　概述 ……………………………………………………………（132）
　　第二节　指针式石英表 …………………………………………………（136）
　　第三节　指针式石英钟 …………………………………………………（139）

第十二章　石英谐振器 ……………………………………………………（141）
　　第一节　石英晶体 ………………………………………………………（141）
　　第二节　石英晶体的压电效应 …………………………………………（142）
　　第三节　石英谐振器的制造过程 ………………………………………（143）
　　第四节　石英谐振器的特性 ……………………………………………（146）
　　第五节　石英谐振器的结构与特性参数 ………………………………（148）

第十三章　集成电路 ………………………………………………………（150）
　　第一节　基础知识 ………………………………………………………（150）
　　第二节　单元电路 ………………………………………………………（151）
　　第三节　指针式石英电子钟表的集成电路 ……………………………（157）

第十四章　步进电机 ………………………………………………………（161）
　　第一节　石英钟表用步进电机 …………………………………………（161）
　　第二节　典型步进电机的结构 …………………………………………（162）
　　第三节　步进电机的磁性材料 …………………………………………（164）
　　第四节　步进电机的工作原理 …………………………………………（168）

第十五章　手表电池 ………………………………………………………（172）
　　第一节　手表电池的结构与特性 ………………………………………（172）
　　第二节　手表电池的使用与保管 ………………………………………（174）

  第三节 其他类型电池 ·· (175)

第十六章 指针式石英表的结构与装配 ·································· (177)
  第一节 指针式石英表的结构 ··· (177)
  第二节 指针式石英表的装配 ··· (182)

第十七章 指针式石英表的检测与维修 ·································· (192)
  第一节 常用检测仪器和工具 ··· (192)
  第二节 指针式石英表电气参数的检测方法 ····················· (193)
  第三节 指针式石英表的拆卸 ··· (201)
  第四节 指针式石英表的清洗 ··· (203)
  第五节 指针式石英表故障检查程序 ································· (204)
  第六节 指针式石英表常见故障及维修方法 ····················· (205)

第十八章 指针式石英钟的结构与装配 ·································· (210)
  第一节 指针式石英钟的结构 ··· (210)
  第二节 指针式石英钟的装配 ··· (219)

第十九章 指针式石英钟的检测与维修 ·································· (227)
  第一节 指针式石英钟的检测 ··· (227)
  第二节 指针式石英钟的维修 ··· (235)

第二十章 特殊用途钟表 ·· (241)
  第一节 原子钟 ·· (241)
  第二节 秒表 ··· (241)
  第三节 定时器 ·· (247)
  第四节 平衡摆与扭转摆 ·· (249)

附录 ·· (250)
  摆轮游丝系统运动方程的解法 ··· (250)

第一章 钟表计时基本知识

第一节 时间与时间的计量

一、时间

宇宙间万物的运动、变化，诸如花木的盛衰，流星的闪耀与烟灭，无一不在时间中演变、运行。

时间没有开始，也没有终了，明日复明日，昨日后面有前天，时间无始无终。

时间不具有重复性，古人云，人不能够两次涉足同一条河流，因为当你举足欲试时，那一条河早已远去。

时间与宇宙万物同时存在，与人类生活息息相关。

二、时间的计量

时间是可以计量的，各种各样的钟表就是计量时间的精密仪器。

日晷【guǐ】和圭表是最古老的计时器具，图1-1是日晷，图1-2是圭表。

图1-1 日晷

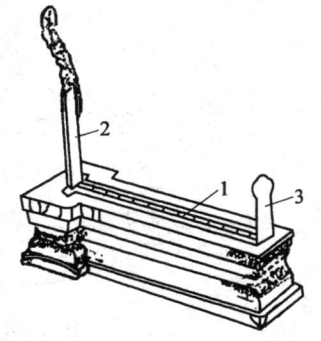

图1-2 圭表
1—圭表 2—表（南） 3—表（北）

它们都是利用太阳光的投影计量时刻，测定节气和一年时间的长短。滴水刻漏（图1-3）、玉石刻漏是我国古代应用较普遍的计时器具。

唐宋年间，朝廷还专门建造了宰相用的待漏院，宰相每日来朝，至此待玉漏到晨而后上朝。著名古文"待漏院记"有："金门未辟，玉漏犹滴，待漏之际，相君有思……"，可见古代滴漏使用之盛况。

此外，水运浑仪、砂漏、香钟、大明殿灯漏、五轮砂漏等都是我国古代著名的计时仪器。

计量时间有两种性质：其一是计量某一瞬时是什么时候，称为时刻计量；其二是计量两个

图 1-3 滴水刻漏

瞬间之间的间隔距离，称为时段计量。

时刻计量需要计量单位和计量起算点，例如，火车开车时间：17 点 30 分，"点"、"分"是计量单位。半夜零点则是计量起算点。

时段计量只需要计量单位，不需要计量起算点。例如：火车从上海开到南京需要 2h，即从开车的瞬间到抵达的瞬间，时间间隔是 2h。其中"h（小时）"为计量单位，与起算点无关。

第二节　时间基准的制定

正如计量长度要有尺一样，计量时间也要有个基准。

早期计量时间的基准是靠测量天体的运转，图 1-4 是天体运转示意图。太阳中心连续两次经过上中天的时段成为一个真太阳日，它的 1/24 为 1h（小时），1 小时有 60min（分钟），1min 又有 60s（秒），一天共有 86400s。

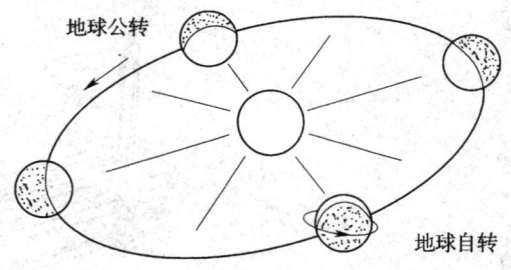

图 1-4　天体运转示意图

可是，由于风速、潮汐、气候、日月蚀以及地球轨道与太阳距离的改变，地球自转的速度便每天不同，也就是每个真太阳日的时间都不一样长。最长和最短的真太阳日相差较大，因此，用真太阳日作一天的基准便不可能准确。

1820 年，法国科学家举行会议，决定以全年各真太阳日的平均值或称平太阳日，表示一天的长短。并被科学界公认为时间计量的标准。一个平太阳日的 1/86400 为 1 秒，或称 1 平秒。

1839 年，英国科学家琼斯经过长期的天文观察，发现地球自转的周期每年均有显著的变化（转速减慢、季节性变化和不规则变化等）。地球自转周期既然有变化，那么，根据地球自转而建立的平太阳日时间基准也将是不稳定的。近代许多科学技术的发展对时间计量的准确度提出越来越高的要求,为了适应这种要求,1956年,科学家提出了以地球公转为基础而建立的新的国际计时基准,这个基准规定,1s等于地球绕太阳公转一周(一年)所需时间的31556925.9747分之一,但是地球每年公转周期也不尽相同。所以又规定追溯到1900年1月1日中午12时的太阳回归年长度作为计量基准。上述定义的秒又称历书秒,它是经过长年累月考证得到的,准确度比以前高很多,并自1960年正式使用。

以前的时间基准都是通过对天体运转进行复杂的测量计算获得的。科学技术的进步与发展为研制高精度的计时仪器创造了条件。铯原子钟就是人们利用其稳定的原子频率制成的一种高精度、高稳定度的计时仪器。

1967年,国际度量衡委员会决定,从1972年1月1日零时(世界时)开始,标准时间用国际铯原子钟得到。由此获得的时间基准又称原子时。它的精确度比此前高得多,并且改变了依赖繁复的天体测量和计算确定时间以及缺乏绝对的时间基准的状况,从此使秒的定义与天体运行脱离了关系。

第三节 区时系统——全球计时方法的统一

建立区时系统之前,世界各地的时钟都没有一定的时间准则。例如,1880年,在美国纽约州布法罗火车站就有三个时钟——一个显示布法罗当地时间,一个显示纽约市时间,而另一个则显示俄亥俄哥伦布市的时间,其混乱情况可想而知。

1883年,美国铁路局召开会议,决定将全国划为4个时区,每个时区相差1小时,这便是最早的区时制度。同年晚些时候,在华盛顿举行国际会议,会议决定把区时制度扩大到在全世界推行。

它的方法是将全世界分成24个时区,每个时区宽为15°经线,各区都以该区中央经线的地方时为该时区的标准时间,如图1-5所示。零时区(又称中时区),从通过伦敦

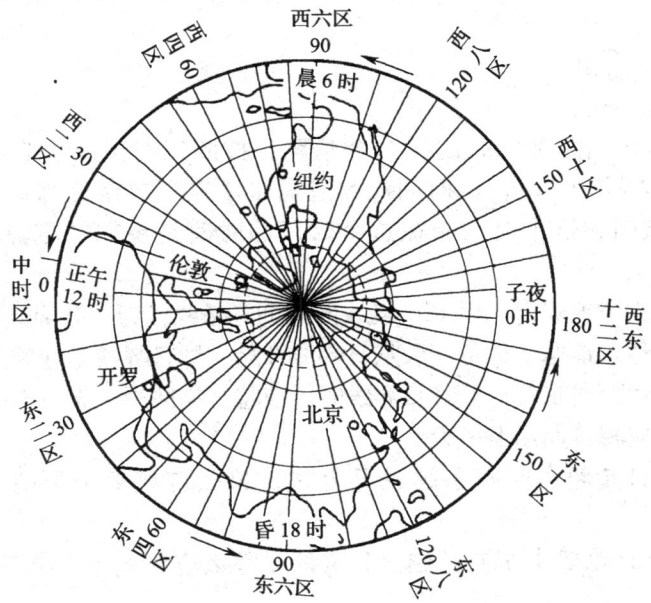

图1-5 地球自转使地球上有不同的地方时

格林尼治天文台的零度经线开始，向东西各伸展7°30′，零度经线为该区中央经线，东一区从东经7°30′到东经22°30′，东经15°为该区中央经线。西一区从西经7°30′到西经22°30′，西经15°为该区中央经线。以此类推，东西十二区重合。

由于每个时区相差1h，全球24个时区的时刻正好都是相差整小时数，使用十分方便。

例如，伦敦为零时区，北京为东八区，两地相差为8h。又由于地球自西向东旋转，所以伦敦比北京晚八小时。因此，若某一瞬时，伦敦为中午12点34分，则北京为晚上8点34分，计算十分简捷。

第四节　常用计时名词

一、北京时间

我国首都北京在东经116°属东八区。而东八区的中央经线是东经120°，所以，"北京时间"实际上是东经120°的地方时。

还要说明：实际上的时区界限并不完全按照经线划分，为了方便起见，往往按照各国行政区域或自然界线来划分。我国领土辽阔，东西横跨好几个时区，为了方便起见，目前只采用一个时区，即东八区的区时——"北京时间"作为全国统一的标准时间。

二、格林尼治时间

1884年，国际上将通过英国格林尼治天文台的经线定为零度经线（本初子午线），零时区即以通过这条经线的地方时作为区内标准时间。常称作"格林尼治时间"，也常称作"世界时"。

三、日界线

在日界线没有定出之前，有这样一个难题：按照区时系统，当北京为星期一20点的时刻，向东推算，12时区的时间应为星期二零点；向西推算，12时区的时间应为星期一零点。试问，这个时刻，在这个时区的时间是星期二零点还是星期一零点呢？

为此，国际上人为地规定，以180°经线附近的一条线作为"日界线"，日界线除南极洲外不经过任何陆地。地球上的每一天从日界线开始，即日界线是地球上每一天最早的地方。当飞机或轮船由西向东航行经过日界线时，应将日期减少一天；当飞机或轮船由东向西经过日界线时，应将日期加上一天。

例如，7月4日轮船由西向东越过日界线，那么应将船上所有日期翻回到7月3日。

又如，9月11日轮船由东向西越过日界线，那么应将船上所有日期向前翻到9月12日。

有了日界线，前面提出的难题也就迎刃而解了。

四、闰秒

闰秒是在 1972 年实行"原子时"时间基准以后诞生的，目的是为了补偿科学上的时间基准与地球运转速度的差异。即每隔若干年，在标准时间上加上一二秒或减去一二秒，以使科学上的标准时间和地球运行相吻合。上述加或减的时间，定于当年 12 月 31 日的最后一分钟内或当年 6 月 30 日最后一分钟内进行。

第五节 世 界 钟

世界钟是依据区时系统原理设计的，如图 1-6 所示。这是一种结构较为简单的世界钟，其中 24 小时时圈按顺时针方向运动，它与时轮的传动比为 1:2。即时针转两圈，24 小时时圈只转一圈。最外圈为地名圈，地名圈也分 24 等份，按时区顺序，在每个等份内标明各时区的重要城市 1~2 个。地名圈是不转的，但可以调节，以改变主要显示位置的城市名称。

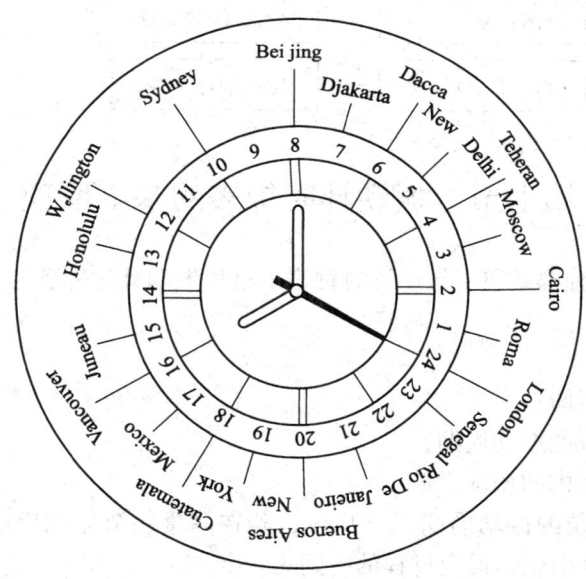

图 1-6 世界钟

第六节 现代钟表分类

现代钟表种类繁多，为了便于概括地了解，下面根据不同特点将其分类。

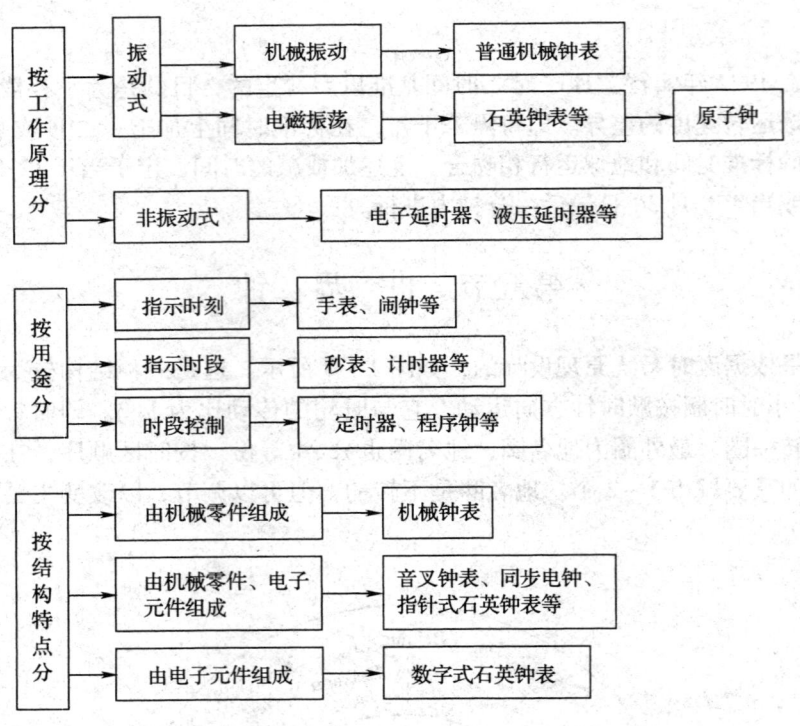

第七节 振动计时钟表的基本原理

现代钟表绝大部分都是属于振动计时钟表。这种振动计时钟表的基本工作原理可以用下面的公式来表示：

$$T = T_0 \cdot N$$

式中 T——被测量时间；

T_0——振动系统的振动周期；

N——被测过程内的振动次数。

例如：某振动系统的振动周期 $T_0 = 0.6\text{s}$，若在测量一个化学反应过程的时间中，共振动 50 次，那么，这个化学反应过程的时间为

$$T = T_0 \cdot N = 0.6\text{s} \times 50 = 30\text{s}$$

这个基本工作原理既适用于机械振动计时钟表，又适用于石英振荡计时钟表。

第二章 机械钟表整机工作原理与传动形式

第一节 机械手表整机工作原理与传动形式

一、机械手表整机工作原理

机械手表的机芯由六大部分组成即：摆轮游丝系统（振动系统）；擒纵机构；齿轮传动（或称传动轮系）；指针机构；原动机构和上条拨针机构，其工作原理见图2-1所示。

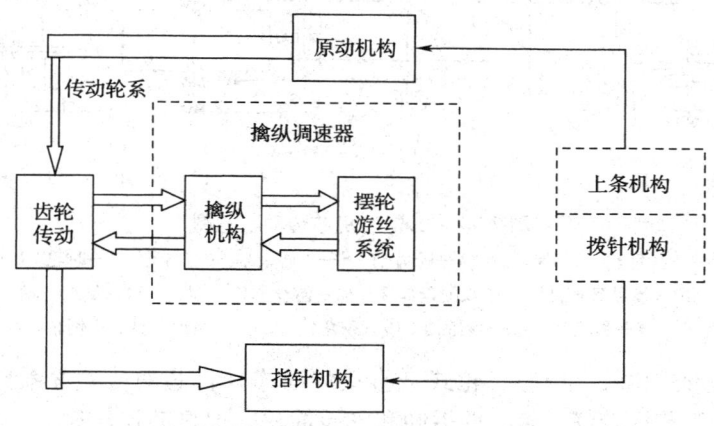

图2-1 机械手表工作原理图

由图可见，上条机构把原动机构的发条卷紧，原动机构将发条的弹性位能转变为机械能，带动传动轮系，传动轮系将发条的能量通过擒纵机构输送到摆轮游丝系统，使其维持一个稳定振动。摆轮游丝系统又将振动计时信号经过擒纵机构、传动轮系并按一定的传动比传送给指针机构指示时间。

二、机械手表的传动形式

机械手表由不同的齿轮部件组成传动轮系，条盒轮又称为头轮，与条盒轮啮合的齿轴称为二齿轴，铆装在二齿轴上的轮片称为二轮片。其他按传动顺序依次称为三齿轴、三轮片；四齿轴、四轮片等。

不同的机芯，齿轮平面位置有不同的安排。根据二轮部件平面位置的安排，机械手表的基本传动形式可以分为中心二轮式（二轮部件在机芯中心）和偏二轮式（二轮部件不在机芯中心）两大类。中心二轮式根据秒轮部件或秒齿轴的传动特点，又可分成：直接传动式；秒簧式；无中心秒针式及双三轮式。偏二轮式根据指针运动传递的方式又可分为：头轮传出式；二轮传出式和三轮传出式三种。

我国手表厂生产的机芯大多属于中心二轮式的直接传动式和偏二轮式的三轮传出式。SZ1型机芯为我国机械手表的统一机芯，它是中心二轮式（直接传动式）的一种典型结构，图2-2是SZ1型机芯传动示意图。由于二轮在机芯中心，秒轮也在机芯中心，所以二齿轴必须做成管状，以便秒轴通过，它比其他传动形式多一块中夹板，以支持中心轮。分轮套在中心轮（二轮）管上，两者之间为摩擦配合。因而分轮成为主传动链中的一环，在拨针后不会给分针带来任何起动滞后现象。秒轮部件的秒齿轴在中心轮管内，中心轮管内孔的一部分作为秒齿轴的径向支承，因此主夹板、中夹板上的中心齿轴孔和上夹板上的秒轴孔的同轴度误差，以及中心齿轴内孔的质量都对秒齿轴的运动有影响。

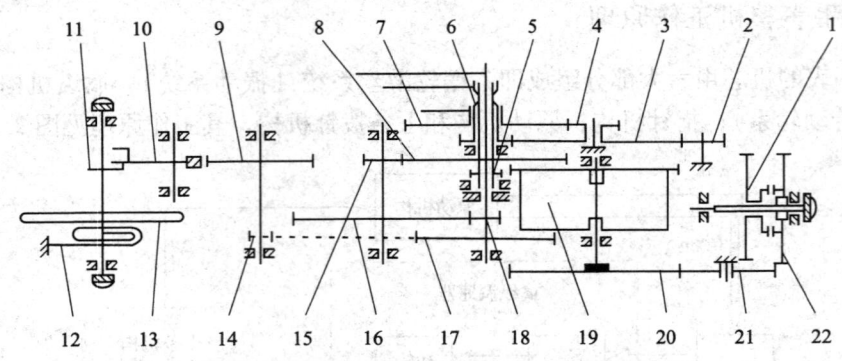

图2-2 SZ1型机芯传动示意图

1—离合轮 2—拨针轮 3—跨轮片 4—跨齿轴 5—中心齿轴 6—分轮 7—时轮 8—中心轮片
9—擒纵轮片 10—擒纵叉部件 11—双圆盘部件 12—游丝 13—摆轮 14—擒纵齿轴 15—过齿轴
16—过轮片 17—秒轮片 18—秒齿轴 19—条盒轮 20—大钢轮 21—小钢轮 22—立轮

与其他传动形式比较，中心二轮式（直接传动式）机芯的传动关系比较简单，工作可靠，零件加工工艺性较好，整机的拆卸和安装简单，但机芯比较厚。SM2、LSS型机芯均属于偏二轮式中的三轮传出式，其机芯传动示意图如图2-3所示。

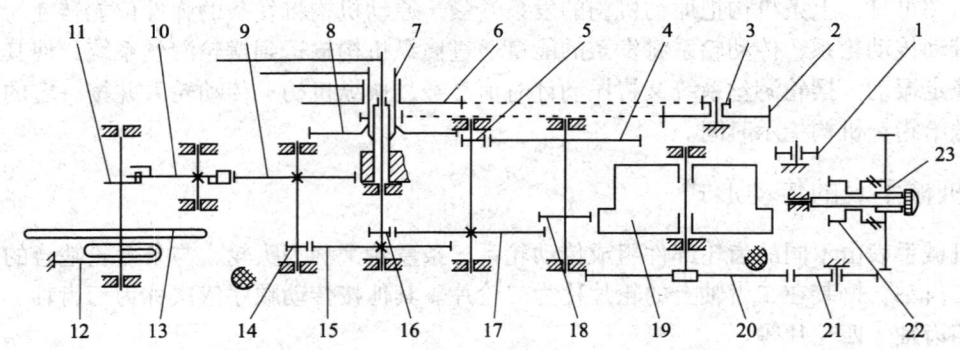

图2-3 SM2机芯传动示意图

1—拨针轮 2—跨轮片 3—跨轮齿轴 4—二轮片 5—三齿轴 6—时轮 7—分轮 8—分轮片
9—擒纵轮片 10—擒纵叉部件 11—双圆盘部件 12—游丝 13—摆轮 14—擒纵齿轴 15—秒轮片
16—秒齿轴 17—三轮片 18—二齿轴 19—条盒轮 20—大钢轮 21—小钢轮 22—离合轮 23—立轮

偏二轮式的二轮从机芯中心移开，使条盒轮直径可增大，从而可增大能量的储备。另外在主夹板的中心压入一个空心的中心节管，作为秒轴的径向支承和分轮部件的转轴。对中心节管的轴向压合深度与垂直度的要求比较严格。与此同时，取消了中夹板，走针运动由三齿轴传给分轮片,因为分轮片不是主传动链的一环,所以沿正向拨针后,会出现分针起动滞后现象,此滞后现象产生于三齿轴与分轮片的啮合齿侧间隙。

第二节 机械闹钟整机工作原理与传动形式

机械闹钟由走时系统和闹时系统两大部分组成。

走时系统包括:走时原动机构;传动轮系;擒纵机构;摆轮游丝系统和指针机构五大部分。上条和拨针直接用上条匙和拨针匙拨动,无需特殊装置。闹钟的擒纵机构通常是销钉式的,结构简单,制造成本低。摆轮游丝系统结构与机械手表大同小异,其工作原理也没有什么两样。

闹时系统包括:闹时原动机构;传动轮系;无固有振动调速器;闹时控制和对闹机构等。闹时系统通过对闹机构能在预先调定的时刻发出音响信号。统机闹钟是闹钟的典型机构,其整机工作原理如图2-4所示。由两个原动机构分别带动走时系统和闹时系统,走时系统的本机时间标准信号由摆轮游丝系统产生,并经过销钉式擒纵机构按一定传动比由齿轮传动系统输送到指针机构指示时间。

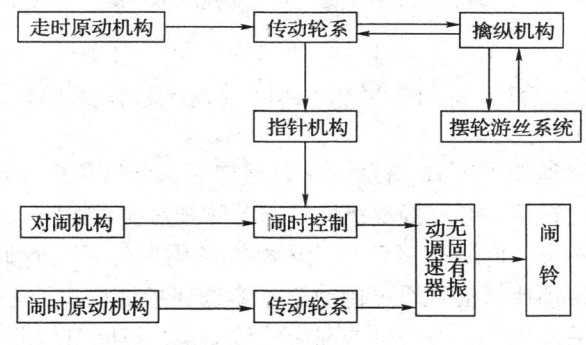

图2-4 闹钟工作原理图

闹时系统受指针机构的控制,只要拨准对闹机构,便能按时起闹。打闹动作受无固有振动调速机构控制,闹差在±5min之内,锁闹范围在10.5h之内。

统机闹钟的传动形式如图2-5所示。拨针时,二轮上的十字簧所产生的摩擦力被外力克服,使指针机构与主传动轮系脱开,因而可以任意拨动指针,校对时间。正常工作时,二轮与二轮轴靠十字簧产生的摩擦力连接在一起,使主传动轮系带动指针机构正常运行。

闹钟的主传动由走头轮开始,依次是二轮、三轮、四轮和五轮(擒纵轮)。四轮是秒轮,在机芯中心。指针运动由二轮传出,经过拨针轮带动跨轮,再带动分轮和时轮。前夹板上也装有中心节管,作为分轮的转轴和秒轴的径向支承。这种传动形式与机械手表的偏二轮式很相似。只是闹钟的分轮是被动轮,跨轮片是主动轮,而机械手表正常工作时,分轮是主动轮,跨轮片是被动轮。

闹钟的闹时系统传动是从闹头轮开始,经过尖齿轮便到达无固有振动调速器的擒纵叉,俗称闹卡子,传动较为简捷。

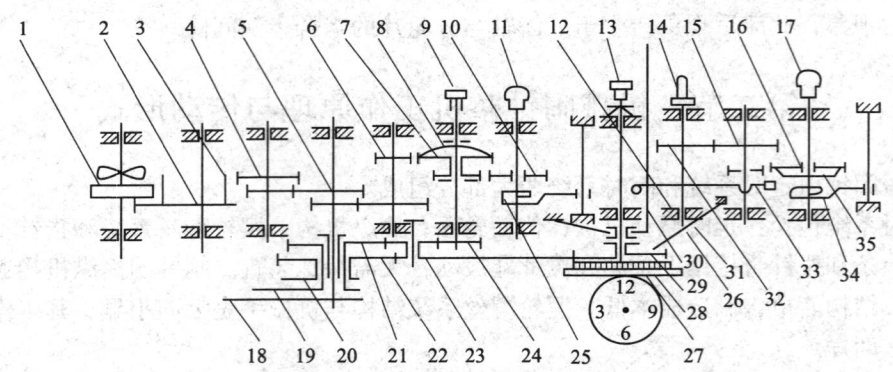

图2-5 闹钟传动示意图

1—摆轮 2—擒纵叉 3—叉销 4—擒纵轮 5—秒轮 6—三轮 7—二轮 8—十字簧 9—拨针匙
10—头轮 11—上条匙 12—元宝簧 13—对闹簧 14—止闹簧 15—尖齿轮 16—闹头轮
17—上条匙 18—秒针 19—分针 20—时针 21—分轮 22—时轮 23—过轮 24—拨针轮
25—走条 26—对闹轴 27—对闹轮 28—对闹面 29—闹轮 30—起闹簧 31—止闹簧
32—闹卡子 33—闹锤 34—闹去条 35—碟形簧

第三节 摆钟整机工作原理与传动形式

摆钟的整机工作原理如图2-6所示，它包括走时系统和报时系统两大部分。走时原动机构将发条的能量通过传动轮系经擒纵机构送到物理摆振动系统。补偿各种摩擦的能量损耗，维持摆的振动不息。同时摆振动系统再将振动周期信号（计时标准信号）传递给擒纵机构，并按规定传动比将信号通过传动轮系输送到指针机构，长短针按12:1的转速关系指示时间。报时系统也设有原动机构和齿轮传动系，报时机构的动作受报时控制机构控制，在整点和半点打点报时，打点动作由传动轮系的打三轮轴通过八角凸轮传送到打点轴，执行打点，打点速度由离心调速器控制。

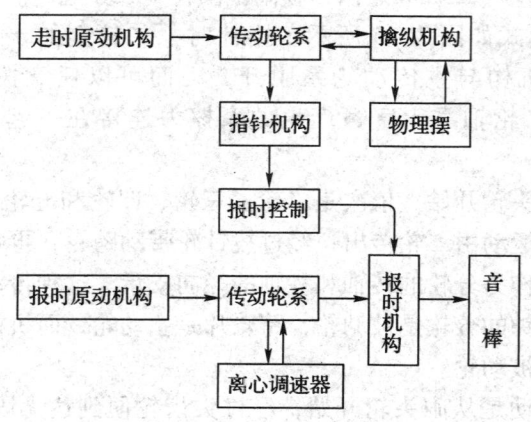

图2-6 摆钟的整机工作原理

图 2-7 是摆钟走时系统传动示意图。图 2-8 是摆钟报时系统传动示意图。

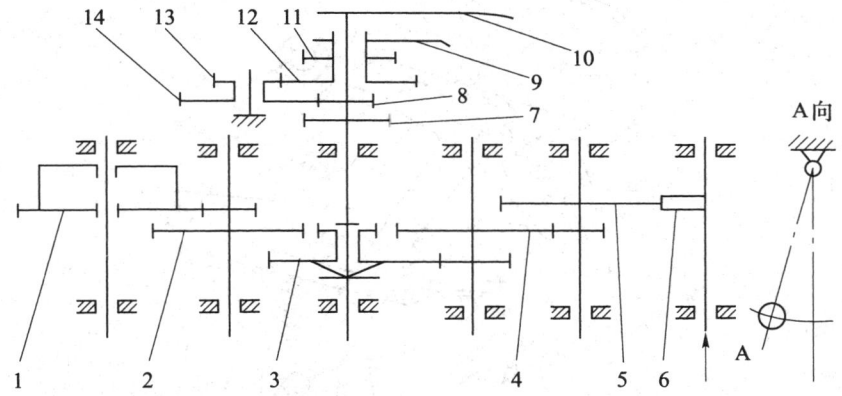

图 2-7　摆钟走时系统传动示意图

1—走头轮　2—走二轮　3—走三轮　4—走四轮　5—擒纵轮　6—擒纵叉　7—二角凸轮
8—分轮　9—时针　10—分针　11—十二角凸轮　12—时轮　13—跨齿轴　14—跨轮片

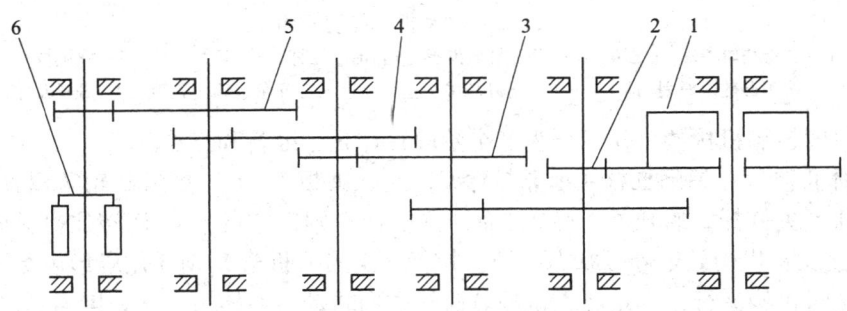

图 2-8　摆钟报时系统传动示意图

1—打头轮　2—打二轮　3—打三轮　4—打四轮　5—打五轮　6—风轮

摆钟走时系统主传动由走头轮开始，经过走二轮、走三轮、走四轮，最后到达擒纵轮（也称走五轮）。其中，走三轮在机芯中心，又称中心轮。其转速为每小时一转，分针即装在走三轮轴的前端，分针与轴的配合处为方榫，三轮与三轮轴的连接靠三轮片上的十字簧压紧后产生的摩擦力。正常走时传动靠摩擦力带动三轮轴和分针运转，拨针时，直接拨动分针，依靠分针中心的方孔和三轮轴端方榫传递外力矩，使之克服十字簧产生的摩擦力矩，让指针传动与主传动解脱，以校对时间，三轮轴的前部还压配有中心齿轴，它与跨轮啮合传递时针的运动。此外，三轮轴上，三齿轴的后面还紧配有二角凸轮，以传递整点和半点报时的动作信号。时轮管上还铆有十二角凸轮，以传递 1~12 整点打点次数的信息。

摆钟报时齿轮传动从打头轮开始，经过打二轮、打三轮、打四轮、打五轮，最后为风轮（又称打六轮）。其中打三轮上铆有八角凸轮，传递打点动作。打四轮的轮轴前端紧配有拨齿凸轮，凸轮上有拨销作拨动扇形齿板用。打五轮上铆有止钉，它与控制机构的开关杠杆协同工作，可使发音机构处于停顿状态。打六轮即为风轮，实际上是离心阻尼调速器，它可调节打点的速度，使之均匀动听。

摆钟报时控制机构工作原理如图 2-9 所示。

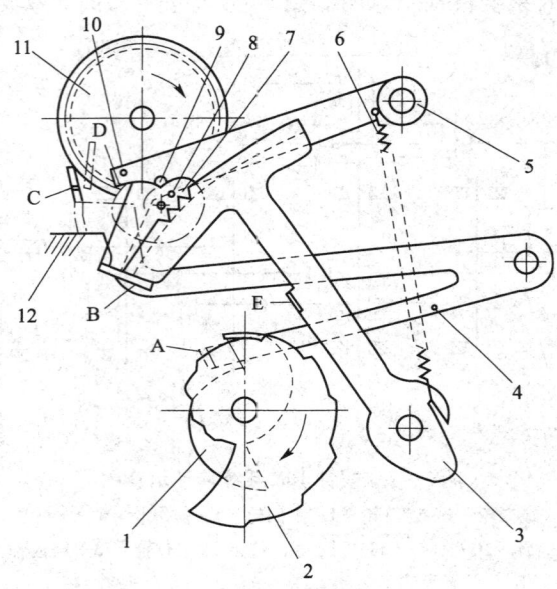

图 2-9　摆钟报时控制机构
1—二角凸轮　2—十二角凸轮　3—扇形齿板　4—抬闸杠杆　5—开关杠杆　6—螺旋拉簧
7—拨齿凸轮　8—拨销　9—开关止钉　10—止钉　11—打五轮　12—夹板　A～E—折弯

摆钟报时控制机构的工作可分为三个阶段：休止、准备和打点。

（1）休止阶段：抬闸杠杆 4 依靠折弯 C，支在夹板 12 上，拨齿凸轮 7 以其半径最小的曲面支住开关杠杆 5 的开关止钉 9，而开关杠杆 5 则以它的折弯 D 挡住打五轮 11 上的止钉 10，使发音机构处于停顿状态，开关杠杆 5 上另一折弯 B 则托住扇形齿板 3。

随着走时机构运行，二角凸轮也顺着时针方向转动，在转过一定角度后，二角凸轮的曲面开始与抬闸杠杆 4 的折弯 A 接触，随着二角凸轮的转动，抬闸杠杆 4 渐渐地被抬起而作顺时针方向转动，当转到一定程度时，抬闸杠杆 4 的上臂开始与开关杠杆 5 的折弯 D 接触，并渐渐将后者抬起，当抬高到一定程度时，打五轮 11 上的止钉 10 就被折弯 D 所释放，发音机构的轮系开始运转，但刚转动而未来得及打点时，止钉 10 马上就被抬闸杠杆 4 的折弯 C（双点划线所示位置）所挡住，于是控制机构进入准备阶段。

（2）准备阶段：控制机构进入准备阶段时，开关杠杆 5 的开关止钉 9 已经离开拨齿凸轮 7，抬闸杠杆 4 在折弯 D 处把开关杠杆 5 托住，而后者的折弯 B 则仍旧托住扇形齿板 3，但由于开关杠杆 5 已被抬闸杠杆 4 抬起了一段距离，所以折弯 B 与扇形齿板 3 的接触面已比前减小。随着走时机构的运行，二角凸轮 1 继续把抬闸杠杆 4 向上抬，后者则以其上臂在折弯 D 处把开关杠杆 5 抬起，开关杠杆 5 的折弯 B 则渐渐与扇形齿板 3 分离，当二角凸轮的最大半径快要转到折弯 A 处时，抬闸杠杆 4 与开关杠杆 5 也快到达它的最高位置，这时折弯 B 与扇形齿板 3 开始分离，后者被释放，作逆时针方向转动，直至它的折弯 E 与十二角凸轮 2 的曲面接触为止。当二角凸轮的最大半径刚越过折弯 A 后，抬闸杠杆 4 在重力作用下马上落下，并以折弯支在夹板 12 上，抬闸杠杆 4 的落下一方面释放了止钉 10，另一方面还释放了开关杠杆 5，后者被释放后作逆时针方向转动，直至折弯 B 插到扇形齿板 3 的齿凹当中时为止。由于止钉 10 已被释放，发音机构开始运转，于是控制机构进入打点阶段。

（3）打点阶段：机构进入了打点阶段后，发音机构开始运转并进行打点。在发音机构中，打三轮与打四轮（图 2-8）两轴之间的传动比与打点凸轮的角凸轮的角数是相等的，这样就使打点锤每打一下，拨齿凸轮就转过一整圈。拨齿凸轮 7 在转动过程中，先是拨销 8 进入扇形齿板的齿凹中，然后拨齿凸轮 7 把开关止钉 9 抬起，于是开关杠杆 5 的折弯 B 从齿凹中退出，拨销 8 得以拨转扇形齿板的齿，当后者转过约一个齿距时，拨齿凸轮 7 释放开关止钉 9，开关杠杆 5 的折弯 B 落入扇形齿板的齿凹内，防止后者落下，接着拨销 8 从齿凹中退出。这样，拨齿凸轮 7 每转一圈，打点锤打一下，扇形齿板则顺时针方向转过一个齿距。随着打点的进行，扇形齿板 3 渐渐被抬起，最终当折弯 B 落到扇形齿板 3 最后一个齿的外侧时，开关杠杆 5 一下子逆时针方向转过一个较大角度，直至开关止钉 9 支在拨齿凸轮 7 的凹口上为止。这时，折弯 D 就落入止钉 10 运动的轨迹圆内，于是止钉 10 被折弯 D 挡住，发音机构停止打点，而控制机构进入休止阶段。

第三章 振动系统

机械手表和机械闹钟都是以摆轮游丝组件作为振动系统来产生标准时间信号（标准时段）的。而机械摆钟则是以摆的振动来产生时间基准，用以计量时间。

本章将要阐述这两种振动系统的结构及其工作原理。

第一节 摆轮游丝系统的结构

一、机械手表的摆轮游丝系统结构

机械手表的摆轮系统结构如图 3-1 所示，它由摆轮部件、游丝部件、活动外桩环部件、快慢针部件和防振器部件组成。

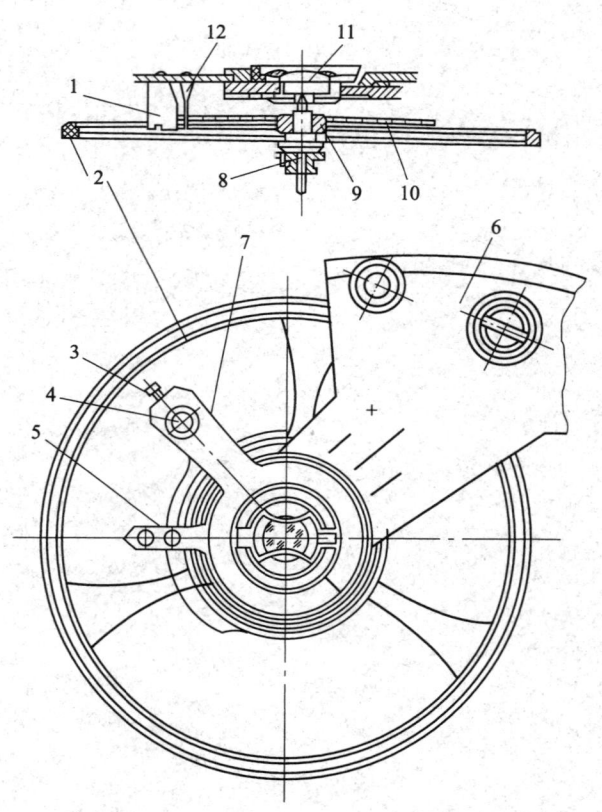

图 3-1 摆轮游丝系统的结构
1—外夹 2—摆轮 3—外桩螺钉 4—外桩 5—快慢针 6—摆夹板 7—外桩环 8—摆轴
9—内桩 10—游丝 11—防振轴承 12—内夹

1. 摆轮部件

摆轮部件由摆轮和摆轴通过铆钉连接在一起，如图3-2所示。根据摆轮轮缘结构不同，又有光摆、带螺钉摆、开口摆之分，如图3-3所示。带螺钉摆可通过螺钉来调节快慢，开口摆可进行温度补偿，但这两种摆轮由于结构复杂，加工工艺性差，已经被光摆所取代。

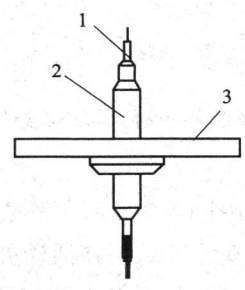
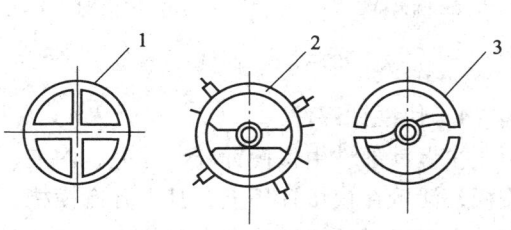

图3-2　摆轮部件　　　　　　　　　　图3-3　摆轮轮缘结构
1—摆轴颈　2—摆轴　3—摆轮（摆盒）　　1—光摆　2—带螺钉摆　3—开口摆

光摆摆轮制造工艺简单，运转时空气阻力小，相对于其他摆轮具有较大的轮缘直径，相应地增加了转动惯量，并采用了膨胀系数极小的镍白铜材料，因而明显地优于前述两种摆轮。

2. 游丝部件

游丝部件由游丝、内桩、外桩、外桩销组成，如图3-4所示。游丝用矩形截面的带料绕制成盘状，各圈在同一平面上，以阿基米德螺线形状，盘旋而出。游丝按其展开方向可分为右旋游丝和左旋游丝两种，如图3-5所示。

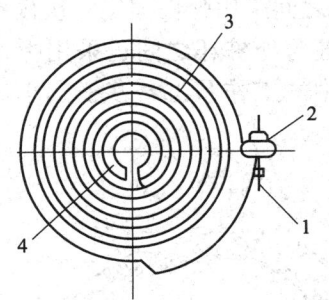
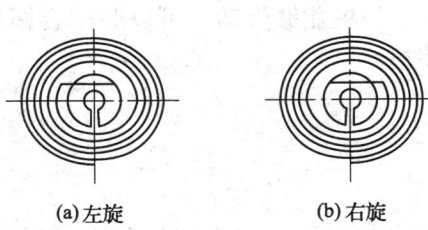

图3-4　游丝部件　　　　　　　　　　图3-5　游丝旋向
1—游丝销　2—外桩　3—游丝　4—内桩

游丝是通过内桩和摆轴连接在一起的，内桩一般分为圆内桩和三角内桩两种，如图3-6所示。游丝外端是固定在外桩上的，游丝外端与外桩的固定方法有两种：穿销式和粘接式，如图3-7所示。

3. 活动外桩环部件

活动外桩环部件由外桩环和外桩管构成，如图3-8所示。它们之间通过铆钉连接在一起。活动外桩环通过防振器套装在摆夹板上，可以转动，用以调整摆轮左右振幅，俗称调"跷脚摆"。

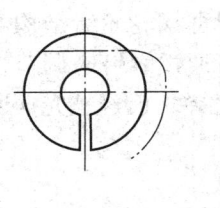 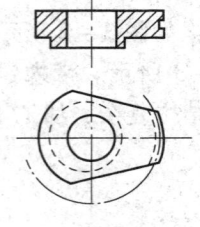 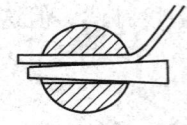 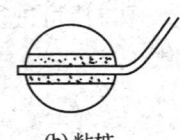

(a) 圆内桩　　　　(b) 三角内桩　　　　　(a) 穿销　　　　(b) 粘桩

　　图 3-6　内桩　　　　　　　　图 3-7　游丝与外桩连接

4. 快慢针部件

快慢针部件由快慢针环、外夹、内夹、或双内夹构成，如图 3-9 所示。外夹上端有盖板，活铆在快慢针环上，其上开有横槽，可作 90°旋转。快慢针环套装在活动外桩环下部，也可以活动旋转，内夹和外夹夹持游丝，转动快慢针环可改变游丝被夹持的部位，从而改变了游丝的工作长度，以调节快慢，活动外桩环与快慢针安装位置如图 3-10 所示。

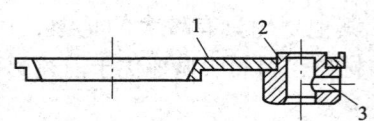 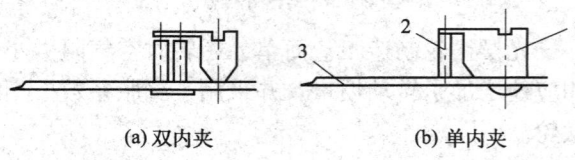

(a) 双内夹　　　　(b) 单内夹

图 3-8　活动外桩结构　　　　　　　　图 3-9　快慢针
1—外桩环　2—外桩管　3—外桩螺钉孔　　　1—外夹　2—内夹　3—针环

一种新型快慢针结构和活动外桩环结构如图 3-11 所示。外桩 1 和快慢夹 3 分别卡在活动外桩环 2 和快慢针 4 的弹性槽内。快慢针与快慢夹之间采用弹性固定，快慢夹绕其自身轴线转动，来调节快慢夹与游丝之间的间隙。外桩与外桩环之间也采用弹性配合，由于外桩能够转动，可以利用它调节游丝在快慢夹中的工作状态：荡框、小荡框或不荡框。

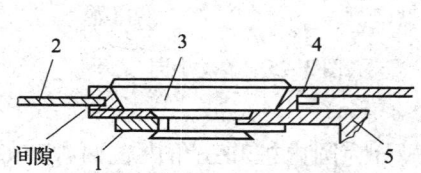 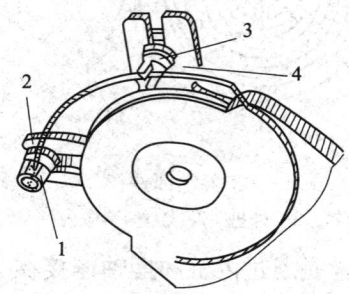

图 3-10　活动外桩环与快慢针安装位置　　　图 3-11　新型快慢针和外桩环
1—U 形销　2—快慢针部件　3—防振器　　　1—外桩　2—活动外桩环　3—快慢夹　4—快慢针
4—活动外桩环部件　5—摆夹板部件

5. 防振器部件

防振器部件如图 3-12 所示，一般将在摆夹板上的防振器称作上防振器，装在主夹板上的防振器称下防振器。上下防振器的尺寸不尽相同，上托钻比下托钻厚，托钻平面接触摆尖，防振器既作摆轴支承，又可以防止摆轴在受外力冲击时被折断。防振器与主夹板的连接方式一般用压入或用螺钉把防振座固定到主夹板上，防振器与摆夹板的固定一般是将 U 形销沿着摆夹板 U 形槽插入到上防振座的槽里。

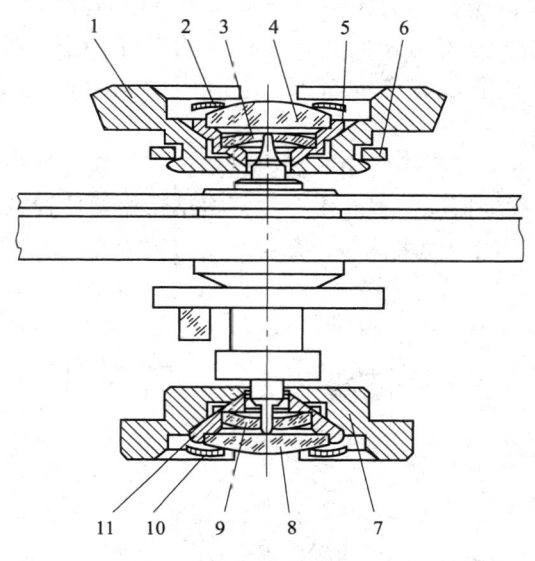

图 3-12 防振器部件

1—上防振座　2、10—防振簧　3、9—球面弧孔钻
4—上托锚　5、11—防振碗　6—U 形销　7—下防振座　8—下托锚

二、机械闹钟的摆轮游丝系统结构

闹钟的摆轮游丝系统结构较手表简单，它主要由摆轮游丝组件、摆轴承螺钉、快慢针和游丝销等组成。

闹钟的摆轮游丝组件如图 3-13 所示。它由摆轮、摆轴、游丝、内桩、摆钉构成。

摆轴承螺钉如图 3-14 所示。它由摆螺钉、人造宝石轴承组成。

快慢针如图 3-15 所示。

 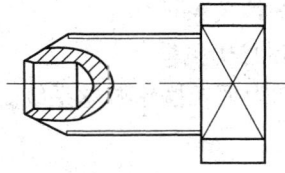 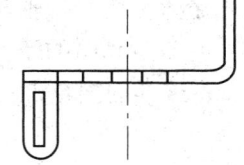

图 3-13　闹钟摆轮游丝组件　　图 3-14　摆轴承螺钉　　图 3-15　闹钟快慢针

第二节　摆轮游丝系统振动工作原理

摆轮游丝系统不受外力作用、静止时的位置称为平衡位置。当对摆轮加一外力，使摆轮偏离其平衡位置，那么，游丝就因为变形而产生弹性力矩，这一力矩通常叫做游丝恢复力矩，或简称游丝力矩。不管摆轮是沿顺时针方向或是逆时针方向偏离平衡位置，

游丝力矩总是促使摆轮向平衡位置运动。摆轮在运动过程中,其角速度由零逐渐变大,当到达平衡位置时,摆轮角速度达最大值,而游丝完全放松,恢复力矩为零。但此时摆轮不会停止,在惯性作用下,越过平衡位置,继续运动。在刚越过平衡位置后,游丝又因变形而产生恢复力矩,且力矩方向与摆轮运动方间相反,使摆轮运动受阻,角速度逐渐下降,直至游丝力矩达最大值。在这个力矩作用下,摆轮又开始向平衡位置运动。这样周而复始,只要没有支承摩擦、空气阻力和游丝内摩擦等,摆轮游丝系统将往复振动不息。

摆轮相对于平衡位置最大的偏转角叫做摆轮的振幅,摆轮处于最大偏转角时,摆轮游丝系统所据有的位置,称为振幅位置。由于往复振动,振幅位置有左右两个。

若取振幅为270°,摆轮角速度为 ω,游丝恢复力矩为 M。上述摆轮游丝系统振动工作原理可用图3-16表示。

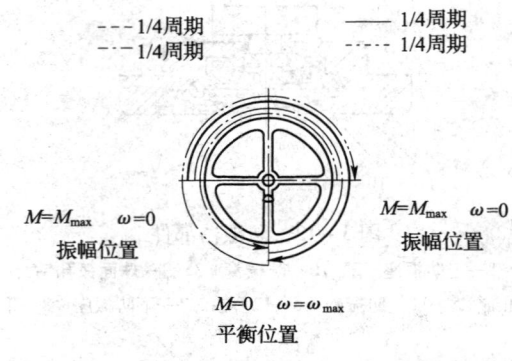

图3-16 摆轮游丝系统振动原理

第三节 理想摆轮游丝系统振动公式和振动周期

如果我们在分析摆轮游丝系统振动的时候假设:
(1) 系统运动时,其重心与摆轴轴线重合;
(2) 游丝力矩与摆轴转角成线性关系;
(3) 忽略运动时的摩擦阻力和游丝质量。

那么,这样的摆轮游丝系统称为理想摆轮游丝系统。它的运动规律可以用余弦函数来表达:

$$\varphi = \varphi_0 \cos nt \tag{3-1}$$

式中 φ——摆轮任意瞬间的偏转角(rad);
  t——时间(s);
  φ_0——摆轮振幅(rad);
  n——圆频率(rad/s)。

并且,$n = \sqrt{\dfrac{M_0}{J_b}}$, (3-2)

式中 M_0——游丝刚度(N·m/rad);

J_b——摆轮转动惯量（kg·m²）。

上述式（3-1）为理想摆轮游丝系统振动公式，它还可用余弦函数图像表达如图 3-17 所示。

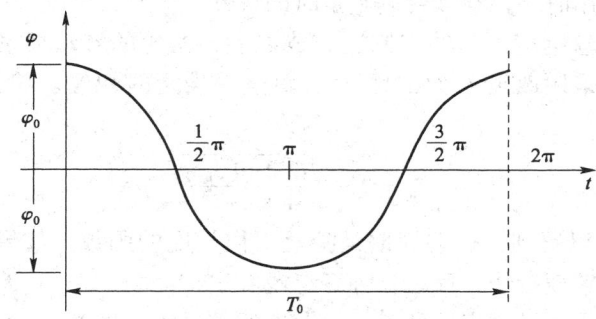

图 3-17 理想摆轮游丝系统摆轮转角 φ 与时间 t 的关系曲线

由式（3-1）和图 3-17 可得如下结论：

1——理想摆轮游丝系统的运动为简谐振动；
2——振幅为 φ_0；
3——振动圆频率为 n；
4——振动周期为 T_0。

其中
$$T_0 = \frac{2\pi}{n} \tag{3-3}$$

或
$$T_0 = 2\pi\sqrt{\frac{J_b}{M_0}} \tag{3-4}$$

摆轮的转动惯量与其尺寸、材料密度及摆轮的形状有关，可以根据具体结构计算出来。游丝的刚度可以用下式表示：

$$M_0 = E\frac{bh^3}{12 \times 10^9 L_g} \tag{3-5}$$

式中　E——游丝材料的弹性模量，可以从材料手册中查出（Pa）；
　　　b——游丝宽度（mm）；
　　　h——游丝厚度（mm）；
　　　L_g——游丝工作长度（mm）。

由式（3-4）可以看出，理想的摆轮游丝系统的振动周期只取决于摆轮的转动惯量和游丝的刚度，只要摆轮和游丝的材料、几何尺寸和形状被确定下来，那么，周期也是一定的。如果摆轮游丝系统的振动周期只取决于本身的结构参数而与摆轮振幅无关的话，这个振动系统就具有等时性。为了提高手表的走时精度，在设计、制造和装配调整中，总是设法尽量提高摆轮游丝系统的等时性。

摆轮游丝系统的振动周期值，以往一般取 0.4s。随着科学技术的发展，振动周期越取越小，这可提高手表的走时精度。目前大部分手表的周期为 1/3s，还有 0.25s、0.2s 等。

第四节　摆轮游丝系统振动周期的调节

钟表在装配与使用时，往往需要调整走时的快慢，为此，可以采用两种方法：改变摆轮转动惯量或改变游丝刚度。当钟表制造完成之后，摆轮的转动惯量通常就为一确定的值。因此，目前广泛采用改变游丝的刚度来调整手表走时快慢。将式（3-5）代入式（3-4）之后，得到：

$$T_0 = 2\pi \sqrt{\frac{12 \times 10^9 J_b L_g}{E \cdot b \cdot h^3}} \qquad (3-6)$$

由式（3-6）可以看到，振动周期是游丝工作长度的函数。如果把游丝的工作长度减短，则周期变小，钟表走快；反之，钟表走慢。

快慢针的作用就是通过改变游丝工作长度来调整钟表走时快慢的。从图3-1可以看到，游丝在两个夹子之间穿过，它们之间的间隙很小（约为游丝厚度的1.5倍）。游丝在展缩时，大部分时间将贴到内外夹上，这时，游丝的工作长度可以被认为是从游丝夹子处到内桩固定点这一段。如果转动快慢针，使游丝的这一工作长度缩短，则系统周期减小，钟表走时变快；如果将快慢针反方向转动，游丝的工作长度增大，则系统周期增大，钟表走时变慢。

用快慢针来调整钟表走时快慢，操作起来很方便，并且钟表在调整时照常运行。

第五节　影响摆轮游丝系统振动周期的因素

钟表在工作中，其摆轮游丝系统实际工作情况与理想的摆轮游丝系统是不同的，其振动系统并不具有等时性。摆轮游丝系统的实际振动周期随摆轮振幅变化而变化，摆轮游丝系统的非等时性是导致钟表走时不稳定的一个重要因素。除了摆轮、游丝本身的结构与加工误差能影响周期改变之外，摩擦阻力、环境温度、气压、磁场、动力等都会影响振动周期。因此，分析哪些因素会产生摆轮游丝系统振动周期的误差及如何减小或消除这些因素对周期的影响，是很重要的。

影响摆轮游丝系统振动周期的因素很多，主要有下述几种。

一、游丝力矩非线性对振动周期的影响

游丝力矩非线性是指游丝力矩与摆轮的偏转角不成正比，这种情况，将引起摆轮游丝系统的非等时性。造成游丝力矩非线性的因素又有如下数种。

1. 快慢针夹子与游丝之间的间隙对振动周期的影响

当拨动快慢针时，为了使游丝不变形，游丝在夹子活动范围内的那一段的形状应该是以摆轴为中心的圆弧，并且游丝与夹子之间要有一定的间隙（图3-18）。这个间隙的存在，是快慢针造成游丝力

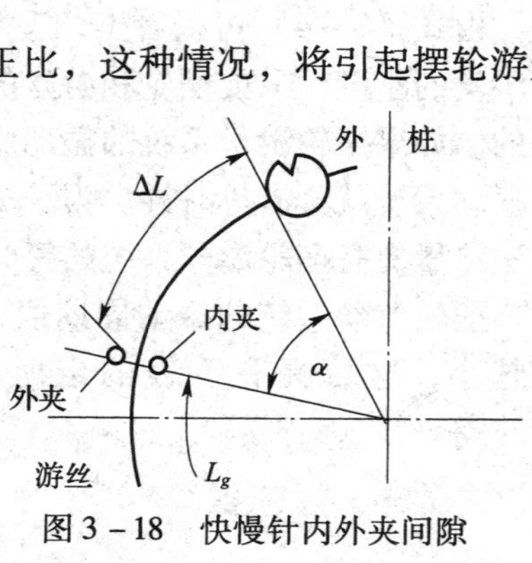

图3-18　快慢针内外夹间隙

矩非线性的根本原因。

游丝在内外夹中工作有两种典型情况：

（1）摆轮游丝系统工作时，游丝有时贴内夹，有时贴外夹；

（2）摆轮游丝系统工作时，游丝只贴到一夹（内夹或外夹），而不贴到另一夹。

第一种典型情况造成的日差是振幅 φ_0 的函数，且振幅越大，日差越小；其次，振幅 φ_0 越大，同样的振幅变化，引起的日差变化越小；其三，游丝与内外夹之间的间隙越小，对振动周期的影响越小。如间隙为零，日差为零，因此在调整或设计时，要控制快慢针夹的间隙。最后，ΔL 越小，L_g 越大，同样振幅变化，引起的日差变化越小。为此，应控制 α 角，手表的 α 角不超过 90°（一般为 40°～85°），闹钟可大一些，以控制 ΔL 值不致过大。而游丝一般不少于 10 圈，以免 L_g 过小。

在上述情况中，系统处于平衡位置时，游丝不与任何一夹接触，只有工作时才与夹子接触，这样的工作状态称为"中间荡框"。

如果系统处在平衡位置时，游丝是贴在某一夹上，转动摆轮使游丝离开该夹，这时，摆轮所转过的角度称为"起跳角"（中间荡框时，起跳角为 0°）一般规定起跳角应小于 70°，起跳角越大，对振动周期的影响越大。

第二种典型情况称为"小荡框"。

在这种情况下，日差随振幅 φ_0 增大而增大，即摆轮由大振幅变化到小振幅时，钟表相对走快。可以利用"小荡框"的方法来改善小振幅走慢的现象。

"小荡框"时，游丝只贴到一夹（内夹或外夹）而不贴到另一夹。

2. 游丝内外端固定点对振动周期的影响

游丝的内端与内桩连接，而外端固定在外桩上，外桩又被固定在摆夹板上。当摆轮运动时，内桩带着游丝内端随着摆轮一起运动，使游丝产生展缩。如果游丝在展缩时各个小段都是均匀变形的话，那么，对于平游丝来说，它应该基本上保持着阿基米德螺旋线的形状不变，只是扩展时大一些，收缩时小一些，这就是所谓同心展缩。在这种情况下，游丝的内外端都要作一些径向移动（扩展时向外移动，收缩时向内移动）。实际上，游丝的内外端都不能作径向移动，所以游丝也就不可能均匀变形。正因为游丝的内外端被固定，它受到附加力的作用，产生下面三种情况：

（1）由于附加力的作用，使得摆轴轴颈与轴承之间的摩擦力矩增加。这对周期的影响不大，只使摆轮振幅有所降低，这种影响不予考虑。

（2）由于附加力矩的作用，使游丝变形不均匀，因此，游丝在展缩时不能保持阿基米德螺旋线的形状，各圈产生了偏心，整个游丝的重心随着展缩作复杂的运动。特别是当摆轴水平放置时，这个影响不能忽视。这种由游丝重心对周期产生的影响常称做游丝"固定点重力效应"或叫"格罗斯曼效应"。减少这种影响常用的方法是把重力效应使走时变慢的方位安排在最少使用的方位（例如手表上条柄向右的方位是很少使用的）。此外，减小游丝内桩的半径，例如目前采用的三角内桩，也具有减少格罗斯曼效应的优点。

（3）由于有附加力和附加力矩，使得作用于摆轮上的力矩不能与摆轮偏转角保持线性关系。

这种由于附加力和附加力矩而引起等时性误差的现象常称为"固定点弹性效应"或

称为"卡斯帕里"效应。

游丝内外端固定点弹性效应与游丝的卷进角有关,卷进角的定义如下所述:卷进角用 θ 表示,它是游丝内端起点的径向线与外端固定点径向线之间的夹角,并以顺着游丝由里向外卷绕的方向为正。

实际上,大多数钟表机构都是有快慢针的。卷进角的大小可以近似地认为是从游丝内端起点至快慢针夹子之间的径向线的夹角,并将它称为理论卷进角或有效卷进角。而将内端起点至外桩之间的径向线夹角称为工艺卷进角或名义卷进角,记为 θ',如图 3-19 所示。

卷进角不同,对周期影响的趋势也不一样,通常,钟表正常工作的振幅约在 180°~300°之间,在这样的振幅范围内:

当 $\theta = \pm 90°$ 时,振幅变化对周期无影响;

当 $-90° < \theta < 90°$ 时,振幅减小,走时趋向变快;

当 $270° > \theta > 90°$ 时,振幅减小,走时趋向变慢。

而实际上,大多数钟表机都表现为小振幅走慢,为此,应控制卷进角,使它在 ±90° 范围内,以对小振幅走慢的现象有所补偿。如果要求补偿能力强一些,则选择 θ 在 0° 左右。若对补偿能力大小的需求难以判断时,可选 $\theta = \pm 45°$,然后再根据实际情况进行调整。

由于要将卷进角控制在一定范围内,因此,游丝的长度也就大致确定了,这就意味着每一根游丝的刚度基本上已不能通过改变长度来调节了。为了与不同转动惯量的摆轮相匹配而取得固定的周期,在生产上采用了游丝和摆轮分挡的办法,即使刚度大的游丝与转动惯量大的摆轮相匹配,刚度小的游丝与转动惯量小的摆轮相匹配,以得到所需要的固定的周期。

3. 游丝安装误差对振动周期的影响

在摆轮游丝系统中,游丝的内外端分别固定在内外桩上,而内外桩又分别固定于摆轴与摆夹板上。在安装过程中,不可避免地要产生一些误差,其中经常出现且对周期影响较大的有以下两种误差:游丝偏心和外桩安装误差。下面分别介绍这两种误差的影响及减小影响的方法。

(1) 游丝偏心及其影响

游丝偏心是指游丝的几何中心与摆轴中心不重合。在图 3-20 中,O 为摆轴中心,O' 为游丝几何中心,游丝偏心就是指 O 和 O' 两点彼此不重合。O 与 O' 两点之间的距离 e,称为游丝的偏心量。

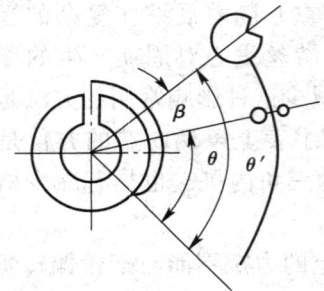

图 3-19 卷进角

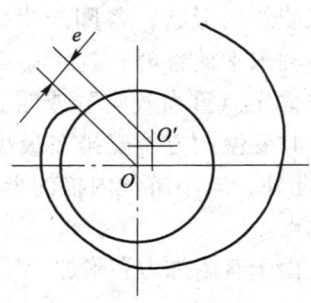

图 3-20 游丝的偏心

如果游丝偏心量较大，则在摆轮游丝工作时，可以明显地看到游丝内圈不同心展缩。由于游丝偏心造成的游丝圈附加偏移，同样会影响系统的振动周期。所以要严格控制游丝的偏心量。对于三角内桩的游丝，偏心量控制在 0.02mm 以内；而圆内桩游丝，其偏心量要小于或等于 0.03mm。在生产中，通过修整游丝内端曲线的形状来减小偏心量。

（2）外桩安装误差及其影响可以分为两种情况：

第一，轴向误差。外桩在外桩套中偏高或偏低，使整盘游丝不能保持在同一平面上，成为碗形或伞形。轴向安装误差对周期的影响较小。例如，当误差在游丝宽度的 1/3 以下时，振幅从 270°降到 180°所产生的等时性误差也就是几秒，而且在安装时比较容易控制轴向误差。

第二，径向误差。游丝外端（靠近外桩一端）曲线变形，引起游丝外桩至摆轴中心的距离 a 与外桩套孔到摆夹板孔中心的距离 b 不等（图 3-21）。这样，当把摆轮游丝系统安装到主夹板上之后，游丝就偏向一边，不能保持其正确的阿基米德螺旋线形状。当存在径向安装误差时，系统也要产生等时性误差。一般将径向安装误差 ξ（$\xi = a - b$）控制在 0.08mm 之内。

图 3-21　外桩径向安装误差示意图

游丝偏心影响比径向安装误差的影响要大得多。下面以 SZI 型机芯为例说明游丝偏心和径向安装误差对日差的影响。

（a）当 $\xi = 0.1\text{mm}$，$e = 0.02\text{mm}$ 时，日差最大变化约为 21s/d；

（b）当 $\xi = 0$，$e = 0.02\text{mm}$ 时，日差最大变化约为 13s/d；

（c）当 $\xi = 0.1\text{mm}$，$e = 0$ 时，日差最大变化约为 3s/d。

4．游丝材料对振动周期的影响

前面已经提到过，游丝刚度 M_0 的大小可用下式表示：

$$M_0 = E \frac{bh^3}{12 \times 10^9 L_g}$$

弹性模量 E 虽然可以从材料表中查出，是一个常数。但严格地来说，材料的弹性模量与材料的应力有关，它随应力的变化而变化，应力的大小与材料的成分和加工工艺有关。因此，游丝力矩与摆轮的振幅不是线性关系，给摆轮游丝系统带来了等时性误差。

钟表正常运行时，振幅大小在一定的范围内变化。假定振幅的变化范围为 $\varphi_{01} \sim \varphi_{02}$，在这种情况下，游丝的应力取决于游丝本身的厚度与长度比，h/L_g 的比值越大，材料的应力越大。图 3-22 画出了材料的等时性曲线。

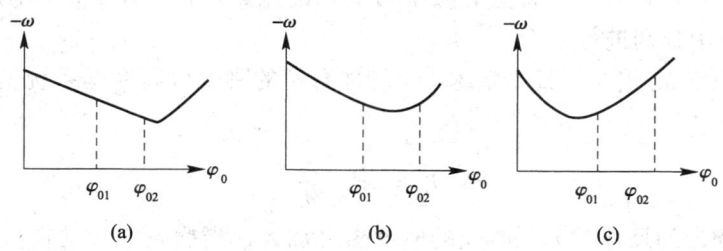

图 3-22　材料的等时性曲线

当比值 h/L_g 较小时，应力也较小，等时性曲线在 $\varphi_{01} \sim \varphi_{02}$ 范围内呈现小振幅走快的趋势 [图 3-22（a）]。当比值 h/L_g 比较大时，由于应力增加，在 $\varphi_{01} \sim \varphi_{02}$ 范围内的等时性曲线呈现碗形，从高振幅到低振幅，钟表先走慢，而后变快 [图 3-22（b）]。当比值 h/L_g 继续增大时，由于应力较大，在 $\varphi_{01} - \varphi_{02}$ 范围内的等时性曲线将表现出小振幅走慢的趋势。等时性变化也较前两者强烈 [图 3-22（c）]。

因为钟表受到综合影响后，一般是在小振幅时走慢，所以一般总是通过改变游丝材料的成分和加工工艺，有意识地利用等时性变化规律去抵消因其他因素所引起的小振幅走慢，当然还要对游丝尺寸作合理的选择。这种提高等时性的方法称为游丝的等时性补偿。对于铁镍类游丝合金，等时性的补偿能力越强，防磁性能就越弱，内摩擦也越大，因此，在材料的等时性补偿问题上必须作综合考虑。

二、摆轮游丝系统不平衡对振动周期的影响及减小影响的方法

1. 摆轮游丝系统不平衡对振动周期的影响

由于各种误差、材料不均匀或结构不对称等多种原因，摆轮游丝系统的重心与摆轴的轴心线不可能完全重合。这种不重合的现象叫做摆轮游丝系统不平衡，简称摆轮偏心。这种不平衡来源于两个方面，即游丝部件和摆轮部件。由于振动系统的质量大部分集中在摆轮上，因此，在这里主要讨论摆轮不平衡对振动周期的影响。

当钟表机芯水平放置，亦即摆轴处于垂直位置时，摆轮不平衡所产生的附加力矩只是使轴承中摩擦力略微增加，这对振动周期的影响是可忽略的。但如钟表机芯侧立放置，即摆轴处于水平位置，摆轮偏心对振动周期影响便不能忽视。在图 3-23 中，摆轮处于平衡位置，摆轴水平方向放置。设系统的重心位于 G_0 点，而系统的重力为 G（单位为 N）。过摆轮重心的径向线 OG_0 与铅垂线的夹角为 β，那么，当摆轮偏转任意角度 φ 时，系统除了有游丝力矩外，还受到重力 G 所产生的附加力矩。附加力矩的大小为：

$$M_{附} = -Gl\sin(\beta+\varphi)$$

其中，l 为重心 G_0 到轴心 O 的距离（负号表示力矩与偏转角的正方向相反）。

经推导，由摆轮游丝系统偏心影响所产生的日差值为：

$$\omega = -86400 \frac{Gl}{M_0} \cdot \cos\beta \frac{J_1(\varphi_0)}{\varphi_0} \tag{3-7}$$

式中 M_0——游丝的刚度（N·m/rad）；

         φ_0——摆轮的振幅（rad）；

$J_1(\varphi_0)$——阶贝塞尔函数。

由式（3-7）可以看出，日差的大小与摆轮的重量、偏心距、游丝刚度、振幅及偏心方向有关，下面分别进行分析。

（1）游丝刚度 M_0 越大，日差就越小。增加游丝的刚度可以降低系统偏心对周期的影响。因为

$$T_0 = 2\pi\sqrt{\frac{J_b}{M_0}}$$

当 T_0 一定时，摆轮的尺寸越大，游丝的刚度随之加大。当摆轮的转动惯量 J_b 一定时，减小系统的周期，也能使游丝刚度增加。即摆轮大、频率高的机芯，同样偏心距，对日差影

响小，走时精度高。

（2）日差 ω 是振幅 φ 的函数。日差与振幅的函数关系可以用图 3-24 所示的曲线来表示。

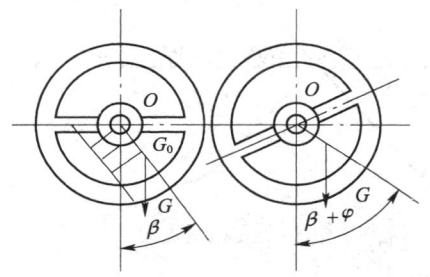

图 3-23　摆轮运动时偏心方位的变化

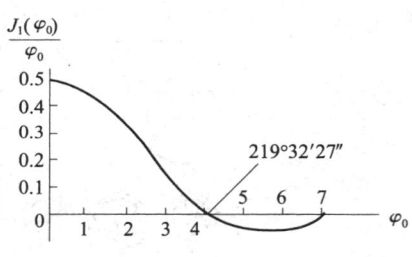

图 3-24　$\dfrac{J_1(\varphi_0)}{\varphi_0} - \varphi$ 曲线

从曲线图上可以看出，当 $\varphi_0 = 219°32'27''$，函数 $\dfrac{J_1(\varphi_0)}{\varphi_0}$ 为 0，即振幅等于 220°时，$\omega \cong 0$，偏心对周期无影响。虽然如此，在设计中宁可选择大于 220°的振幅值。这是因为，在走时的过程中，振幅是变化的，一般情况下，满半条振幅相差 30°~40°。如果振幅选在 220°，在小于该振幅附近的曲线斜率较大，振幅的变化将造成较大的日差变化。为了使振动系统的周期有较好的稳定性，通常应使满条振幅在 270°~300°。

（3）当 $\beta = 90°$ 或 270°时，$\omega = 0$。也就是当摆轮静止时，过重心 G_0 的径向线 OG_0 与铅垂线成直角，则偏心对周期不产生影响。

从表 3-1 中可以看到 β、φ_0、$\dfrac{J_1(\varphi_0)}{\varphi_0}$ 和 ω 四者之间的关系。

表 3-1　　　　　　　　　偏心方向与走时快慢对应表

$\beta = 90°$ $\beta = 270°$	$\cos\beta$			$\omega = 0$	偏心对周期 无影响
$-90° < \theta < 90°$ 重心在水平轴线的下面	cos 为"+" （$\beta = 0°$时有最大值）	$\varphi_0 < 220°$	$\dfrac{J_1(\varphi_0)}{\varphi_0}$ 为 "+"	ω 为 "-"	表走快
		$\varphi_0 > 220°$	$\dfrac{J_1(\varphi_0)}{\varphi_0}$ 为 "-"	ω 为 "+"	表走慢
$270° < \theta < 90°$ 重心在水平轴线的上面	cos 为"-" （$\beta = 180°$时有最小值）	$\varphi_0 < 220°$	$\dfrac{J_1(\varphi_0)}{\varphi_0}$ 为 "+"	ω 为 "+"	表走慢
		$\varphi_0 > 220°$	$\dfrac{J_1(\varphi_0)}{\varphi_0}$ 为 "-"	ω 为 "-"	表走快

综合表 3-1 的分析，偏心方向对走时的影响可如图 3-25 所示。

（4）偏心距 l 越大，所引起的日差也越大，如果 $l = 0$，则 $\omega = 0$。因此，应尽可能设法把偏心距减到最小。这是减少系统不平衡对周期影响最直接和最有效的方法。为此，在钟表生产中，采用专门的工序对摆轮部件进行平衡。平衡分两种，首先进行静平衡，然后有必要的话，再进行动平衡。

2．减小摆轮偏心影响的方法

（1）静平衡调整

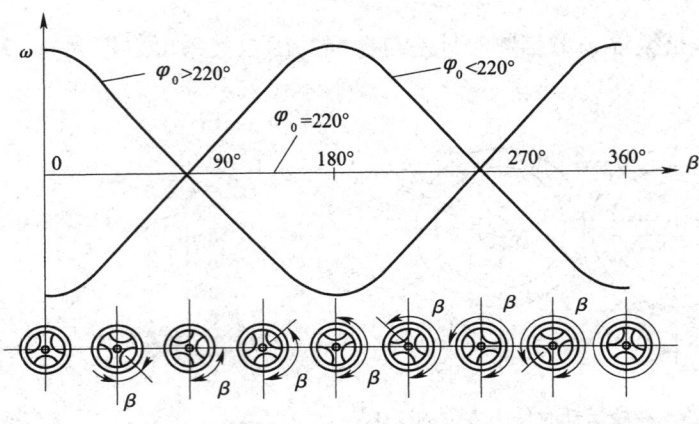

图 3-25 偏心方向对走时的影响

摆轮的几何尺寸在机加工中所产生的误差,如孔偏心、轮缘偏心、轮幅宽窄不均、椭圆以及轮缘厚薄不均等,是造成摆轮不平衡的主要原因。所以,在组装前先要对摆轮部件进行静平衡。

静平衡的方法是先找出摆轮部件的偏心方向,然后在与偏心方向同一侧的轮缘底平面上去掉一部分质量,如图 3-26 所示。假定摆轮部件的重心 A 在铅垂线的上方,偏离摆轴中心为 e,那么,就要在 A 点上方的轮缘平面上铣削一块,铣削量的多少,取决于偏心量 e 的大小。在目前生产中,手表基本上都采用摆轮自动平衡仪对摆轮进行静平衡,而闹钟还多采用手工静平衡。

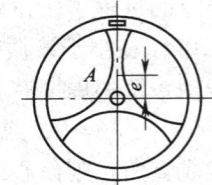

图 3-26 摆轮的静平衡

(2) 动平衡调整

动平衡调整主要在手表中采用。摆轮部件虽然经过静平衡调整,但在压上游丝部件成为摆轮游丝组件装入机芯后,由于游丝重心偏离摆轴中心,或游丝工作时的展缩运动使重心变化,或游丝安装质量未达要求以及机芯处在不同位置时摩擦状态不同等原因,都将使摆轮游丝系统出现新的不平衡。这种不平衡表现为机芯侧面不同位置的走时有快有慢。从校表仪记录的音迹线条可以直接反映出机芯的这种位差。根据校表记录的音迹线条,对摆轮游丝系统在工作状态下产生的不平衡进行分析与调整,以达到消除位差的目的,这种调整方法称为"动平衡调整"。由图 3-25 可以看出,重心偏心的方向对手表的走时是有影响的。当偏心方向位于铅垂线上并在水平线的上方时,亦即 $\beta=180°$ 时,可能使手表走快,也可能使手表走慢。如果振幅小于 220°,则手表走慢,如果振幅大于 220°,则手表走快。利用这一点就可以进行动平衡调整了。

例如,在振幅小于 220°(一般在 180°~200°)时,如果在校表仪上测出机芯的四个侧面的瞬时日差,发现柄上位置走慢,音迹线条的形状如图 3-27 (a) 所示,则放松发条,使摆轮停止摆动,并将机芯的柄头向上放置,就可以知道在摆轮的 A 点位置去掉一部分质量(图 3-28)后,便可使该机芯在柄上位置也走快。然后以圆盘钉作为参照点,记下 A 点与圆盘钉之间的夹角(目测)连同摆夹板一起取下摆轮游丝组件。用钻头在摆轮轮缘的 A 点位置钻孔,钻孔的深浅由走慢的程度而定。机芯在该位置走得越慢,钻孔就越深;反之,钻孔就越浅。

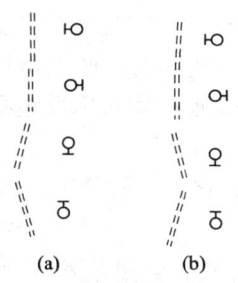

图 3-27 音迹线条的形状

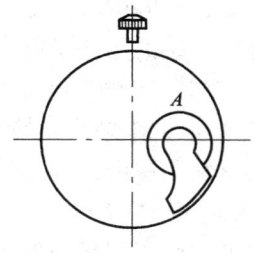

图 3-28 动平衡调整钻孔位置

振幅大于 220°（一般在 260°~290°）时，在校表仪上测量机芯的四个侧面的瞬时日差。如果发现柄上位置走快，音迹线条的形状如图 3-27（b）所示，那么，仍然在图 3-28 所示的 A 点位置钻孔。

因此，动平衡调整可以在两种振幅下进行。一种是在振幅小于 220° 的情况下，根据校表仪记录的音迹线条进行调整，通常称为低幅调整；另一种是在振幅大于 220° 的情况下，根据校表仪记录的音迹线条进行调整，通常称为高幅调整。高幅校表反映的音迹线条比较准确，调整合格率高，但对位差反映的灵敏度较低，不便于彻底消除位差。低幅校表位差反映的灵敏度约为高幅的两倍，因此有利于彻底消除位差。但由于振幅较低，其他因素对机芯的影响也很容易反映在校表音迹线条上，以致影响动平衡调整的准确性。总之，高幅调整与低幅调整各有其优缺点，可以根据机芯本身的规律和生产的实际情况进行选用。

在生产中，通常要根据上述原理画出调整方位示意图。通过校表仪测出机芯不同位置的日差值，当某一个或几个侧面位置的瞬时日差超过工艺要求时，就可以参照调整方位图进行动平衡调整。图 3-29 介绍几种机芯调整方位图以供参考。

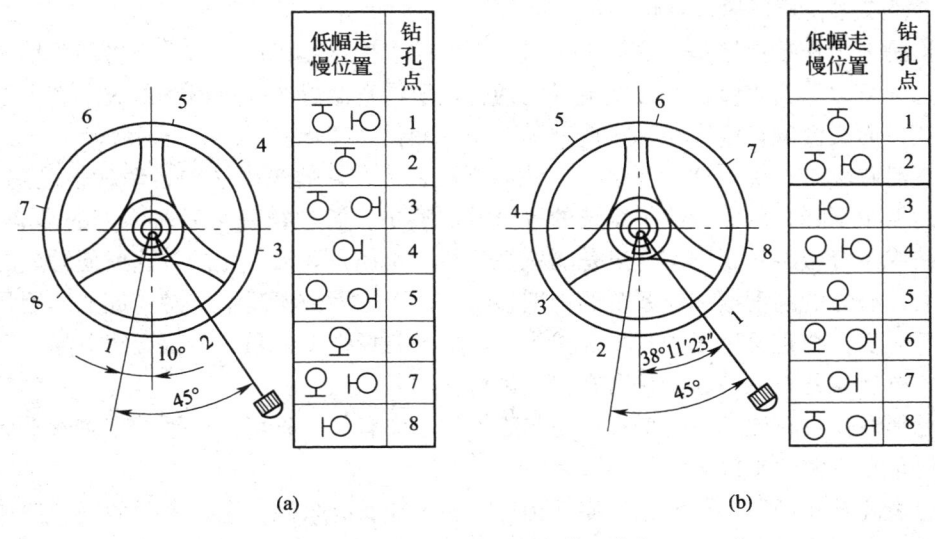

图 3-29 动平衡调整方位示意图

三、外界条件对振动周期的影响

1. 环境温度对振动周期的影响

当环境温度发生变化的时候，根据热胀冷缩的原理，摆轮和游丝的几何尺寸也将随之发生变化。例如，当温度升高时，摆轮的转动惯量和游丝的尺寸都将增大。从式（3-6）可以看出，振动系统的周期没有多大改变，可是，在温度升高的同时，游丝材料的弹性模量下降，从而使周期增加，钟表走慢。因此，游丝应该采用线胀系数和热弹性系数小的材料（Ni42GrTi），以此来减小环境温度的影响。

当摆轮的材料为镍白铜（即德国银），游丝的材料为镍、铬、钛合金时，温度每改变1℃，日误差为0.39~0.65s。

另外，温度的改变将导致润滑油黏度发生改变。温度升高，黏度就小一些，温度降低，黏度就大一些。润滑油黏度增加会增加摩擦阻力，其结果将使摆轮游丝系统振动时的能量损耗增加，摆轮的振幅就要减小，钟表的等时性变差。

为衡量整个钟表机构受温度影响的大小，把温度每变化1℃所引起的日差变化称为钟表的温度系数。由于日差变化与温度变化不成线性关系，因而温度系数不是常数。通常所说的温度系数实际上是指某两个特定温度之间的温度系数的平均值。

测定温度系数的方法如下：（以手表为例）

将手表上满条，放进温度为38℃的恒温箱里保温2h，然后在校表仪上测出CH位置的瞬时日差。再在室温（20℃）下放置1h，然后将表放进温度为8℃的低温箱保温2h。测出该温度下的瞬时日差，最后通过下列公式计算出温度系数 C：

$$C = \frac{|\omega_{38} - \omega_8|}{38 - 8} \qquad (3-8)$$

式中　C——温度系数（s/d·℃）；

　　　ω_8——8℃时手表的瞬时日差（s/d）；

　　　ω_{38}——38℃时手表的瞬时日差（s/d）。

2. 磁场对振动周期的影响

无论是在工作单位还是在家庭中，电气设备的应用日趋广泛，这就不可避免地要产生磁场。磁场可以分为直流磁场和交流磁场两种。所谓直流磁场是指磁场的大小和方向不随时间改变，而交流磁场的大小和方向都随时间的变化而变化。

在直流磁场中，钟表的所有钢制零件都要被磁化，它们在磁场中运动就会受到阻力，使系统的振幅下降，从而影响了系统的等时性。其中，游丝被磁化后对周期的影响最大。即使是铁镍系合金游丝，它本身虽是弱磁性材料，也还是要被磁化的。这就使游丝的弹性模量变大，游丝的刚度增加，系统的周期减小。由于在多数情况下，游丝起的作用是主要的，对于手表，在直流磁场中表现走快为多。如果磁场强度加强，振幅继续下降，到一定程度时，游丝彼此粘在一起，手表则停止运行。

游丝弹性模量在磁场中的增大，还与磁场的方向有关。磁场方向平行于游丝平面时的影响要比垂直于游丝平面时大得多。

当钟表离开磁场后，受磁化的零件仍有磁性，即具有余磁。具有余磁的钢零件和游丝还会给系统以干扰力，其结果可能使钟表走快，也可能使钟表走慢，目前国产手表走慢的情况较多。

在交流磁场中，磁场交替地对钟表游丝磁化与退磁，所以总的来说，影响不如直流磁场大。

为了减少磁场对钟表机构的影响，应尽量采用弱磁性或非磁性材料。国产游丝的材料是一种弱磁性材料，可以使这种材料几乎不受磁场的影响。但提高抗磁性能之后，温度系数会相应增加，故两者之间需权衡考虑。

3. 动力作用对振动周期的影响

钟表在使用过程中可能受到各种不同性质的动力作用。振动、过载和碰撞都属于动力作用。

在日常生活中，钟表受到振动和过载的作用是比较少的。如汽车发动机发动时，当手表戴在手上而手很快地抬起或放下、或者在飞机起飞和降落时，都会短时间地发生超重或失重。由于这些振动或过载作用时间短，发生的次数也难以估计，一般均作为偶然误差来处理，对钟表的走时影响不大。

钟表在使用时可能受到不同程度的碰撞。如果受到剧烈的碰撞，钟表的某些零件就会损坏。例如摆尖的折断和表玻璃碎裂等。也可能使表针脱落，游丝也会瞬时产生正常工作不能允许的变形和偏心。这些将造成表机停走或走时不准。

为减少动力作用对振动周期的影响，有效的办法是增加游丝刚度，减轻摆轮重量和偏心量，提高振动的频率，采用优质防振器等。

第六节 摆的结构

摆的基本组成部分是摆锤、摆杆、挂摆装置和周期调节装置等。图3-30为一普通摆钟的摆的结构组成。

为了减小机构所占体积，采用了轻摆杆带重摆锤的结构。摆锤的材料一般用相对密度较大的金属材料制成。摆锤的形状有多种，为了减少摆动时的空气阻力，往往做成凸镜形。摆杆是细长的杆，为了减少温度变化对振动周期的影响，应当用线胀系数较小的材料制成。在精密摆钟中用铟钢，而普通摆钟则往往用线胀系数较小的木材制成。簧片式挂摆装置是目前应用最广的挂摆装置，它由簧片夹、簧片压板和弹簧片所组成。簧片压板用螺钉固定在夹板上，而簧片夹上的簧片销子是用来悬挂摆杆的。钟摆的簧片用弹簧钢制成，其厚度一般为0.05~0.2mm，宽度和长度为2~10mm。采用簧片式挂摆装置可以大大地减少支承点的摩擦和磨损。摆杆的下面为调节振动周期用的调整螺母、转动螺母可以改变摆锤重心到簧片的距离，从而改变摆的振动周期。

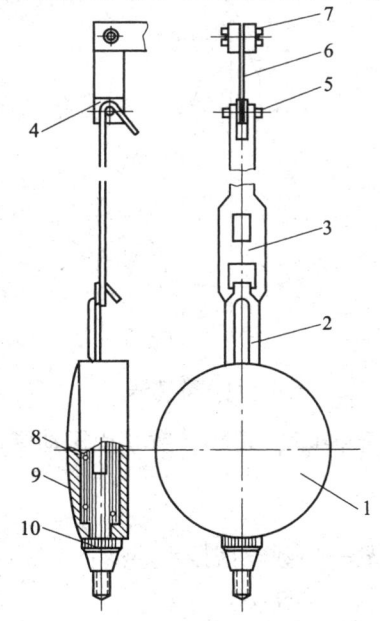

图3-30 摆的结构
1—摆锤 2—摆杆 3—上摆杆 4—簧片夹
5—簧片销子 6—簧片 7—簧片压板 8—弹簧
9—螺杆 10—调整螺母

第七节 摆的振动工作原理与振动周期

一、数学摆

数学摆又称单摆，是一个理想化的摆，如图3-31所示。它由一个质量为 m 的小球，悬挂于刚性杆的一端而构成。理想化的摆是假设小球的质量集中于球心，刚性杆无重量，杆 a 的另一端悬于不动点 O，小球的球心至悬点 O 的长度为 l，称为摆长。

数学摆的振动示意图如图3-32所示，OB 为铅垂线，即摆的平衡位置，OA 为左振幅位置，OC 为右振幅位置，φ_0 为振幅，当施加一个外力使摆（小球）离开平衡位置到达左振幅位置 OA 时，小球速度为0，而重力矩为 $mgl\sin\varphi_0$，并且，重力矩的方向总是指向铅垂线（即平衡位置）。若此时放开小球，则小球在重力矩作用下向平衡位置 OB 运动。在运动过程中，小球重力矩渐渐减小，而小球的运动速度逐渐增加，至平衡位置 OB（铅垂线），小球重力矩为0，速度达最大值。此时，小球在惯性作用下并不停止运动，而是越过平衡位置继续向右运动。同时，小球受到相反方向的、逐渐增加的重力矩作用，使运动速度下降，直至右振幅位置，小球运动速度为零，重力矩达最大值。此后，小球将再度在重力矩作用下向平衡位置（OB）运动，若无支承摩擦、空气阻力等影响，小球将绕 O 点往复振动不息。

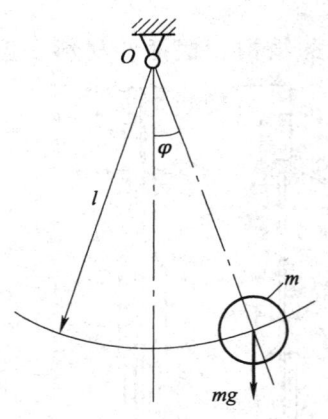

图3-31 数学摆

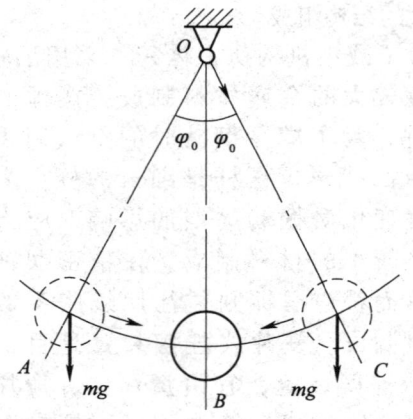

图3-32 数学摆的振动

由于振幅 φ_0 很小，数学摆振动周期可近似写为：

$$T_s = 2\pi\sqrt{\frac{l}{g}}$$

式中　T_s——数学摆振动周期；

　　　l——摆长；

　　　g——重力加速度。

二、物理摆

在实际应用中的钟摆，其摆杆不可能没有重量，其摆锤质量也不可能集中于球心，这种在实际应用中的钟摆,被称为物理摆或复摆。

物理摆在实际工作中,会出现因支承摩擦、空气摩擦等各种摩擦造成的能量损耗,它需要不断地补充能量,方能维持经久摆动不息。

设物理摆本身的质量为 M,相对于悬点的转动惯量为 J,重心至悬点的距离为 λ,如图 3-33 所示。

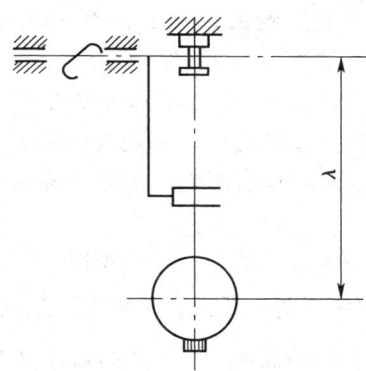

图 3-33　物理摆示意图

若不考虑运动中的摩擦,那么,物理摆的振动周期 T_M 可以近似地写为:

$$T_M = 2\pi\sqrt{\frac{J}{Mg\lambda}} \tag{3-9}$$

令

$$\frac{J}{M\lambda} = L_Y$$

则式(3-9)可改写为:

$$T_M = 2\pi\sqrt{\frac{L_Y}{g}} \tag{3-10}$$

式中　T_M——数学摆振动周期;
　　　L_Y——摆长;
　　　g——重力加速度。

由于钟摆振幅很少超过 15°(0.2618rad),同时,摆本身也有周期调节装置,所以用式(3-10)计算钟摆尺寸,其精度是足够的。

式(3-10)也可写成:

$$L_Y = 248.2 T_M^2 \tag{3-11}$$

上式中,T_M 的单位为 s,L_Y 的单位为 mm,表 3-2 给出了摆长和振动周期之间的相应关系。

表 3-2　　　　　　　　　　摆长和振动周期的关系

T_M (s)	1/2	1	4/3	3/2	2	4	6	8
L_Y (mm)	62	248	442	559	994	3976	8946	15904

第八节　影响摆的振动周期的因素

由摆的振动周期计算公式可以看出,除了振幅的改变会造成周期的变化外,其他参数

如 J、λ 和 g 的改变也将造成周期的变化。而影响这些参数改变的因素是很多的，其中主要有纬度、海拔高度、温度、气压等。

纬度与海拔高度对重力加速度均有较大影响。

由于地球自转，不同纬度将受到不同大小的离心力作用，使重力加速度在不同程度上减小。南、北极处于地球自转轴附近，重力加速度受影响最小；而在赤道附近，则受影响最大。因此，纬度越高，重力加速度越大，反之愈小。在纬度 30°~60° 范围内，纬度每升高 1°，重力加速度大致增加 $0.086 cm/s^2$。

在不同的海拔高度，由于地球引力不同，也使重力加速度有所改变。重力加速度随着海拔高度增加而减小。此外，同一海拔高度，因地势不同，重力加速度的变化也有区别，山区比平原变化小，因为山本身对它也有影响。大致上高度每升高 1000m，重力加速度约减小 $0.2~0.25 cm/s^2$。

不同地点实际所测量出的加速度，将同时反映出以上两个因素的综合影响。

表 3-3 为我国若干城市所在纬度、海拔高度和重力加速度 g 的数据。

表 3-3　　我国若干城市所在纬度、海拔高度和重力加速度

地　名	纬度/(°)	海拔/m	g (cm/s^2)
北京	39.55.8	46	980.122
天津	39.9	19	980.094
上海	31.11.3	7	979.436
南京	32.3.6	270	979.442
广州	23.6	23	978.831
济南	36.41	20	979.858
重庆	29.34	196	979.152
昆明	25.2	1893	978.367
南宁	22.43	65	978.764

摆钟在固定地区工作，重力加速度 g 是一个常数，它不会影响走时，但当钟移到纬度或海拔高度变化的地区工作时，走时就会发生变化。这时，可以根据 g 的变化量 Δg 来调整钟的快慢。Δg 与日差变化值 ΔW 的关系可用下式计算：

$$\Delta W = -43200 \times \frac{\Delta g}{g}$$

例如，北京的 g 值为 $980.122 cm/s^2$，而昆明的 g 值为 $978.367 cm/s^2$，如果一个在北京调整好了的摆钟拿到昆明去使用，那么，由于 g 的变化所产生的走时变化应为：

$$\Delta W = -43200 \times \frac{978.367 - 980.122}{980.122} \approx 77(s/d)$$

即将每日走慢 77s。

温度的变化主要引起摆的各部分的尺寸变化，即引用长度的变化，因而改变了振动周期。一般材料的线胀系数是正值，故温度越高，钟表走得越慢。

可以用两种方法来降低或消除温度变化对振动周期的影响：

1）把钟表安置在温度不变或变化很小的环境中；
2）采用温度补偿装置。

气压改变对摆的振动周期产生影响的原因之一是空气阻力的改变；原因之二是由于空气密度改变，造成了摆的重量改变，因而使周期值改变。气压升高，周期增大；反之则周期减小。但此影响总的来说不是太大，一般情况下，气压变化1mmHg柱所造成的日差变化为0.01~0.02s。故对于一般摆钟，为了减小气压的影响，应采用相对密度大的材料作摆锤，并合理设计摆的外形和选择合理的钟壳形状和尺寸，使运动空间不至于太小，从而减少空气阻力。

第九节　摆的振动周期的调节

常用的调节钟摆振动周期的方法有两种：
1）移动摆锤法；
2）附加重物法。

移动摆锤法如图3-30所示：转动调整螺母10使摆锤1沿螺杆9上下移动，从而改变了摆的引用长度。这是一种最常用的调节方法。

附加重物法应用于精度较高的摆钟中，见图3-34。它是在摆杆1上固定一个托盘2，把重量不同的砝码3放在托盘上或拿走，可以相应地改变周期。加上重物，则周期减小；移去重物，则周期增加。利用这种方法，可以在钟表不停止运动的情况下调节周期。

有些摆钟同时采用两种调节周期的方法，第一种方法用于粗调，而后一种方法用于精调。

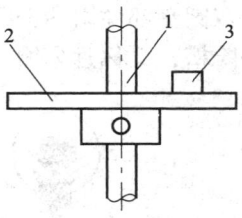

图3-34　附加重物法
1—摆杆　2—托盘　3—砝码

第四章 擒纵机构

擒纵机构的作用有两个：
（1）将振动系统的振动计时信号通过齿轮传动输入到指针机构，以计量时间；
（2）将原动机构的能量定期地传递给振动系统，以维持振动系统振动不息。
本章主要阐述叉瓦式擒纵机构、销钉式擒纵机构和格拉哈姆擒纵机构。

第一节 叉瓦式擒纵机构的结构

叉瓦式擒纵机构的结构如图 4-1 所示。它是由双圆盘部件、擒纵叉部件、擒纵轮部件和限位钉组成。

一、双圆盘部件

双圆盘部件由冲击圆盘，保险圆盘和圆盘钉组成，如图 4-2 所示。保险盘上有半圆形保险槽，又称月牙槽。圆盘钉装在冲击圆盘上，形状如图 4-3 所示。材料为人造宝石。

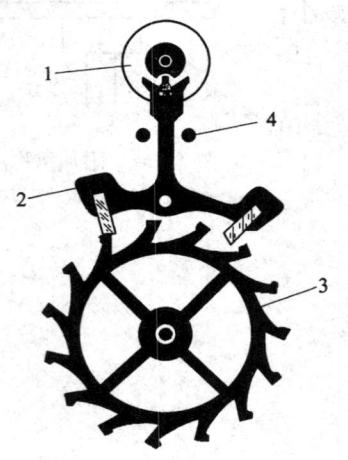

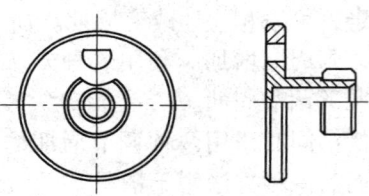

图 4-2 双圆盘部件

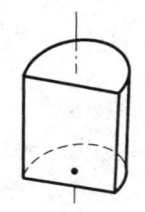

图 4-3 圆盘钉

图 4-1 叉瓦式擒纵机构的结构
1—双圆盘部件 2—擒纵叉部件
3—擒纵轮部件 4—限位钉

二、擒纵叉部件

擒纵叉部件由擒纵叉、叉瓦（包括进瓦和出瓦）、叉轴和叉头钉所组成，如图 4-4 所示。图 4-5 为叉头各部位名称，图 4-6 为叉瓦各部位名称。擒纵叉轴孔与擒纵叉轴为紧配合，叉瓦与叉臂用虫胶粘结，叉瓦槽中留有间隙，以便调整叉瓦的深浅，叉头钉铆装在叉头上，也有用"点焊"焊接的。

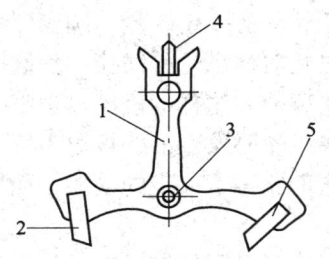

图 4-4 擒纵叉
1—擒纵叉 2—进瓦 3—叉轴
4—叉头钉 5—出瓦

图 4-5 叉头结构
1—喇叭口 2—叉槽 3—叉头钉

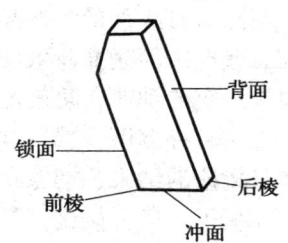

图 4-6 叉瓦

叉瓦和圆盘钉一般是用人造宝石制成，目的是为了减少摩擦和提高耐磨能力。

擒纵轮部件由擒纵轮片和擒纵齿轴铆合构成，擒纵齿轴齿形为一般增速啮合的钟表齿形，擒纵轮片齿形如图 4-7 所示。整个齿形由齿锁面 1，齿冲面 3 和齿背面 5 围成。齿锁面与齿冲面的交线称齿尖，齿冲面与齿背面的交线称齿尾，擒纵轮片的齿数一般为 15，但也有采用 20 齿的。

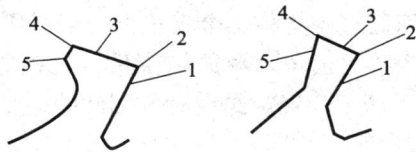

图 4-7 擒纵轮片齿形
1—齿锁面 2—齿尖 3—齿冲面
4—齿尾 5—齿背面

三、限位钉

擒纵叉叉身两侧有两个销钉，用来限制擒纵叉摆动的角度，称为限位钉，它被固定在主夹板上。也有用主夹板上的凸起或叉夹板上的凸起来起限位钉的作用的。手表用叉瓦式擒纵机构的材料如表 4-1 所示。

表 4-1　　　　　　　　手表用叉瓦式擒纵机构的材料

零件名称	双圆盘叉头钉	擒纵叉	叉轴擒纵齿轮	擒纵轮	叉瓦圆头钉
材料	铅黄铜	铅黄铜或高碳钢	易切钢	高碳钢	人造宝石

第二节　叉瓦式擒纵机构的工作原理

擒纵机构实际上是间歇工作机构，叉瓦式擒纵机构是以进瓦和出瓦两个半周期的轮流间歇工作完成计时信号的传输和能量的传递。进瓦和出瓦的工作是相似的，下面以进瓦半周期的工作为例，说明叉瓦式擒纵机构的工作原理。

以图 4-8（a）作为开始位置（图中箭头分别表示各零部件的运动方向）。此时，摆轮处于由左振幅位置向平衡位置的运动过程中。擒纵轮的一个齿压在进瓦的锁面上，在牵引力矩的作用下，擒纵叉叉身靠在左限位钉上。由于游丝的恢复力矩，使摆轮按反时针方向向平衡位置摆动。摆轮从左振幅位置开始，到圆盘钉与叉槽右壁接触为止 [图 4-8（b）]，所转过的角度称为第一附加角。摆轮在转过第一附加角的过程中，擒纵轮与擒纵叉是不动的，摆轮与擒纵机构没有联系，因此，把这个运动阶段称为第一自由振动阶段。

当圆盘钉入叉槽,并与叉槽右壁接触的那一瞬时,由于摆轮具有一定动量,圆盘钉与叉槽右壁产生了碰撞,致使擒纵叉获得一定的加速度,造成进瓦对擒纵轮的碰撞,使擒纵叉损失一定的动能,角速度减小,于是圆盘钉对叉槽右壁再次碰撞。这样的碰撞过程将持续若干次,并逐渐衰减。这一碰撞是在摆轮通过擒纵叉释放擒纵轮时发生的,被称为释放碰撞。碰撞的结果,摆轮将能量传递给擒纵叉和擒纵轮,使它们获得了一定的动能,而摆轮却损失了一部分能量[图4-8(b)]。

碰撞结束后,圆盘钉沿着叉槽右壁滑动,与此同时,叉身离开左限位钉,擒纵轮齿尖在进瓦的锁面上相对滑动,进瓦逐渐被提起。

从圆盘钉与叉槽右壁接触开始,一直到擒纵轮齿尖与进瓦的前棱重合为止,是摆轮释放擒纵轮的阶段,所以称为释放阶段。在释放阶段中,摆轮所转过的角称为释放角,擒纵叉所转过的角称为全锁角。由于引角的关系,擒纵轮在释放阶段中将后退一个角,这个角称为静后退角。释放结束后,在擒纵轮的惯性作用下,再后退一个动后退角。图4-8(c)所示为释放结束时各部件的相互位置。

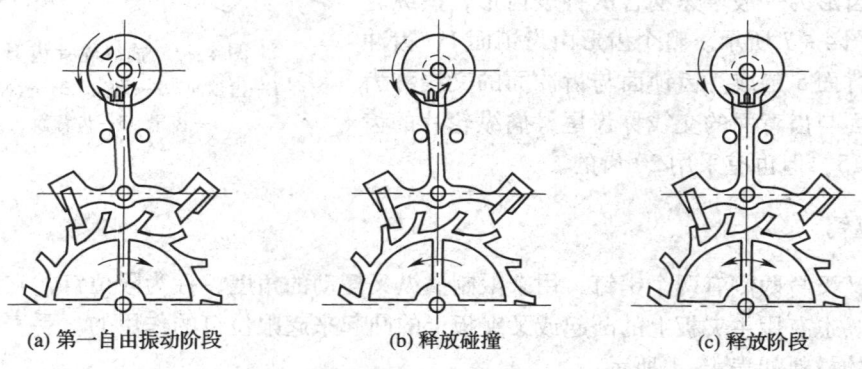

(a) 第一自由振动阶段　　(b) 释放碰撞　　(c) 释放阶段

图4-8　擒纵机构工作过程之一

释放结束后,在发条力矩作用下,擒纵轮将按顺时针方向转动。于是,擒纵轮的齿尖沿着进瓦的冲面滑动[图4-9(b)],然后进瓦的后棱沿擒纵齿冲面滑动[图4-9(c)],在这个运动过程中,擒纵轮通过擒纵叉把能量补充给摆轮游丝系统,所以称为传冲阶段。在传冲阶段中,摆轮所转过的角称为摆轮冲角。

实际上,传冲阶段是由两个阶段合成的。从释放结束到擒纵轮齿尖与进瓦后棱接触为止,擒纵轮是通过叉瓦的冲面传递能量的,所以称为瓦传冲阶段。在瓦传冲阶段中,擒纵叉所转过的角称为瓦冲角,擒纵轮所转过的角称为瓦宽角。从瓦传冲结束到擒纵轮齿尾与进瓦后棱接触[图4-9(d)],擒纵轮是通过擒纵轮齿的冲面传递能量的,所以称齿传冲阶段。在这个阶段中,擒纵叉所转过的角称为齿冲角,擒纵轮所转过的角称为齿宽角。

在整个传冲阶段中,叉槽都是以其左壁推动圆盘钉的。在瓦传冲和齿传冲开始时也发生碰撞现象,这个碰撞称为传冲破撞[图4-9(a)]。

释放结束后,实际上并不能立即对摆轮传递冲量,并且传递能量也不是从擒纵轮齿尖与进瓦前棱接触时开始的,其原因如下:

(1) 释放结束后,擒纵轮在后退一个动后退角的同时,擒纵叉也在转动,所以,当擒纵轮齿尖与进瓦接触时，由于进瓦已提起一定距离，擒纵轮齿尖将落到进瓦冲面的某一点上。

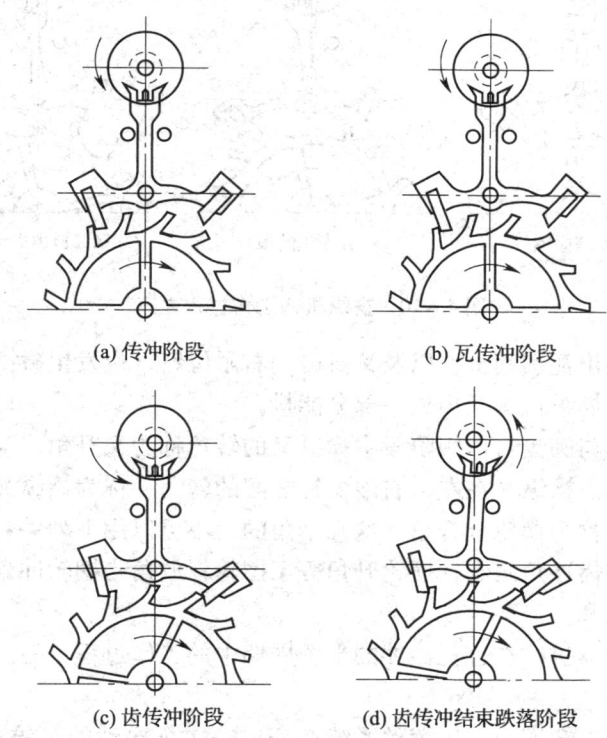

(a) 传冲阶段　　　　　　　　(b) 瓦传冲阶段

(c) 齿传冲阶段　　　　　(d) 齿传冲结束跌落阶段

图 4-9　擒纵机构工作过程之二

（2）为使圆盘钉能在叉槽内灵活地滑动，圆盘钉直径必须略小于叉槽宽度。在擒纵轮齿尖刚落到进瓦冲面上时，圆盘钉是与叉槽右壁接触，而对摆轮传递冲量，则必须是叉槽左壁与圆盘钉接触。

由于擒纵轮有动后退角，和圆盘钉与叉槽有间隙，实际的摆轮冲角将小于理论的摆轮冲角，两者的差值为冲量损失角。

传冲结束之后，摆轮得到了能量，继续向右振幅位置摆动。从圆盘钉离开叉槽，到摆轮到达右振幅位置，是摆轮脱离擒纵叉进行自由振动的阶段，所以称为第二自由振动阶段。在这个阶段，摆轮所转过的角称为第二附加角。

传冲结束后，在发条力矩作用下，擒纵轮齿尾与进瓦后棱脱开，按顺时针方向转动，擒纵轮的另一个齿落到了出瓦的锁面上［图 4-10（a）］。在这个过程中，擒纵轮所转过的角称为落角。由于牵引作用，将迫使擒纵叉转动，直到叉身碰到右限位钉为止［图 4-10（b）］。擒纵叉在这个过程中所转过的角度称为损失角。图 4-10（c）为第二自由振动阶段。

如果设想擒纵轮在转过落角时擒纵叉是不动的，那么，在出瓦锁面上的擒纵轮齿尖到出瓦前棱的距离称为锁值，与该值对应的擒纵叉的转角称为锁角。不难看出，全锁角等于锁角与损失角之和。

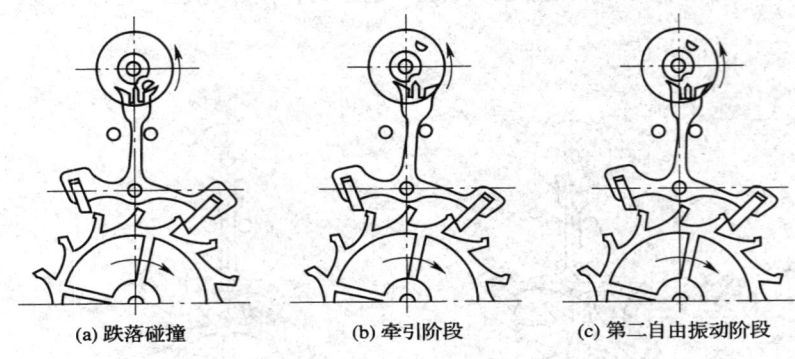

(a) 跌落碰撞　　　　(b) 牵引阶段　　　　(c) 第二自由振动阶段

图 4-10　擒纵机构工作过程之三

擒纵轮齿尖落到出瓦锁面上，以及叉身碰到右限位钉，也发生碰撞现象，称为跌落碰撞。在这次碰撞中，擒纵机构又损失一部分能量。

通常，把擒纵叉与圆盘钉作用阶段中擒纵叉的转角称为叉升角。与叉升角对应的摆轮转角，称为摆轮升角。擒纵叉在左、右限位钉之间的转角，称为擒纵叉全升角。与叉全升角对应的摆轮转角，称为摆轮全升角。这几个角的大小可以用下列关系表示：叉升角等于全锁角加上瓦冲角与齿冲角之和；摆轮升角等于摆轮释放角与摆轮冲角之和；叉全升角等于叉升角与损失角之和。

以上是叉瓦式擒纵机构在进瓦传冲的半个周期中的工作过程，另一个半周期工作过程是相似的。

由以上的分析可以知道：摆轮游丝系统在完成一次全振动的时候，擒纵轮转动两次，两次合计转过一个角周节，亦即擒纵轮的转角与摆轮游丝系统的振动次数成正比。利用齿轮传动并通过一定的传动比，即可把摆轮游丝系统的振动计时信号传递给指针机构计量时间，这是擒纵机构的一个作用。另外，在摆轮游丝系统完成一次全振动的同时，擒纵机构对它两次传递能量，从而补偿了摆轮游丝系统在振动过程中所消耗的能量，维持了摆轮游丝系统的振动不息。

第三节　叉瓦式擒纵机构的保险机构及其作用

双圆盘和擒纵叉之间的运动，除了释放和传冲之外，还要保证擒纵机构正常工作，亦即在受到外界干扰的时候，擒纵机构不产生错误动作。由上节的分析知道，摆轮游丝系统与擒纵机构的联系只发生在释放和传冲阶段，而这在整个周期中只占很小的一部分时间。在大部分时间内，圆盘钉脱离叉槽，摆轮进行着自由振动。

如果此时手表偶然受到一个外力作用，擒纵叉叉身可能从一个限位钉靠到另一个限位钉上，这样，圆盘钉便不能正常地进入叉槽，而是碰到喇叭口的外壁上，这种情况称为背摆或反摆（图 4-11），将导致擒纵机构停止工作。为了不发生反摆，擒纵机构有两对起保险作用的机构：保险圆盘和叉头钉；圆盘钉和喇叭口。下面分别介绍这两对机构的作用。

一、保险圆盘和叉头钉

保险圆盘和叉头钉构成了第一个保险装置。在释放和传冲阶段,叉头钉进入了保险圆盘的月牙形保险槽,叉身可以摆动自如。在自由振动阶段,保险圆盘随摆轴一起远离了平衡位置。此时,手表若受到外来干扰力的作用,叉头钉就会靠到保险圆盘的圆柱面上,限制了叉身继续摆动。擒纵叉由限位钉位置到叉头钉与保险圆盘接触所转过的角度称为叉头钉间隙角,用 δ_1 表示(图4-12)。为了保证擒纵机构的工作可靠,叉头钉间隙角要小于全锁角。这样,当叉头钉在偶然外力作用下与保险圆盘接触时,擒纵轮齿尖能停在叉瓦锁面,而不至于落在叉瓦的冲面上,而使擒纵机构停止工作。叉头钉的长短也要严格控制,叉头钉过长,会与保险槽相擦,叉头钉过短,会产生背摆现象。

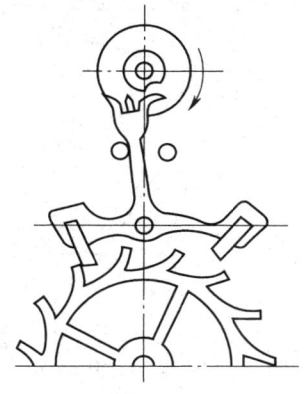

图4-11 背摆(反摆)

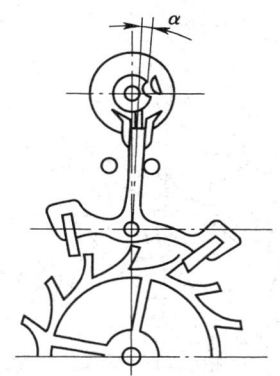

图4-12 叉头钉与保险盘间隙角 δ_1

二、喇叭口与圆盘钉

叉头钉进入保险圆盘的保险槽中之后,叉头钉与保险圆盘就不能起保险作用,此时必须利用喇叭口与圆盘钉构成的保险装置。当传冲结束后,圆盘钉离开叉槽壁,但未离开喇叭口,圆盘钉和喇叭口之间有一个间隙。此时若受到偶然外力的作用,喇叭口碰到圆盘钉之后,叉身便不能再转动。从叉身离开限位钉一直到喇叭口与圆盘钉接触为止,擒纵叉所转过的角称为喇叭口间隙角,用 δ_2 表示(图4-13)。喇叭口间隙角也应该小于全锁角。

为了使保险装置工作可靠,几个角度之间还应满足以下要求:

1)喇叭口间隙角应大于损失角,这样,在传冲结束后,和擒纵叉转过损失角之前,可避免转速较高的圆盘钉撞到喇叭口上。

2)喇叭口间隙角应大于叉头钉间隙角,这可防止由于偶然外力作用而造成叉头钉和保险盘接触时圆盘钉不能进入叉槽的现象。

3)叉头钉间隙角应大于损失角,这样,在传冲结束时,可防止叉头钉与保险圆盘因接触而产生的摩擦。

利用保险圆盘和叉头钉所组成的保险装置,虽然可以防止在偶然外力作用下叉身从一个极端位置转到另一个极端位置,但由于叉头钉与保险圆盘接触后两者之间产生摩擦,降低了擒纵机构的效率。为了改善这种情况,在叉瓦式擒纵机构中适当配置叉瓦锁面的方向,以产生擒纵轮齿对叉瓦的牵引作用,形成一个使擒纵叉靠向限位钉的力矩——牵引力矩。图4-14为牵引作用简图。O_c与O_1分别为擒纵叉和擒纵轮的回转中心，M_1是由发条传递来的力矩，称为擒纵轮力矩。在擒纵轮力矩的作用下，擒纵轮齿尖压在进瓦锁面上的A点，对进瓦锁面有一个正压力N（N垂直于叉瓦锁面）。作接触点A与擒纵叉中心O_c的连线，则过接触点所作的该线的垂线与叉瓦锁面所夹的角度τ称为引角。由图中可以看出，正压力N使擒纵叉反时针方向转动，摩擦力$f \cdot N$使擒纵叉按顺时针方向转动，其中f为摩擦因数。摩擦力一般小于正压力，所以，最后作用在擒纵叉上的牵引力矩M_c为：

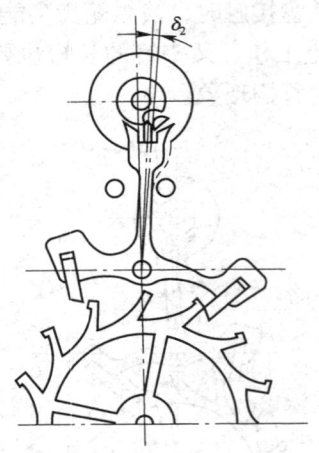

图4-13　喇叭口与圆盘钉间隙角δ_2

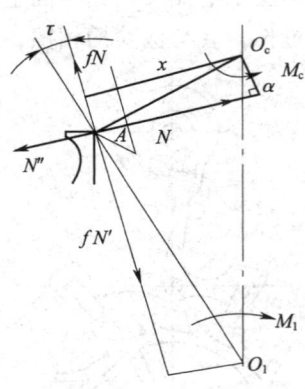

图4-14　牵引作用简图

$$M_c = N \cdot \alpha - f \cdot N \cdot x$$

α和x分别是擒纵叉的转动力臂。

在牵引力距作用下，擒纵叉紧靠在限位钉上。当偶然外力较小而不能克服擒纵轮齿对叉瓦的牵引力矩时，则利用牵引力矩可以防止擒纵叉转动。如果偶然外力较大，则可依靠叉头钉和保险圆盘的作用，防止擒纵叉从一个极端位置转到另一个极端位置，当偶然外力一消除，在牵引力矩作用下，叉头钉又离开保险圆盘。

只有叉瓦锁面位置配置得当，才能形成牵引力矩。如果叉瓦的引角等于零，则正压力通过擒纵叉回转中心，就不会产生使擒纵叉转动的力矩，牵引力矩也就不存在了。

第四节　叉瓦式擒纵机构对振动周期的影响

本节我们先介绍冲量定理。什么是冲量？简而言之，是作用时间极短的力。对于摆轮游丝系统来说，这个力通常是不通过摆轴中心的，因此，它实际上指的是作用时间极短的力矩。若冲量方向与摆轮运动方向相同，则称为正冲量；反之，若方向相反，则称为负冲量。正冲量使摆轮速度增加；负冲量使摆轮速度减小。

冲量定理可以分为下列三点来叙述：

1）振动系统在平衡位置前受到正冲量作用，或在平衡位置后受到负冲量作用，皆使周期减小。

2）振动系统在平衡位置前受到负冲量作用，或在平衡位置后受到正冲量作用，皆使周期增加。

3）所作用的冲量离振动系统平衡位置愈远，对周期影响愈大，冲量作用于平衡位置，对周期无影响。

由叉瓦式擒纵机构工作原理的分析知道：

1）释放碰撞发生在平衡位置前，这相当于在平衡位置前传递负冲量，因而其影响是使振动周期增大。

2）释放阶段也是发生在平衡位置前，同样相当于在平衡位置前传递负冲量，使摆轮速度降低，因而其影响也是使振动周期增大。

3）传冲碰撞发生在平衡位置前，使摆轮速度增加，因而其影响是使摆轮振动周期减小。

4）传冲阶段包括瓦传冲和齿传冲。传冲过程分布在平衡位置前和平衡位置后，是正冲量。在平衡位置前传递，使振动周期减小；在平衡位置后传递，使振动周期增大。但平衡位置前的传冲角度比平衡位置后的传冲角度小，因而总的影响是使振动周期增大。

5）跌落碰撞与摆轮无关，不影响振动周期。

综上所述，擒纵机构的影响是使摆轮游丝系统的振动周期增大。

此外，当其他条件不变时：

1）摆轮升角越小，相当于各阶段的冲量传递位置越接近于平衡位置，因而擒纵机构对振动周期的影响也越小。

2）摆轮振幅越大，相当于各阶段传递冲量位置相对地越接近于平衡位置，因而擒纵机构对振动周期的影响也越小。

第五节　销钉式擒纵机构的结构

销钉式擒纵机构的结构如图4-15所示，它是由擒纵叉部件、擒纵轮部件和摆盘钉等组成。

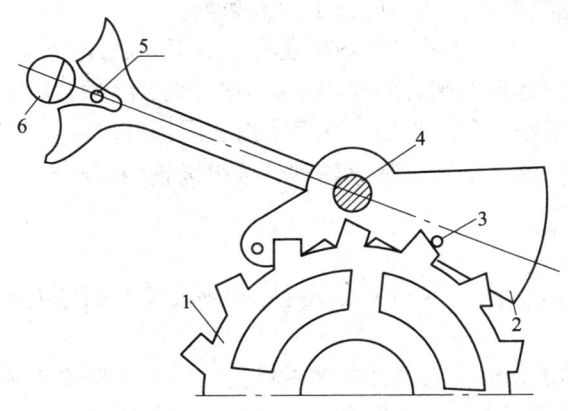

图4-15　销钉式擒纵机构
1—擒纵轮部件　2—擒纵叉部件　3—叉销　4—叉轴　5—摆钉　6—摆轴

一、擒纵叉部件

图 4-16 为擒纵叉部件结构图,它由叉身、叉轴、进销和出销组成。进、出销由圆柱钢丝制造,它们与擒纵叉平面成直角固定,并用来代替叉瓦,这是销钉式擒纵机构和叉瓦式擒纵机构的主要不同点。为了保持叉身平衡,擒纵叉身的尾部配置得较重,叉头部分的名称如图 4-17 所示。

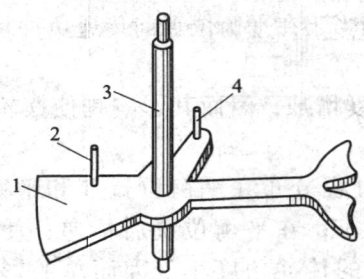
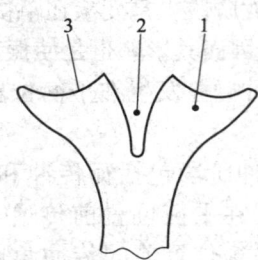

图 4-16 擒纵叉部件　　　　　　　　　　图 4-17 叉头部分名称
1—叉身　2—出销　3—叉轴　4—进销　　　1—叉头　2—叉槽　3—喇叭口

二、擒纵轮部件

擒纵轮部件由擒纵轮片、擒纵轮轴及其销轮组成。图 4-18 为销钉式擒纵轮齿形及各部分名称图。由于销钉式擒纵机构是用直径很细的钢丝代替了叉瓦,冲量基本上是沿齿冲面传递,因而擒纵轮齿需要有较大的齿冲面。齿锁面与齿冲面的交棱称齿尖,齿冲面与齿背面的交棱称齿尾。齿锁面与齿尖的径向线夹角称为锁面角,记作 β。其作用是使擒纵轮能对擒纵叉产生牵引作用。

三、摆盘钉

摆盘钉相当于叉瓦式擒纵机构的圆盘钉,由钢丝销制成,并直接固定在摆轮轮毂上,从而取消了冲击圆盘。

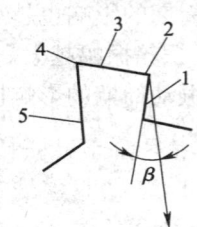

图 4-18 擒纵轮齿形
1—齿锁面　2—齿尖　3—齿冲面
4—齿尾　5—齿背面　β—锁面角

销钉式擒纵机构与叉瓦式比较,其结构还有以下不同之处:
1)利用叉头和摆轴起保险装置的作用,从而取消了保险圆盘和叉头钉。
2)利用擒纵轮齿根圆起限位作用,从而取消了限位钉。
3)销钉式擒纵机构的三根轴(擒纵轮轴、擒纵叉轴和摆轮轴)的中心常常不配置在一条直线上。

第六节　销钉式擒纵机构的工作原理

销钉式擒纵机构的工作原理与叉瓦式擒纵机构的工作原理非常相似,只是没有瓦传冲阶段,也是由进销半周期和出销半周期合成一个全振动周期的工作过程。

下面以进销半周期工作为例,说明销钉式擒纵机构的工作原理。

以图 4-19(a)所示情况作为开始位置,此时处于第一自由振动阶段,摆轮在游丝恢复力矩作用下，开始由左振幅位置向平衡位置摆动，而擒纵叉却借助于齿锁面角的牵引作用，使进销靠在擒纵轮齿根圆上，在这一阶段，摆轮转过第一附加角，与擒纵机构没有运动联系，擒纵叉、擒纵轮均保持不动。

直到摆钉进入喇叭口并与叉槽右壁相接触，摆轮第一自由振动阶段结束。此时，产生与叉瓦式擒纵机构类似的释放碰撞。接着在释放过程中，摆钉沿叉槽右壁带动进销沿齿锁面相对滑动，并把进销逐渐提起。同时由于齿锁面有锁面角，所以擒纵叉的转动将使擒纵轮向反方向移动一个静后退角。一直到擒纵轮齿尖、进销中心和擒纵叉轴中心成一条直线，以上为释放阶段，见图 4-19（b）。在释放阶段中，摆轮转过摆轮释放角，擒纵叉转过全锁角，全锁角等于锁角与损失角之和。擒纵轮转过静后退角后又在惯性作用下继续后退一个动后退角。

释放结束后，进销开始转移到齿冲面上。由于擒纵叉销直径一般很小和擒纵轮有动后退角，因此齿尖沿擒纵销表面传递冲量的情况往往不会出现。而只是擒纵轮向前转动，以齿冲面作用于擒纵叉销，使擒纵叉获得加速度，并通过叉槽左壁作用到摆钉上，从而将冲量传递给摆轮，见图 4-19（c）。直到擒纵销离开齿尾，传递冲量过程结束。这阶段叫传冲过程。在传冲阶段擒纵叉转过擒纵叉冲角，擒纵轮转过齿宽角，摆轮转过摆轮冲角。

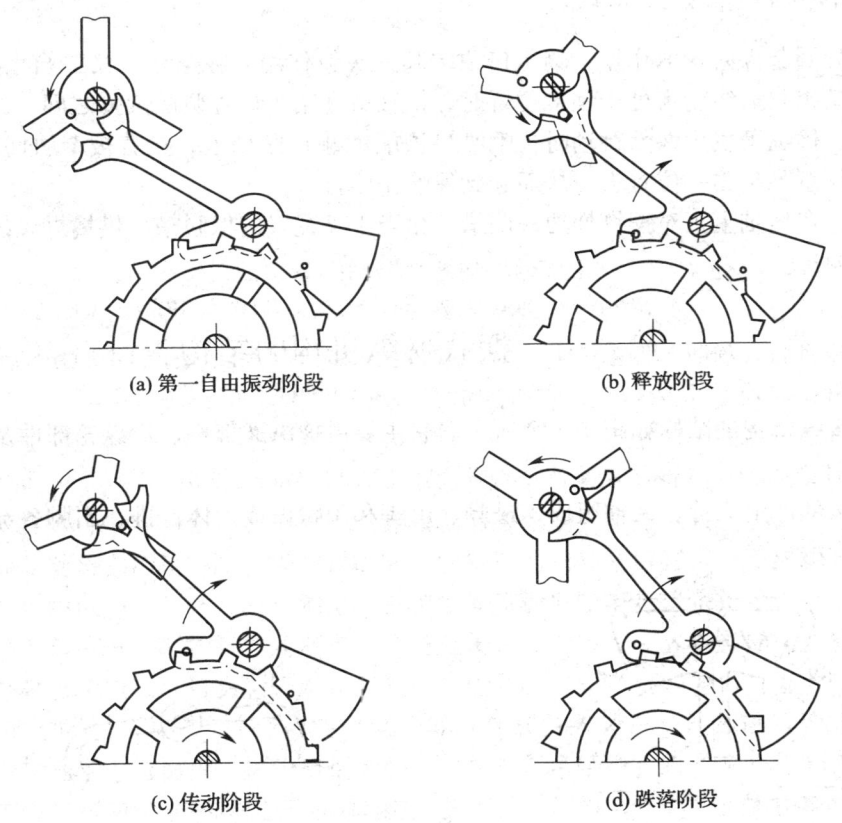

(a) 第一自由振动阶段　　　　　(b) 释放阶段

(c) 传动阶段　　　　　(d) 跌落阶段

图 4-19　销钉式擒纵机构的工作原理图

传冲结束后，摆钉离开喇叭口，摆轮取得了一定能量开始自由运动，转过第二附加角，直到右振幅位置。同时，擒纵轮和擒纵叉脱离，在发条力矩作用下，擒纵轮转过落角，并以另一轮齿的齿锁面落到出销上，见图 4-19（d）。最后，借助于牵引力矩的作用，迫使擒纵叉转动并把它引向极端位置，此时，擒纵叉转过损失角，这阶段称为摆轮第二自由振动阶段。

下半个周期工作完全是类似的。

第七节　销钉式擒纵机构的保险装置

销钉式擒纵机构有两个起保险作用的结构，其作用原理与叉瓦式相类似。

一、擒纵轮齿锁面对擒纵叉销的牵引作用

擒纵轮轮齿锁面与过齿尖的径向线成锁面角 β，当齿锁面落在擒纵叉销上时，由于牵引力矩的作用，把擒纵叉销引向极限位置，使它靠在擒纵轮齿根圆上。当外界干扰力矩小于牵引力矩时，干扰根本不起作用；当外界干扰力矩大于牵引力矩时，虽有影响但当干扰一旦消失，擒纵叉便又在牵引力矩的作用下迅速复位，从而起到保险作用。

二、摆轴外圆与擒纵叉喇叭口

摆轴外圆起保险盘的作用，喇叭口顶端起叉头钉作用，在第一、第二自由振动阶段，亦即擒纵叉销与擒纵轮齿处于锁接位置时，摆轴就在喇叭口外侧的圆弧之间。此时，若有外界干扰，擒纵叉发生偶然跳动时，喇叭口顶端就碰在摆轴上，接着被牵引回原来位置，而不至于任意跳到另一位置去，从而起到保险作用。

另外，在摆轴上正对摆钉处切一凹槽，相当于叉瓦式的保险槽，供擒纵叉的顶部在传冲时正常通过。

第八节　摆式擒纵机构的结构

摆式擒纵机构的结构如图 4-20 所示。它主要由擒纵叉部件、擒纵轮部件及活摆部件等组成。

擒纵叉部件由叉臂、叉轴组成，进脚、出脚和叉臂做成一体，进、出脚各部分名称如图 4-21 所示。

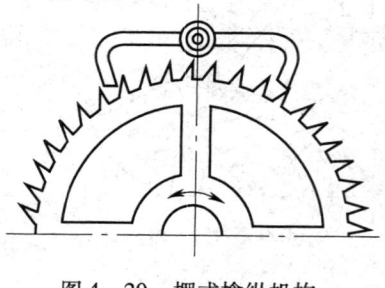

图 4-20　摆式擒纵机构

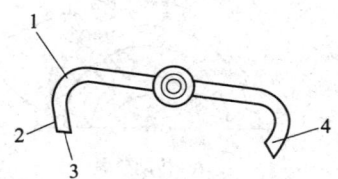

图 4-21　擒纵叉部件
1—进脚　2—锁面　3—冲面　4—出脚

擒纵轮部件由擒纵轮片、擒纵轮轴及轴上销轮组成。擒纵轮片的齿数可以根据不同摆长进行选配，不同齿数的擒纵轮与擒纵叉的正常配合，是通过调整小夹板即调整擒纵叉轴孔的位置来达到的。

活摆部件如图 4-22 所示。它由叉轴套、卡簧和引摆杆组成。活摆部件是一种自动调节偏摆的装置，擒纵叉轴与引摆杆采用弹性装配，卡簧即为弹性元件。当摆钟放置位置略有歪斜时，摆锤在重力作用下，能自行调配叉脚与擒纵轮齿的啮合深度，使摆的振动重新进入正常状态，不产生偏摆。

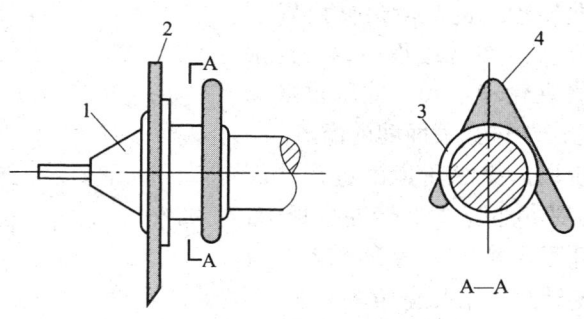

图 4-22 活摆部件
1—叉轴 2—引摆杆 3—叉轴套 4—卡簧

第九节 格拉哈姆擒纵机构的结构及工作原理

格拉哈姆擒纵机构的结构如图 4-23 所示。它由擒纵轮和擒纵叉组成，擒纵叉的两臂装有进瓦和出瓦，叉瓦锁面是圆柱面，该圆柱面的轴线与擒纵叉转动中心重合，叉瓦冲面是平面。另外，在擒纵叉轴上还固定着引摆杆，引摆杆又箍住摆杆，这样，摆和擒纵机构就联系起来了。

格拉哈姆擒纵机构加上摆，便称为格拉哈姆擒纵调速器。图 4-24 是它的工作过程示

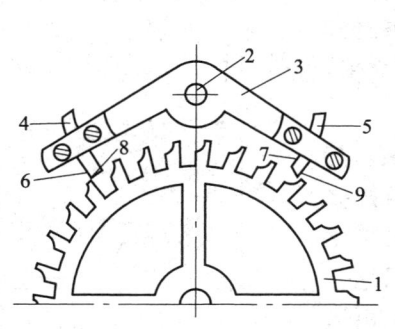

图 4-23 格拉哈姆擒纵机构
1—擒纵轮 2—叉轴 3—擒纵叉
4—进瓦 5—出瓦 6、7—锁面
8—冲回 9—背面

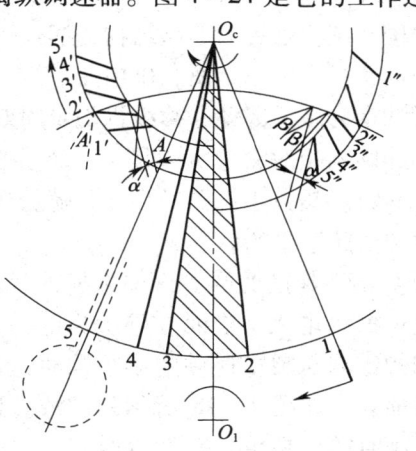

图 4-24 格拉哈姆擒纵机构
工作过程之一

意图，O_e 表示擒纵叉的旋转中心，O_1 表示擒纵轮的旋转中心。格拉哈姆擒纵调速器工作过程如下：

开始位置：摆位于右极限位置1，擒纵轮齿尖 A 靠在进瓦锁面上，进瓦冲面位于1'，而出瓦冲面位于1″。

第一阶段为释放阶段。摆由右振幅位置向左摆动，转过 $\angle 1 O_e 2$（等于附加角和锁角之和）。同时使擒纵叉顺时针方向转动，进瓦由最低位置1'移到2'，出瓦由1″移到2″。在这过程中，进瓦锁面沿纵轮齿滑动，而擒纵轮却不动。此阶段摆的能量消耗于克服擒纵轮齿与进瓦锁面间的摩擦。

第二阶段是传冲阶段。擒纵轮齿沿进瓦冲面滑动，把能量通过擒纵叉传递给摆。传冲过程中，摆转过冲角 $\angle 2 O_e 3$。进瓦由位置2'上升到3'，而出瓦由2″到2″。擒纵轮转过一个瓦宽角。

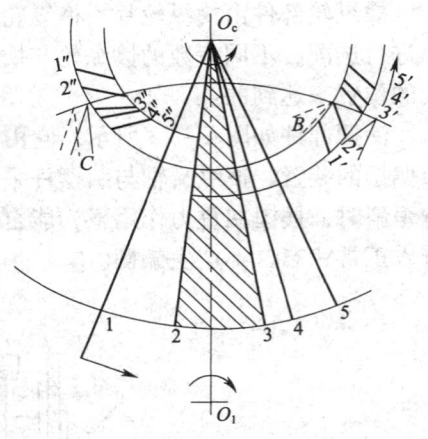

图 4-25　格拉哈姆擒纵机构工作过程之二

第三阶段称为自由运动阶段。传冲结束后，擒纵轮与摆的联系中断，摆继续往左运动，转过自由转角 $\angle 3 O_e 4$，使进瓦到达位置4'，出瓦降到位置4″。擒纵轮齿 A 在传冲后，由于擒纵力矩的作用而转过落角 α，并以齿 B 落在出瓦锁面上。

第四阶段是摆转过附加角阶段。摆继续往前运动，转过附加角 $\angle 4 O_e 5$，达到左振幅位置5。并同时使进瓦冲面到达5'，出瓦冲面到达5″。擒纵轮保持不动。摆的动能转换成位能，和并有部分能量消耗于克服擒纵轮齿与出瓦锁面之间的摩擦。

图 4-25 是摆由左振幅位置到右振幅位置的运行情况，与前半周期是完全相似的。

第十节　摆钟的等时点

以国产统机摆钟为典型结构的摆式擒纵机构与格拉哈姆擒纵机构的工作原理是相类似的。由图 4-25 可见，擒纵机构在平衡位置以后所传递的正冲量，比在平衡位置之前所传递的正冲量为多，因此，擒纵机构对周期的影响是使它增加（周期增大）。振幅愈小，擒纵机构的影响相对就愈大，图 4-26 是这种影响的等时性曲线，其特点是：小振幅时，日差随振幅减小而急剧变慢；在大振幅时趋于平衡。

图 4-27 是摆的圆整误差造成的日差与振幅关系。其特点是：振幅增大，走时变慢。为此，我们将格拉哈姆擒纵机构的影响与圆整误差的影响同时考虑，得到日差变化的综合曲线，如图 4-28 所示的虚线。这条虚线所示综合日差最小时的振幅值，叫做等时点。当摆钟以这个振幅运动时，振幅变化所造成的日差变化最小。一般，摆钟振幅都应选在等时点或它的附近，对于台式摆钟，这个数值大约是 8°~15°（距铅垂线 4°~7.5°）。

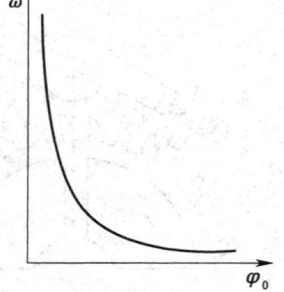

图 4-26　格拉哈姆擒纵机构对周期的影响（$\omega - \varphi_0$ 曲线）

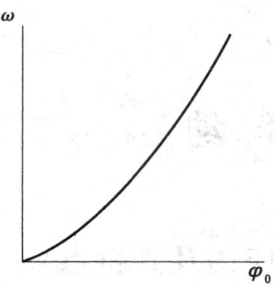

图 4-27 摆的调整误差
造成的 $\omega - \varphi_0$ 相关曲线

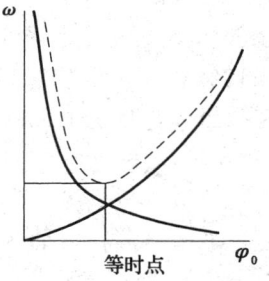

图 4-28 等时点

第五章 齿轮传动

第一节 钟表齿轮传动的应用及其特点

齿轮传动在钟表机构中有广泛的应用，图5-1是SZ1型统机手表卸去擒纵调速系统后的齿轮转动示意图。

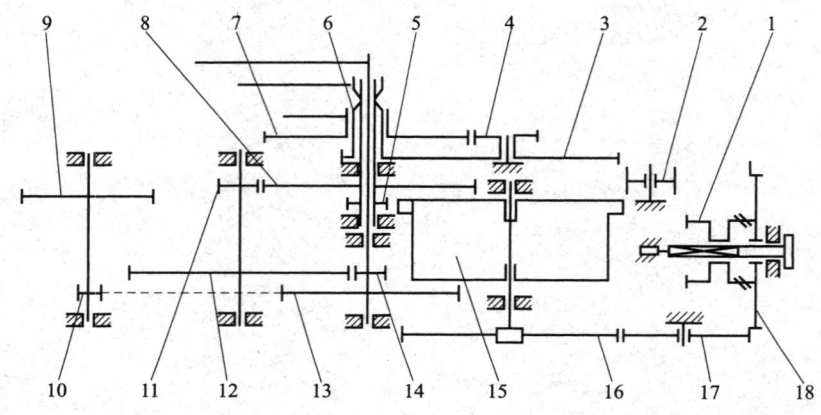

图5-1 SZ1齿轮传动图

1—离合轮 2—拨针轮 3—跨轮片 4—跨齿轴 5—中心齿轴 6—分轮 7—时轮 8—中心轮片
9—擒纵轮片 10—擒纵齿轴 11—过齿轴 12—过轮片 13—秒轮片
14—秒齿轴 15—条盒轮 16—大钢轮 17—小钢轮 18—立轮

1．统机手表齿轮传动的四条传动线

（1）主传动线

条盒轮15→中心齿轴5→中心轮片8→过齿轴11→过轮片12→秒齿轴14→秒轮片13→擒纵齿轴10

（2）指针传动线

分轮6→跨轮片3→跨齿轴4→时轮7

（3）上条传动线

离合轮（斜齿）1→立轮18→小钢轮17→大钢轮16

（4）拨针传动线

离合轮（直齿）1→拨针轮2→跨轮片3

2．统机闹钟齿轮传动的三条传动线

（1）主传动线

走头轮→二销轮→二轮片→三销轮→三轮片→秒销轮→秒轮片→擒纵销轮

（2）指针传动线

拨针轮→跨轮片→分轮
　　　　　　↓
　　　　跨齿轴→时轮

（3）闹时传动线

闹头轮→尖销轮→尖齿轮

此外，在摆钟的齿轮传动中，除了主传动线、指针传动线，还有打点传动线等。

主传动线担负着能量的传递和计时信号的传输，这部分传动的质量，直接影响钟表机构的走时精度，它是钟表机构的主要传动线。上述齿轮传动，除主传动线外，均称为辅助传动线，例如，统机手表的辅助传动线有指针传动线、上条传动线和拨针传动线等。关于辅助传动线的一些问题将在本章第五节阐述，下面着重分析主传动的特点和对主传动的要求。

3. 主传动的特点

（1）机械钟表机构的主传动是增速传动，且总是轮片为主动轮，齿轴或销轮为从动轮。

（2）每对齿轮的传动比较大，一般为 6~12，有时高达 16。齿轮副传动比较大时，总传动比也较大，如统机手表总传动比为 4320。

（3）齿轴或销轮的齿数较少，否则，将使轮片齿数过多，使主传动机构增大，同时，齿数多也增加制造工时。

（4）齿轮模数较小，一般机械手表为 0.1mm 左右，机械钟也不过 0.4mm 左右。

（5）主传动的运动是连续工作，间歇动作，一般钟表总是连续 24 小时工作的。但是主传动的运动都是间歇的。这主要是由擒纵机构的间歇动作所决定的。

4. 对主传动的要求

（1）钟表机构，特别是手表，传递的力矩并不大，所以，要求齿轮转动要灵活。

（2）齿轮传递的力矩应尽量稳定，这是因为力矩的稳定性直接影响振动系统振幅的稳定性，并因而影响钟表机构的走时精度。

（3）能量传递效率应尽量高，由于钟表机构储存的能量是有限的，所以希望有较高的传递效率。

（4）由于钟表机构是日日夜夜连续工作，所以要求齿轮耐磨性能好。而且磨损要均匀，若是齿面上某一段磨损严重，则整个齿轮也必将报废。

（5）因为齿轮模数较小，制造误差相对较大。这就希望齿轮传动对制造误差不敏感，也就是说，在制造误差相对较大的情况下，仍能工作正常。

第二节　动比及其计算

一、角速度

齿轮传动时，单位时间里转过的角度称为角速度，常记作 ω。

一对互相啮合的齿轮,主动轮角速度为 ω_1,从动轮角速度为 ω_2:

若 $\omega_1 = \omega_2$,则此对齿轮传动,称为等速传动;

若 $\omega_1 > \omega_2$,则此对齿轮传动,称为减速传动;

若 $\omega_1 < \omega_2$,则此对齿轮传动,称为增速传动。

二、一对齿轮的传动比

主动轮转过一圈,从动轮究竟转过多少圈,它们之间的关系可用传动比来表示,传动比的符号常记作 i。

一对齿轮的传动比与角速度成正比,即:

$$i_{12} = \frac{\omega_1}{\omega_2} \tag{5-1}$$

式中　i_{12}——第一个齿轮对第二个齿轮的传动比;

　　　ω_1——第一个齿轮的角速度;

　　　ω_2——第二个齿轮的角速度。

或一对齿轮的传动比等于它们齿数的反比,即

$$i_{12} = \frac{Z_2}{Z_1} \tag{5-2}$$

式中　Z_1——第一个齿轮的齿数;

　　　Z_2——第二个齿轮的齿数。

例1　分轮齿数 $Z_1 = 15$,跨轮片齿数 $Z_2 = 45$,

$$i_{12} = \frac{Z_2}{Z_1} = \frac{45}{15} = 3$$

例2　跨齿轴齿数 $Z_3 = 12$,跨齿轴与时轮传动比为 4

即 $i_{34} = \frac{Z_4}{Z_3} = 4$ 则求得时轮齿数

$$Z_4 = i_{34} \times Z_3 = 4 \times 12 = 48$$

对于钟表齿轮主传动,由于是增速传动,为了计算上的方便,传动比常用其齿数的正比表达(习惯用法),即:

$$i_{12} = \frac{Z_1}{Z_2} \tag{5-3}$$

例1　条盒轮齿数 $Z_1 = 72$,中心齿轴齿数 $Z_2 = 12$

$$i_{12} = \frac{Z_1}{Z_2} = \frac{72}{12} = 6$$

例2　中心轮片齿数 Z_3 未知,过齿轴 $Z_4 = 10$,但已知传动比 $i_{34} = \frac{Z_3}{Z_4} = 7.5$,因而求得 $Z_3 = i_{34} \times Z_4 = 7.5 \times 10 = 75$

三、轮系的传动比

由一对以上齿轮组成的齿轮传动系统称为轮系。

轮系传动比为各对齿轮传动比之积,即:

$$i_{1-n} = i_{12} \times i_{34} \times \cdots \times i_{(n-1)n}$$

或轮系传动比为第一只齿轮的角速度与最后一只齿轮角速度之比,即:

$$i_{1-n} = \frac{\omega_1}{\omega_n}$$

例 5-1 已知:分轮齿数 $Z_1 = 10$,跨轮片齿数 $Z_2 = 30$,跨轴齿数 $Z_3 = 8$,时轮齿数 $Z_4 = 32$,求:i_{1-4}。

解: $i_{12} = \dfrac{Z_2}{Z_1} = \dfrac{30}{10} = 3$, $i_{34} = \dfrac{Z_4}{Z_3} = \dfrac{32}{8} = 4$

$$i_{1-4} = i_{12} \times i_{34} = 3 \times 4 = 12$$

例 5-2 已知分轮转速 1r/h,时轮转速 1/12r/h,求:$i_{分-时}$。

解: $i_{分-时} = \dfrac{\omega_分}{\omega_时} = \dfrac{1}{\frac{1}{12}} = 12$

例 5-3 已知 SE1 机芯,各轮齿数为:条盒轮 $Z_1 = 72$,中心轮片 $Z_3 = 75$,中心齿轴 $Z_2 = 12$,过齿轴 $Z_4 = 10$,过轮片 $Z_5 = 80$,秒轮片 $Z_7 = 84$,秒齿轴 $Z_6 = 10$,过齿轴 7,发条圈数 7.5,求总传动比 $i_{条-摆}$ 及机芯延续走时时间 t_y。

解: 用习惯公式(5-3)

$$i_{条-摆} = \frac{Z_1}{Z_2} \cdot \frac{Z_3}{Z_4} \cdot \frac{Z_5}{Z_6} \cdot \frac{Z_7}{Z_8} = \frac{72}{12} \cdot \frac{75}{10} \cdot \frac{80}{10} \cdot \frac{84}{7} = 4320$$

SZ1 机芯延续走时时间:

因为中心齿轴转速 $\omega = 1$r/h

所以 $t_y = i_{12} \times 7.5/\omega = \dfrac{Z_1}{Z_2} \times 7.5/\omega = \dfrac{72}{12} \times 7.5/1 = 45(h)$

第三节 钟表齿形

钟表齿轮传动,特别是它的主传动,所采用的齿形大多是一种所谓圆弧齿形,也叫做钟表齿形。由于这种齿形是从摆线齿形演变而来,所以,又称其为修正摆线齿形。

为了了解钟表齿形,必先知道摆线齿形。摆线齿形是由外摆线和内摆线组成,其中,齿顶部分为外摆线,齿根部分为内摆线。

外摆线是一滚圆沿另一圆的圆周外面作无滑动的滚动时,其圆周上一点的运动轨迹。

内摆线是一滚圆沿另一圆的圆周里面作无滑动地滚动时,其圆周上一点的运动轨迹。

滚圆称为摆线的生成圆,而另一圆称为摆线的母圆或基圆。内、外摆线生成的方法见图 5-2 所示。滚圆 S 在母圆 M_a 的外面纯滚动时,滚圆上的一点 P 的轨迹弧线 PP_n 即为外摆线,当滚圆 S 在母圆 M_b 的里面作纯滚动时,滚圆上点 P 的轨迹弧线 P_nP_0 即为内摆线,当内摆线生成圆的直径等于母圆半径时,内摆线便是一径向直线,例如图 5-2 中生成圆 S 的直径等于母圆 M_b 的半径,点 P 的轨迹便是一直线 P_nP_0。

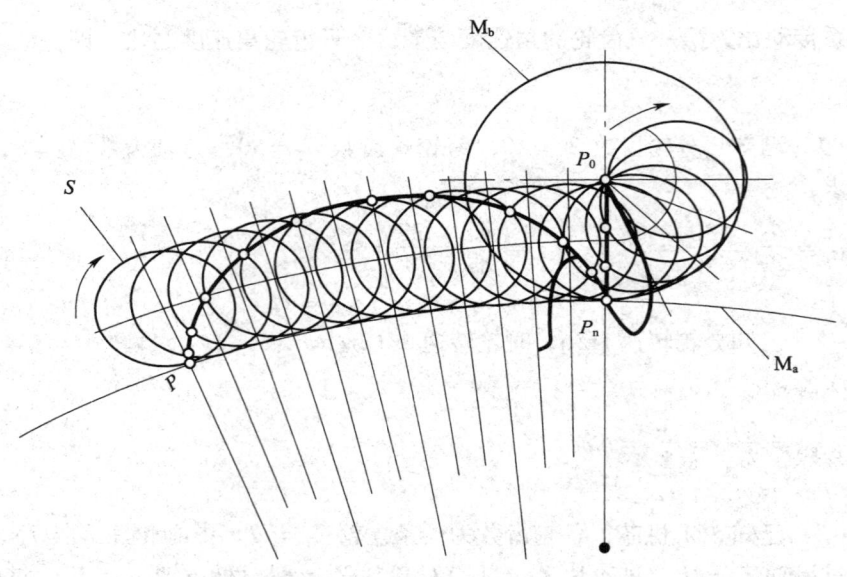

图 5-2 摆线生成方法

图 5-3 为一对互相啮合的摆线齿轮，母圆 M_a 和母圆 M_b 分别是它们的分度圆，S_1、S_2 为生成圆，外摆线 $Px1$ 为齿轮 1 的齿顶曲线，内摆线 $Py1$ 为齿轮 1 的齿根曲线。外摆线 $Px2$ 为齿轮 2 的齿顶曲线，内摆线 $Py2$ 为齿轮 2 的齿根曲线。

若齿轮 2 的齿顶圆与生成圆 S_1 相交于 A 点，齿轮 1 的齿顶圆与生成圆 S_2 相交于 B 点，则由圆弧 AP 和 PB 组成的曲线，即为该摆线齿轮啮合的啮合线。

为了改进啮合质量、方便生产，对摆线齿形进行修正，形成了钟表齿形，以便更好地适应钟表机构的工作和生产上的要求。

图 5-4 为钟表齿形，整个钟表齿形由齿顶圆弧 ab、齿根直线（径向线）bc 和齿底圆弧 cd 组成。

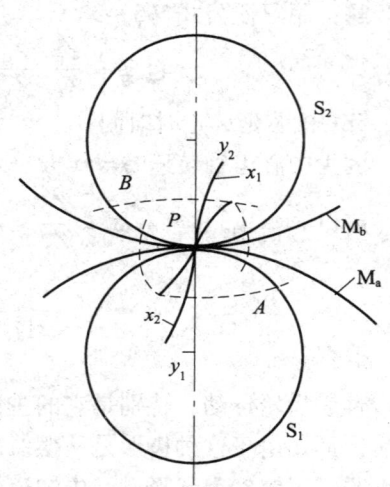

图 5-3 摆线齿形啮合

为了使齿顶圆弧和齿根直线平滑衔接，一般不把衔接点取在分度圆上，而是取在 b 点处，如图 5-4 所示。图中 r_d 是齿顶圆半径；r 是分度圆半径；ρ 是齿顶圆弧半径；r_z 是齿顶圆弧中心圆半径，简称中心圆半径；b 点是切点；r_g 是齿根圆半径；齿根直线和齿底圆弧也是平滑衔接。

钟表齿轮的特点：

1）齿根齿形的直线部分是径向直线或者是接近径向线的直线。这相当于把摆线啮合的内摆线齿形生成圆的直径取为等于分度圆半径。

有时，齿根齿形没有直线部分。这可看成是齿根圆弧和齿根直线的衔接点与齿根直线和齿底圆弧的衔接点重合。

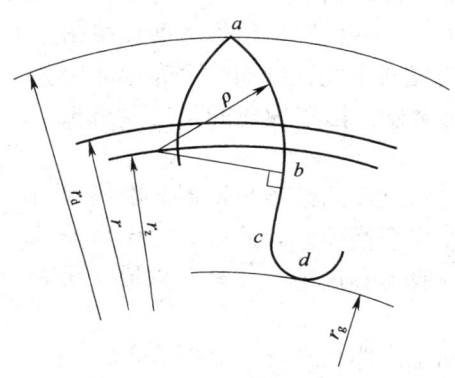

图 5-4 钟表齿形

2）齿形主要取决于齿顶圆弧半径和它的中心的位置（亦即中心圆半径）。这些数值的确定方法，在标准中都有具体规定。

对于增速传动用钟表齿轮，齿轮的齿顶圆弧是比较接近理论外摆线的圆弧，而蚓轮的齿顶圆弧是远低于理论外摆线的圆弧（图 5-5）。

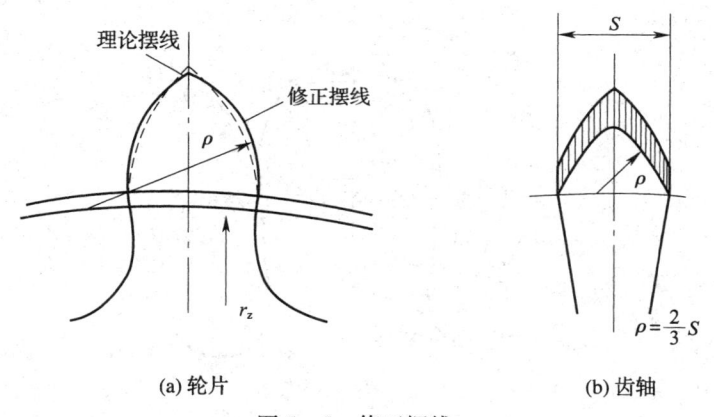

(a) 轮片　　　　　　　　　(b) 齿轴

图 5-5　修正摆线

齿轮的中心圆半径一般小于分度圆半径，而蚓轮的中心圆半径一般等于分度圆半径，即齿顶圆弧中心在分度圆上，但有的标准规定中心圆半径略小于分度圆半径。

由于齿轮和蚓轮齿顶部分的齿形都是用圆弧代替了外摆线，因此，这种传动的瞬时传动比将不是常数。这样，啮合时的重合度只能等于 1。

3）为了保证传动的正常工作，轮齿啮合时应有必要的顶隙和侧隙。

在钟表齿轮啮合中，由于瞬时传动比不是常数，为了防止卡住，侧隙值应更大些。

为了形成必要的侧隙，常用减小蚓轮齿厚的方法。即把齿轮齿厚取为等于周节的 1/2，而蚓轮齿厚小于周节的 1/2。

用减小蚓轮齿厚来形成侧隙的一个原因，是由于在实际的钟表啮合中，齿轮一般用黄铜制造，而蚓轮用钢制造。从制造材料看，后者有较高的强度。

我们知道，啮合顶隙等于轮齿齿根高和与其啮合的轮齿齿顶高的差值。

在钟表啮合中，一般要求顶隙不小于 0.4m。其中 m 是模数。

齿轮齿顶高较大，䚮轮齿根高相应也较大。但从加工角度来看，希望䚮轮齿高小些，齿根圆半径可大些。结构上有时也要求䚮轮有较大的根圆半径，例如，手表中的中心齿轴，由于中心孔要通过秒轴，出于䚮轮的强度要求根圆直径不能太小。

为了解决这个矛盾，当选定齿轮齿顶齿形时，在满足工作性能的条件下，尽量使齿顶高低些。此外，由于齿轮轮齿接近齿尖部分的齿形一般不参加啮合，有时做成一定的齿尖圆弧（图5-6）。

如果轮齿采用冲齿法加工，那么具有一定圆弧的齿尖有利于模具的制造。

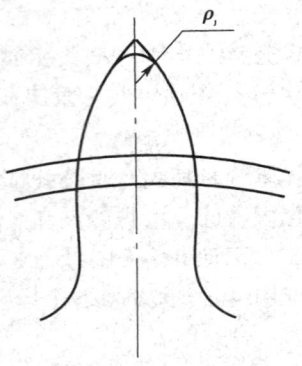

图5-6 齿尖圆弧

第四节 钟表齿轮各部分名称与计算

钟表齿轮各部分名称（图5-7）有：

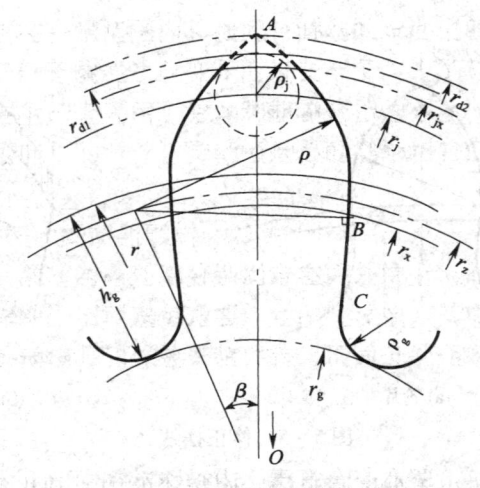

图5-7 钟表齿轮

（1）齿数 Z　齿数是指一个齿轮的轮齿数目。在主传动轮系中，轮片齿数一般为60~90，齿轴齿数一般为6~12。

（2）模数 m　周节除以圆周率 π 所得的商为模数，单位为mm。模数可以标志齿的大小，模数大，齿也大，模数小，齿也小，下列为常用小模数：

0.0425　0.045　0.0475　0.05　0.0525　0.055　0.0575　0.06　0.0625
0.065　0.0675　0.07　0.08　0.0975　0.125　0.14　0.16　0.165　0.2
0.25　0.3　0.4　0.5

（3）分度圆　齿轮的分度圆是分析和设计齿数时的参考圆。两轮的转速与分度圆直径成反比，一对互相啮合的齿轮两个分度圆相切。分度圆半径 r 可以通过下式计算：

$$r = \frac{1}{2}mZ \tag{5-4}$$

(4) 中心距 a　一对互相啮合的齿轮，其平行轴线或交错轴线之间的最短距离。

$$a = \frac{1}{2}m(Z_1 + Z_2) \tag{5-5}$$

(5) 周节 t　沿分度圆所量的两个相邻齿对应点之间的弧长。

$$t = \frac{\pi D}{Z} = m\pi \tag{5-6}$$

(6) 角周节 τ　周节所包的角度。

$$\tau = \frac{360°}{Z} \tag{5-7}$$

第五节　辅助齿轮传动

在钟表机构中，常把指针齿轮传动，上条齿轮传动和拨针齿轮传动称为辅助齿轮传动。

上述三种辅助齿轮传动工作情况与主传动齿轮工作情况不一样。钟表机构的主传动大多是增速传动，以轮片为主动轮，齿轴为从动轮。而在指针齿轮传动中则相反，是降速传动，轮片是从动轮，齿轴是主动轮，即分轮和跨齿轴是主动轮，跨轮片和时轮是从动轮。

此外，跨轮片和拨针轮又是经常啮合的，且拨针轮齿数较少。因此，就这一对齿轮来说，齿数较多的跨轮片又成了主动轮。

拨针时，传动情况又不一样。这时，拨针轮为主动轮，跨轮片对拨针轮来说是从动轮，对分轮来说是主动轮，而分轮则成了从动轮。

在上条传动中，齿数较少的小钢轮为主动轮，齿数较多的大钢轮为从动轮。

可见，在辅助传动中，一部分齿轮既是主动轮又是从动轮，一部分齿轮是以齿数较少的齿轮作主动轮，这两种工作情况都和主传动工作情况不同。

再从工作要求来看，指针传动为减速传动，只带动指针转动，工作时功率消耗很小。而上条和拨针传动则是用手转动上条柄工作。这样，对这些传动的传动性能要求都不高，只要能比较灵活地传递运动，就可适应工作上的需要。

因此，为适应上述不同情况和工作需求，目前大多采用了一种双向啮合钟表齿形。

双向啮合钟表齿形的特点：

1) 采用进啮角和出啮角大致接近的齿形，不管轮片为主动，还是齿轴为主动，均不致使进啮角过大。所以，轮片和齿轴的齿顶圆弧都取成低于外摆线，但不像主传动中的齿轴低得那样多。

2) 互相啮合的齿厚都减小了一些，以形成必要的侧隙。轮齿的齿厚一般取 $0.45t$（t 为周节）。

3) 齿根高一般取 $1.75m$（m 为模数），以保证必要的顶隙。

在机械手表的上条传动和拨针传动中，各采用了一对用于传递垂直相交轴间运动的齿轮传动。为了简化结构和工艺，一般采用了两个圆柱齿轮——立轮和小钢轮，传递上条传动中的垂直相交轴间的运动。在拨针传动中，则用一个圆柱齿轮和一个端面齿轮来传递垂直相交轴间的运动。这是两种简化结构，对其传动的主要要求是工作可靠和传动灵活。而这又取决于啮合深度 Δ_1 和 Δ_2，如图 5-8 所示。

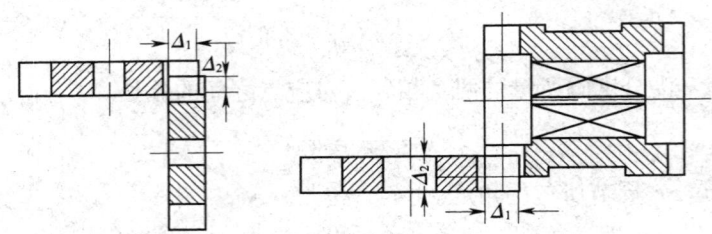

图 5-8 啮合深度

一般来说，增大啮合深度可提高工作可靠性，即不易脱啮，但啮合深度过大时，可能使传动不灵活，甚至卡住。

啮合深度的经验数据如下：

$$\Delta_1 = 1.8 \sim 2.2m;$$
$$\Delta_2 = 1.4 \sim 1.8m。$$

其中，Δ_1 是主动轮端面啮入从动轮轮齿的深度；Δ_2 是从动轮端面啮入主动轮轮齿的深度；m 为模数。

第六节　销轮啮合

销轮啮合就是齿轴（或者称做蜗轮），采用数根销子代替轮齿并做成像鸟笼一样的齿轮，名叫销轮，俗称"鸟笼"。而与其啮合的齿轮片即为一般的钟表齿轮。

销轮的结构如图 5-9 所示。销轮啮合也是摆线啮合的一种变形。

销轮啮合的优点是制造成本低，在灰尘较多的环境中使用，不易卡住，因此，对钟表的密封程度要求低。但它在啮合过程中，摩擦与磨损较大，故只用于较为经济的钟表中。

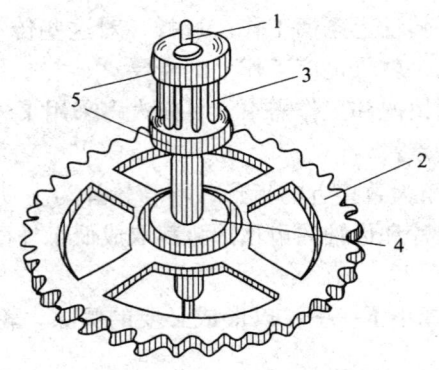

图 5-9　销轮结构
1—轮轴　2—轮片　3—轮销　4—轴套　5—销轮盘

第六章　原动机构与上条拨针机构

第一节　原动机构的作用与结构

原动机构的作用是将外界对发条所做的功转化为弹性位能储存起来，在钟表机构工作时再转变为机械能释放出来，维持钟表机构正常运行。

1. 机械手表的原动机构

机械手表的原动机构通常包括条盒轮、条轴、条盒盖和发条部件，它们组装在一起，称为条盒轮组件。其结构如图 6-1 所示。

（1）发条部件　发条与发条外钩组成发条部件，其结构如图 6-2 所示。

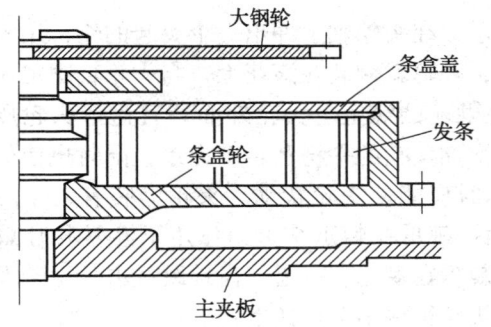

图 6-1　条盒轮组件

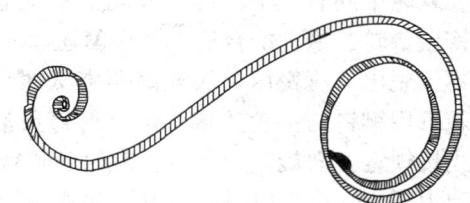

图 6-2　发条部件

发条是用高弹性、高韧性的特种合金带料绕制而成。国产发条使用的材料牌号为 1Cr19Ni9Mo。发条按照自由状态时的外形，可以分为螺线形发条和 S 形发条两种。但螺线形发条在手表中早已不使用。目前，手表都采用 S 形发条，如图 6-2 所示，因为它能储存更多的位能，工作时输出力矩大，而且力矩也比较平稳。

发条的内端有一个长孔，条轴勾在长孔里，以此卷紧发条。发条外钩也是由带料制成，其材料与发条一样，厚度比发条稍大一些，通常用点焊的方法焊在发条的外端上。发条外钩以其刃部钩在条盒轮的内壁上。

（2）条轴　条轴可以在条盒轮中转动。条轴的最上端是方形轴樺，和大钢轮的中心方孔相配合，大钢轮螺钉拧入条轴的中心螺纹孔中，将大钢轮和条轴固定在一起。这样，通过上条拨针机构的上条传动使大钢轮转动，条轴随之转动，从而发条被卷紧。

（3）条盒轮　条盒轮为一圆状盒体，它的外缘周围有轮齿。条盒轮的内壁上有一 V 形槽，发条外钩的刃部勾在其上。

当发条迫使条盒轮转动时，条盒轮的轮齿就驱使和它相啮合的齿轴转动，从而带动主传动轮系和擒纵调速系，使整个手表机构工作。这样，条盒轮既是能源装置的组成部分，又是手表主传动轮系中的第一个齿轮。

(4) 条盒盖　条盒盖盖在条盒轮上，并与条盒轮紧配，把发条部件和条轴封装到条盒轮内，起防止灰尘和润滑油疏散的作用。

2. 机械闹钟的原动机构

机械闹钟的原动机构由头轮部件和发条组成，如图6-3所示。

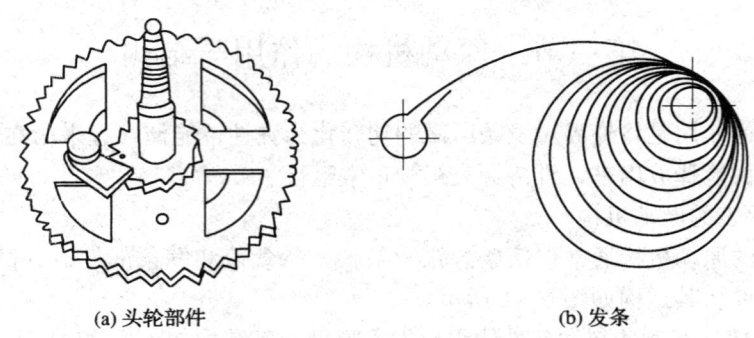

(a) 头轮部件　　　　　　　　(b) 发条

图6-3　头轮部件与发条

(1) 头轮部件　头轮部件如图6-3(a)所示，在头轮轴上冲出一个突起的钩，用来勾住发条。头轮轴的中部沿圆周滚压出一段滚花，棘轮就铆装在滚花上，与头轮轴固定在一起。棘轮中间有一个凸缘，头轮活动地套装在棘轮凸缘上。头轮外面装有盘形头轮压簧，铆紧棘轮凸缘上的台肩，使压簧压紧头轮，增加头轮的平稳和转动力矩，同时也使棘爪簧不致脱出。压簧压紧头轮时不能太紧，用力时应能使头轮转动。头轮上装有一个棘爪，棘爪用铆钉与头轮连接，可绕铆钉灵活转动。棘爪在棘爪簧弹力作用下经常扣住棘轮。当按规定方向旋紧发条时，棘轮随轴转动，棘爪在棘齿上一齿一齿地跳过去。由于发条的弹力作用，棘爪跳过一齿又紧扣住棘轮，使头轮组件不会迅速倒转。

(2) 发条　闹钟发条如图6-3(b)所示，外端为铰链式结构，套装在夹板柱上。内端有孔，套在条轴钩上。闹钟发条由于没有条盒，工作时有较大的偏心。圈间摩擦磨损较大，能量传输效率较低。闹钟发条自由状态形状为螺线形。

3. 统机摆钟原动机构

统机摆钟原动机构由条轴、条盒、盒壁外钩、轮片和发条组成，如图6-4所示。

(1) 条盒、条轴与轮片　摆钟的条盒、条轴和轮片均可分离。条轴为钢材制成，其上有条钩，可挂发条内端。条轴外端有方榫，可供发条匙上条传递力矩。条盒侧壁上向内冲有盒壁外钩，供发条挂装外端之用。轮片又称头轮片，有五根轮辐，卡装在条盒上端的5个单向槽口内，同条盒组成一体，正常工作时，它们紧紧卡住一起转动，输出弹性力矩。

(2) 发条　摆钟发条为销式外端挂装结构，发条外端

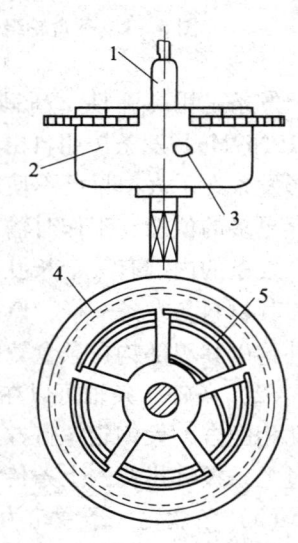

图6-4　统机摆钟原动机构
1—条轴　2—条盒　3—盒壁外钩
4—轮片　5—发条

条孔挂装在盒壁外钩上，因为它类似销柱，所以又称销式外端结构。又因为这种原动机构有盒条，所以，工作时偏心比闹钟发条小，摩擦磨损也较小，输出能量时传递效率较闹钟发条高。

第二节　钟表机构对发条的要求

钟表机构对发条有以下基本要求：

（1）发条应具有足够的输出力矩，并且工作时力矩输出平稳。

力矩平稳有两方面的含义，其一是指任何瞬间力矩波动小；另一个是指力矩变动率小。

力矩变动率可用下式表示：

$$B = \frac{\Delta M}{M_{max}}$$

式中　B——力矩变动率；
　　M_{max}——满条时输出力矩；
　　ΔM——发条力矩落差。

$$\Delta M = M_{max} - M_{24}$$

式中　M_{24}——为发条工作 24 小时后的输出力矩。

比值 $\dfrac{\Delta M}{M_{max}}$ 越小，力矩越稳定。

要求发条有足够的输出力矩是为了使振动系统达到一定的振幅。而力矩稳定则是为了使振幅变动减小。这都是保证钟表机构精度的重要条件。

（2）发条应具有一定的工作圈数。

因为钟表机构上一次条后，其走时延续时间通常都有一定要求。例如手表，原轻工业部修订的手表部颁标准规定，一次上条后，其走时延续时间不得少于 36h，即 $t_y \geqslant 36h$。

因此，发条必须具有一定的工作圈数，以保证所需的走时延续时间。如果结合前面第一点来看，那就是希望发条有足够的能量储存。特别对于外廓尺寸限制比较严格的小形钟表，例如手表，更是希望发条体积小，而储存的能量多，以便更好地满足上述两点要求。

（3）发条应具有足够高的疲劳强度以及高的抗弹性疲劳性能。

一般的钟表大多数是每天上条的，这样，发条在长期工作中就要不断地经受每天一次上紧和放松的考验，因此，发条的疲劳强度就必须足够高。例如，希望钟表的寿命为 20 年，那么，发条就必须经受 7300 次反复加载而不致折断。此外，由于发条不断地受到反复加载，它本身的输出力矩会渐渐降低，即出现弹性疲劳。这样，钟表振动系统的振幅也要降低，精度就受到影响，因此，希望发条的弹性疲劳愈小愈好。根据实验，发条的弹性疲劳现象，在开始的几个月比较显著，力矩降低较快，以后就渐趋稳定了。

（4）发条应不生锈和无磁性。

发条生锈很容易折断。即使不折断，由于表面存在锈斑，降低了发条表面的光洁度，发条工作时圈与圈之间的摩擦力增加，因而使输出力矩降低。

发条如果具有磁性，由于圈间的吸附，本身力矩会受到影响，更重要的是它的磁力线会穿透邻近对磁性敏感的零件或部件，例如擒纵调速器等。

以上所谈及的要求，是针对用于走时的发条而言，对于钟表中非走时用的发条，如用于打点的发条，其要求可适当地降低，因为它不涉及走时精度问题。

第三节　发条的工作原理

发条通过上条柄被卷紧在条轴上，由于它本身的弹力将使条轴按与上条相反的方向转动。但由于棘爪的止逆作用，条轴不能实现反向旋转，从而发条通过它的外钩迫使条盒轮转动，带动了主传动轮系、擒纵调速系统和指针机构的运转。

下面以带盒发条为例，说明发条的工作原理。

图 6-5 是发条力矩曲线，其中，曲线 CDEF 为上紧曲线，曲线 GHC 为放松曲线，或输出力矩曲线，FC 为滞后曲线，BK 为理论力矩曲线。曲线的横坐标是发条的圈数，用 n 表示。纵坐标是发条力矩，用 M 表示。横坐标有时用卷紧角 φ 表示。φ 与 n 之间的关系为：$\varphi = 2\pi n$。

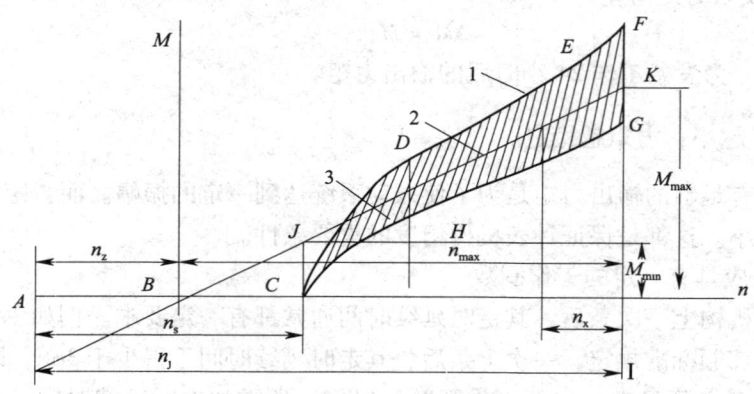

图 6-5　发条力矩曲线
1—上紧力矩曲线　2—理论力矩曲线　3—输出力矩曲线

横坐标上，A 点相当于绕制前的发条、B 点相当于绕制后自由状态的发条，它的圈数 n_z 称为自由圈数，这时，发条力矩为零，C 点相当于发条放入条盒轮后完全放松的状态，由于受到条盒轮的限制，发条本身不可能再松开，因此，实际上发条输出的力矩仍为零。这时，发条所具有的圈数称为放松圈数，以 n_s 表示。

如果在条轴轮上施加顺时针方向转动的力矩，那么，发条各圈便会彼此逐渐分离。随着作用于条轴的力矩的增加，发条圈数增加，D 点表示发条最外圈刚离开条盒轮内壁时的情况，曲线段 CD 表示作用于条轴上的力矩与发条圈数的关系。通常，对于手表发条，CD 段相当于条轴转动了 1~3.5 圈。在曲线 CD 段内，力矩曲线上升较快，但比较平滑，这是因为各圈都紧贴于条盒盒壁附近，圈间摩擦较大之故。

从 D 点开始，发条以全长参加工作，发条上紧圈数的增加与作用于条轴的力矩成正比。从 D 点到 E 点，曲线大致是线性的。到 E 点后，发条各圈之间靠得非常紧，圈间的摩擦很快地增加。到 F 点,发条已经完全上紧。这时,发条的圈数称为上紧圈数,以 n_j 表示。从 E 点到 F 点,曲线比较陡,这是因为圈间摩擦力增加很快,条轴的转动除了要克服发条本身力矩外,还要克服较大的圈间摩擦力矩。

曲线 $CDEF$ 表示加于条轴上的力矩与发条圈数的关系,即上紧力矩曲线。很明显,曲线与横坐标所包围的面积 $CDEFI$ 表示了外界供给发条的能量。

当发条完全上紧后,条轴不动,而条盒轮转动,那么,发条就逐渐松开,力矩随即输出,这就相当于发条在手表中工作的情况。在这种情况下,从条盒轮所输出的力矩与发条圈数的关系曲线并不与上紧力矩曲线 $CDEF$ 相重合,而是沿 GHC 曲线变化。这主要是因为发条的圈间摩擦阻止发条放松,发条放松力矩被摩擦力矩抵消了一部分,剩下的才是条盒轮输出的力矩。

从 G 点到 H 点,力矩下降基本上与圈数的减少成正比,这是发条工作曲线的线性段。从 H 点到 C 点,发条工作长度逐渐减短、力矩下降很快。面积 $GHCI$ 表示了发条所输出的能量。

观察上紧力矩曲线中的 DF 段和输出力矩曲线中的 GH 段,可以看出两个曲线段都接近直线并和理论力矩曲线的斜率接近,上紧力矩大于理论力矩,而输出力矩小于理论力矩。另外,无论是上紧力矩曲线还是输出力矩曲线都不是平滑的,而是有一些小的波动,这也是由于发条中的摩擦阻力所造成的。

通过理论分析证明。BK 为发条理论力矩曲线,它的变化规律可用下式表示:

$$M_{理} = \frac{Ebh^3}{12L}\varphi \tag{6-1}$$

式中 $M_{理}$——发条理论力矩;

b——发条宽度(mm);

h——发条厚度(mm);

L——发条长度(mm);

φ——发条的上紧角(rad);

E——发条材料的弹性模量(Pa)。

由式(6-1)可以看出,发条理论力矩随上紧角 φ 的变化而变化,上紧角越大发条力矩也越大。

如果使

$$\frac{Ebh^3}{12L} = M_0 \tag{6-2}$$

那么,式(6-1)可改写成

$$M_{理} = M_0\varphi \tag{6-3}$$

可以看出,发条的 M_0 值越大、则上紧同样角度所需的力矩也越大。或者说,上紧同样角度时发条所能发出的力矩越大。通常把发条的 M_0 值称为发条的刚度。

第四节 提高发条输出力矩和力矩平稳性的措施

为了提高发条输出力矩和力矩平稳性,常采用如下两条措施:

(1)采用 S 形发条。S 形发条外端的一部分是反向绕制的,能储存更多的变形能。下面将它同螺线形发条作一对比。假定发条1和发条2的尺寸、料材都一样,但在自由状态下，发条1是S形、发条2是螺线形（图6-6，其中横坐标表示上紧时发条的圈数，纵坐标表示发条力矩），它们的理论力矩曲线分别是曲线1和曲线2。

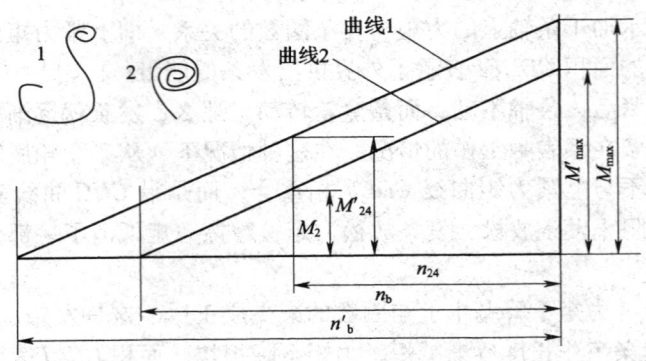

图6-6 S形与螺线形发条的理论力矩曲线

设上紧后发条1和发条2的力矩分别为 M'_{max} 与 M_{max}，那么

$$M'_{max} = \frac{Ebh^3\pi}{6L}n'_b \quad M_{max} = \frac{Ebh^3\pi}{6L}n_b$$

由于S形发条在上紧时，外端有反圈，所以，它的弹性变形圈数 n'_b 总是比螺线形发条的圈数 n_b 大，而所大的数值就是反圈的圈数。由于 $n'_b > n_b$，所以 $M'_{max} > M_{max}$。

再比较一下S形和螺线形两种发条的力矩变动率。设手表由满条到工作24小时发条放松的圈数为 n_{24}，则发条1和发条2的24小时力矩分别为：

$$M'_{24} = \frac{Ebh^3\pi}{6L}(n'_b - n_{24}) \quad M_{24} = \frac{Ebh^3\pi}{6L}(n_b - n_{24})$$

发条1与发条2的力矩变动率 B_1 和 B_2 分别为：

$$B_1 = \frac{M'_{max} - M'_{24}}{M'_{max}} = \frac{n_{24}}{n'_b} \quad B_2 = \frac{M_{max} - M_{24}}{M_{max}} = \frac{n_{24}}{n_b}$$

因为 $n'_b > n_b$，所以 $\frac{n_{24}}{n'_b} < \frac{n_{24}}{n_b}$。即S形发条的力矩变动率比螺线形发条的力矩变动率小。

（2）减少发条工作时的摩擦阻力。发条工作时，主要存在边缘摩擦及圈间摩擦。

边缘摩擦是指发条边缘与条盒轮底部和条盒盖接触部分所产生的摩擦。为了减小边缘摩擦，发条宽度应小于条盒轮内空间的高度，同时，发条本身应平整。

圈间摩擦是指由于发条相邻各圈的接触所产生的摩擦。它是发条工作时所产生的最主要的摩擦。在上紧发条过程中，发条各圈将逐渐向中心收缩。这样，如果发条外端是固定不动的，则各圈将被拉偏，从而使相邻各圈彼此接触，产生圈间压力（图6-7）。在发条相邻圈已经接触并有圈间压力时，若继续上条，则相邻圈接触部分的相对滑

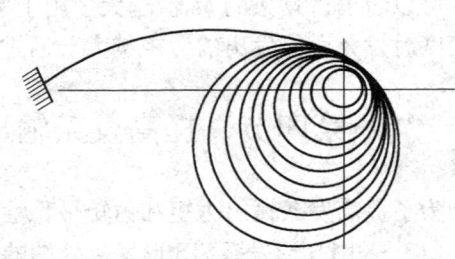

图6-7 发条偏心收缩

动将受到滑动摩擦力的作用,即所谓圈间摩擦。

为了减小发条工作时的圈间摩擦,应设法减小圈间压力和摩擦因数。目前,手表发条中一般采用所谓 V 形的外端固定形式(图 6-8)来减小圈间压力。即发条外钩以刃口为轴线转动,可使发条各圈在发条上紧时的偏心程度减小,从而减小圈间压力。

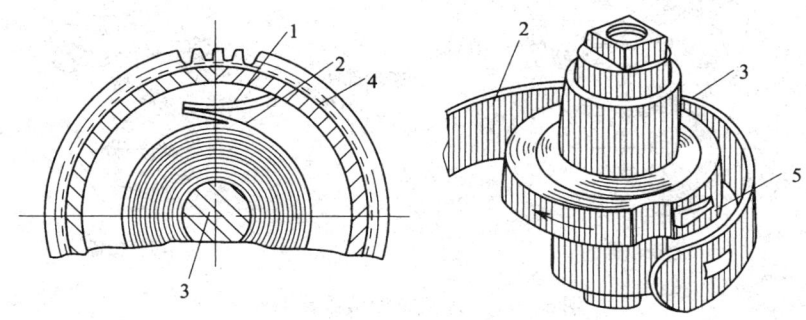

图 6-8 带盒发条的结构,发条的外端采用 V 形固定
1—发条外钩 2—发条 3—条轴 4—条盒 5—条轴钩

减小摩擦因数的具体方法是:一方面降低发条的表面粗糙度,另一方面在发条表面用优质润滑剂进行润滑。近年来,手表发条已采用"自润滑"来减小发条表面的摩擦,即在发条表面涂覆一层摩擦因数很小的材料,如聚四氟乙烯等。

第五节 上条拨针机构的作用与结构

一、上条拨针机构的作用

上条机构的作用——卷紧发条。

拨针机构的作用——校正时间。

机械钟表以发条为能源,钟表工作时,需要预先卷紧发条,给钟表机构输入能量。待工作一段时间以后,发条放松,需要重新输入能量,卷紧发条。

机械闹钟和机械摆钟都是手工上条。机械手表则有手工上条和自动上条两种形式。自动上条将在以后章节叙述。

拨针的形式有多种,手表靠拉出自来柄拨针。闹钟用拨针匙(或称拨针钮),而摆钟大多是打开面罩,直接拨动指针。

二、机械手表上条拨针机构的结构

机械手表的上条拨针机构以图 6-9 所示的 SZ1 统机手表上条拨针机构为例。它由上条柄组件、离合轮、立轮、拉挡、拉挡轴、离合杆、离合杆簧、拨针轮、跨轮部件、跨轮压片和压簧等组成。

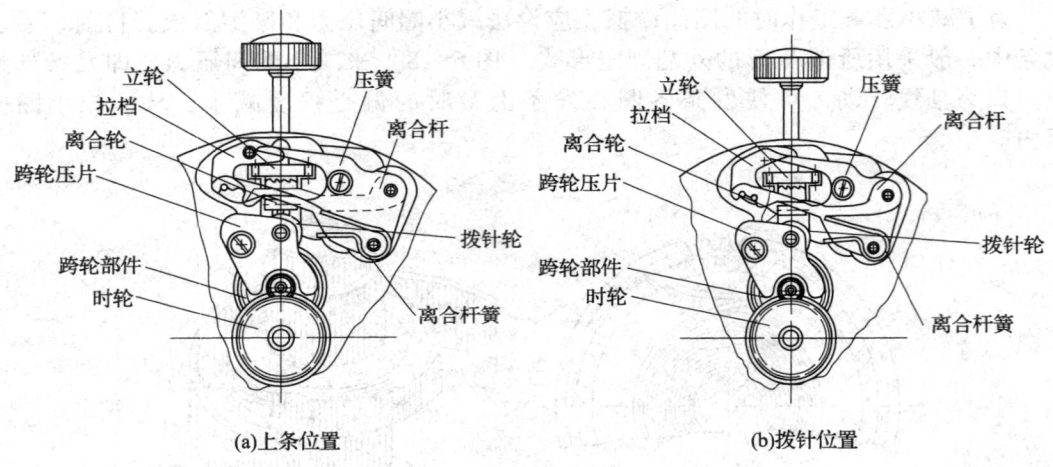

(a)上条位置　　(b)拨针位置

图 6-9　SZ1 机芯上条拨针机构

（1）上条柄组件　上条柄组件由柄轴与柄头部件组成。柄轴是立轮和离合轮工作时的支承轴。工作时立轮和柄轴可以有相对运动。而离合轮只能在柄轴的方榫上作上下滑动。柄头部件由柄帽、柄头密封圈、柄盖和柄头组成，柄头密封圈由橡胶制成，用来防水、防尘。柄帽用不锈钢制成，包在柄头外面。

（2）离合轮和立轮　离合轮的中心为一方孔，与柄轴的方榫部位滑动配合。它的一端为直齿，与拨针轮啮合，另一端是锯形斜齿，与立轮的端面斜齿相啮合。它的中部有一凹槽，离合杆的杆身嵌在这个槽内。

立轮的圆周上有直齿，与小钢轮啮合。立轮的端面有锯形斜齿，其倾斜方向与离合轮的端面斜齿相反，它们之间为单向啮合传动。

（3）离合杆与离合杆簧　离合杆是一杆状零件，一端有孔，其孔套在主夹板柱上，以柱为旋转中心，可以左右摆动。离合杆的杆身嵌在离合轮的凹槽内，用以推动离合轮沿柄轴的方榫作轴向移动。

离合杆簧是一弯曲的弹性零件，安装在主夹板的槽中，其一端紧压在离合杆的杆身上。

（4）拉挡和拉挡轴　拉挡是一片状零件。它的一端有一向下的挤钉，嵌在柄轴的凹槽内。其中间部位有一孔，套装在拉挡轴上，拉动柄轴时拉挡即围绕拉挡轴转动。有的拉挡的平面上还有一拉挡钉，嵌在压簧的凹槽中，拉挡依靠拉挡钉与压簧的两个定位凹槽来定位。

拉挡轴为一多台肩圆柱轴，一般是从表盘面装入主夹板，另一端露在主夹板装配面。如果从装配面将拉挡轴按下，则拉挡挤钉便会与柄轴的凹槽脱开，此时，上条柄组件即可抽出。

（5）拨针轮与跨轮部件　拨针轮是一圆柱形齿轮，中间有孔。它既与跨轮片啮合又可与离合轮啮合，通过它将离合轮的转动传递到跨轮部件。

跨轮片与跨齿轴销合在一起组成跨轮部件。跨轮片与分轮啮合，跨齿轴与时轮啮合。通过它们的转动达到时、分针的传动比为一定值和校正时针与分针的目的。

(6) 压簧,跨轮压片 压簧是一具有弹性的片状零件,用压簧螺钉固定在主夹板上,如图 6-10 所示。其短臂端部压紧拉挡,使拉挡端部的挤钉稳妥地嵌在柄轴凹槽内。压簧长臂上有上条定位槽和拨针定位槽。确保上条和拨针定位。另外,压簧还起限制离合杆、离合杆簧的轴向活动作用。

跨轮压片也是一片状零件,用螺钉固定在主夹板上。它的作用是确保拨针轮和跨轮部件工作时的轴向间隙。

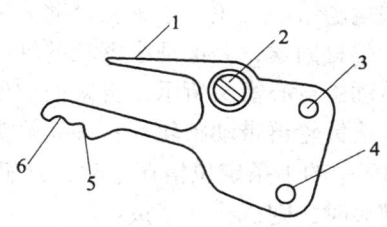

图 6-10 压簧
1—拉挡压臂 2—压簧螺钉 3—离合杆柱孔
4—离合杆簧柱孔 5—拨针定位槽
6—上条定位槽

三、机械闹钟、机械摆钟上条拨针机构的结构

机械闹钟和机械摆钟直接用上条匙旋转条轴来卷紧发条。只是闹钟上条匙和条轴的连接是通过螺纹,摆钟上条匙和条轴的连接是通过方榫。

机械闹钟的拨针机构是用拨针匙与二轮轴上的键直接连接。拨针时靠二轮片上的十字压簧摩擦打滑,带动拨针轮拨动分针和时针。

机械摆钟拨针机构是靠手工直接拨动指针,并靠中心轮上的压簧使指针机构与主传动齿轮打滑,从而分针和时针能独立运动、校正时间。

第六节 上条拨针机构的工作原理

现以图 6-11 所示 SZ1 型统机手表上条拨针机构为例,说明其工作原理。

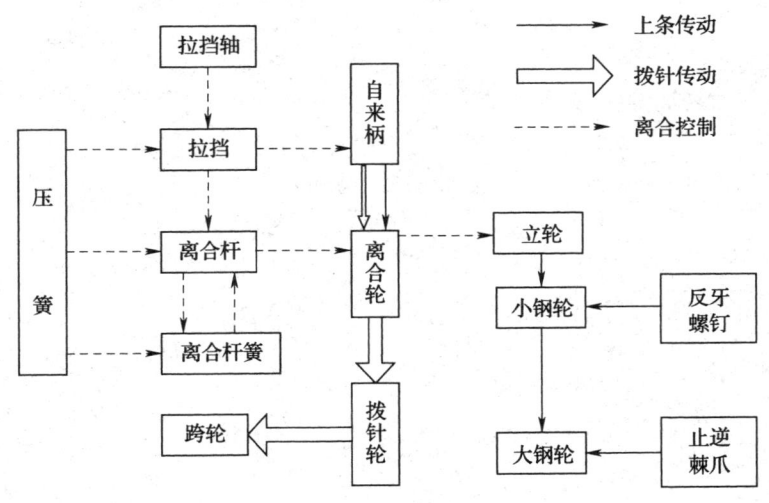

图 6-11 上条拨针机构工作原理图

上条传动如实线箭头所示，自来柄方榫带动离合轮，离合轮斜齿带动立轮，立轮垂直传递运动给小钢轮，小钢轮带动大钢轮，大钢轮最后带动条轴上条。其中，小钢轮衬圈由反牙螺钉固紧，并保证小钢轮的轴向间隙。大钢轮旁，装有止逆棘爪，防止条轴反转；拨针传动由空心箭头所示，自来柄应处于外挡，以方榫带动离合轮，离合轮以直齿带动拨针轮，拨针轮再带动跨轮片；虚线箭头则表示离合关系和拉挡的推挡作用。当拉挡钉处于图6-10中的上条定位槽6号时，则机构处于上条状态。当拉挡钉处于图6-10中的拨针定位槽5时，则机构处于拨针状态。

第七章 夹板、钻石及简易尺寸链计算

第一节 夹 板

一、夹板的作用

夹板是机械钟表的基础构件。通过夹板上的孔、槽、柱和螺纹等，把钟或表所有内部零部件紧密、正确地结合在一起，构成一个工作整体，即钟或表的机芯。

钟表夹板具有如下作用：
（1）支承和固定零部件；
（2）保证各种零部件工作时的相对位置；
（3）保证运动件工作时的轴向和径向间隙。

二、手表夹板

如前所述，机械手表按二轮平面布置可分为中心二轮式和偏二轮式两大类。

中心二轮式夹板一般有主夹板、中夹板、上夹板、条夹板、叉夹板和摆夹板六块。图7-1所示为SZ1型中心二轮式机芯的夹板，除主夹板外，其他五块称为小夹板。

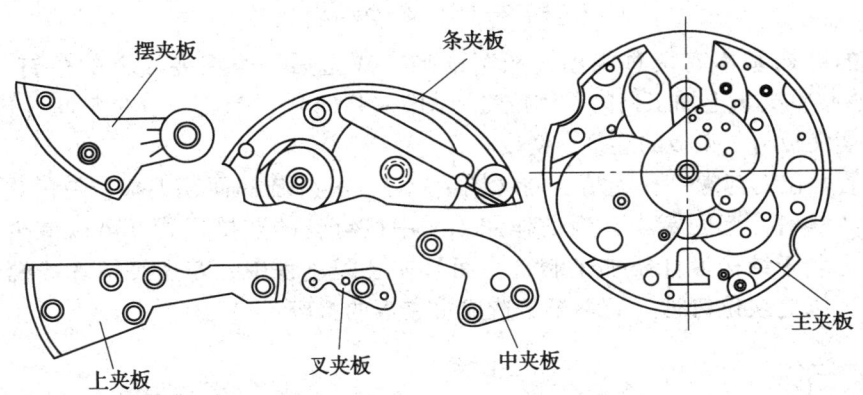

图7-1 中心二轮式夹板

偏二轮式机芯比中心二轮式少一块中夹板，它包括有主夹板，上夹板、条夹板、叉夹板和摆夹板共五块。图7-2为SN2型偏二轮式机芯夹板，除主夹板外，其他均为小夹板。

主夹板是机芯的基座，在中心二轮式机芯中，它与中夹板一起，固定并支承了中心轮部件；与上夹板一起固定并支承了过轮、秒轮和擒纵轮部件；与条夹板一起，固定并支承了条盒轮部件；与叉夹板一起，固定并支承了擒纵叉部件；与摆夹板一起，固定并支承了摆轮部件。

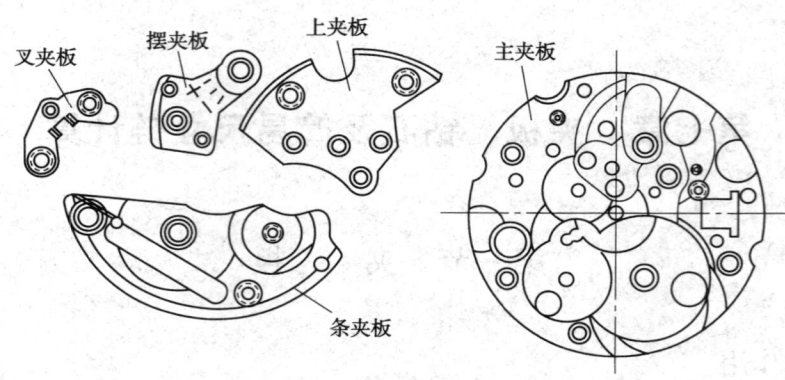

图 7-2 偏二轮式夹板

偏二轮式机芯比中心二轮式少一块中夹板，而上夹板则固定并支承了二轮、三轮（过轮）、秒轮和擒纵轮部件。

主夹板和小夹板之间的相对位置依靠位钉或位钉管来保证。位钉是一种实心圆柱销钉，它只起夹板定位作用，小夹板还必须用螺钉来固定（图7-3）。

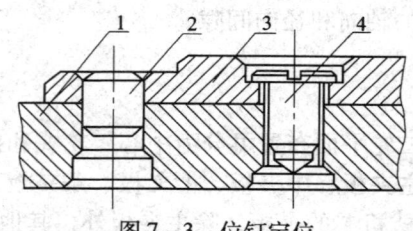

图 7-3 位钉定位

1—主夹板　2—位钉　3—小夹板　4—螺钉

位钉的结构基本有两种类型：经车削加工成型后，镶在夹板上的位钉[图7-4（a）]和直接在夹板上加工出的一体位钉[图7-4（b）]。位钉一般在安置不下位钉管的叉夹板、摆夹板与主夹板的连接中使用。

位钉管是位钉与螺钉孔的结合件（图7-5）。其外圆柱面起夹板位钉的作用，而内孔用以拧入螺钉，起固定小夹板的作用。采用位钉管的连接形式，可以减少主夹板上的孔数，有利于结构设计及加工制造。而且在装配过程中，若螺纹损坏或螺钉断在螺纹孔内，可以更换位钉管，而不至于造成主夹板的报废。

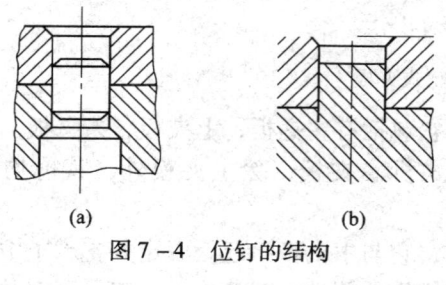
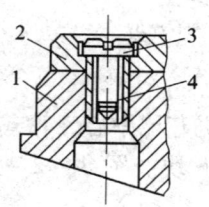

图 7-4 位钉的结构　　　　　　　图 7-5 位钉管定位

1—主夹板　2—小夹板　3—螺钉　4—位钉管

小夹板和主夹板通过位钉或位钉管的连接装配在一起后，要求上、下各对应的轴承孔应有较高的同轴度，一般不超过 0.015mm。为了提高主夹板和小夹板的夹板同轴度，除了对位钉孔提出较高的位置精度要求外，还应在设计中对位钉孔和轴承孔进行合理布局，其原则如下：

（1）轴承孔相对两位钉孔中心连线的距离应尽可能小；

（2）两位钉孔之间距离应尽可能大；

（3）位钉（位钉管）与位钉孔之间的间隙应选择合理。

三、钟用夹板

闹钟和摆钟的夹板结构比较简单，夹板数目也较少。闹钟仅前后两块夹板，摆钟除前后夹板外增加一块小夹块。闹钟夹板如图7-6所示，摆钟夹板如图7-7所示。

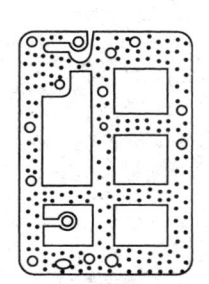

图7-6 统机闹钟夹板

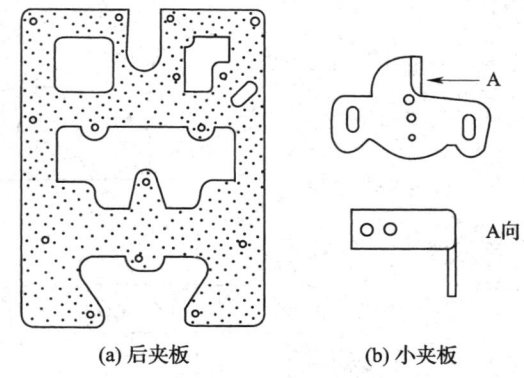

(a) 后夹板　　　　(b) 小夹板

图7-7 统机摆钟夹板

与机械手表夹板比较，钟类夹板没有凹槽或凸台，但均冲有观察孔槽。夹板表面的压花是为了增强各孔位强度、校平和美观。闹钟夹板的三轮、秒轮、擒纵轮、擒纵叉和尖齿轮的轴孔外周压有油槽，为储油润滑之用。摆钟夹板的走时传动轴孔和打点传动轴孔也都锪有锥形油槽，以备润滑储油。

闹钟夹板的擒纵叉轴孔和闹卡子轴孔均为悬臂结构，以备擒纵叉和闹卡子工作时调节锁接深浅之用。摆钟的小夹板有两个功能，其一是支承擒纵叉，其二是固定摆丝（或称摆簧片）。作为擒纵叉的支承轴孔，在小夹板当中有上下两个孔以备装配不同型号擒纵轮之用。小夹板的垂直悬臂就是用来固定摆簧片的。

小夹板上左右两个固定孔做成长圆形［见图7-7（b）］，是为了调节擒纵叉进出瓦与擒纵轮齿的锁接深浅。

第二节　钻　石

钟表用人造钻石的主要成分是氧化铝（Al_2O_3）。它具有摩擦因数小、硬度高、耐磨损等特点。常用于手表机芯的支承及要求摩擦力小的精密部位。普通机械手表一般装有17~21个功能钻，自动双历手表一般有25~27个功能钻。

一、钻石的类型与用途

1. 起支承作用的钻石

如图 7-8 所示。

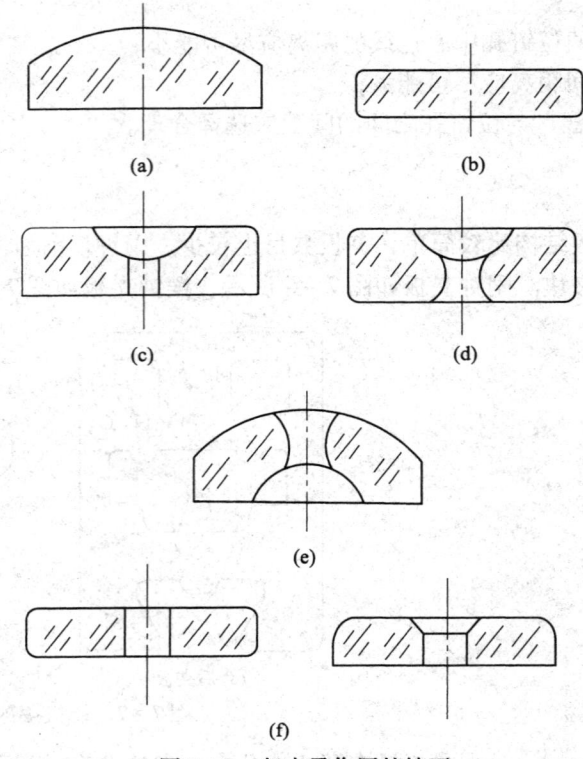

图 7-8 起支承作用的钻石

（a）球面托钻：一般用作摆轴托钻；
（b）平面托钻：一般用作擒纵轮或擒纵叉支承托钻；
（c）平面直孔钻
（d）平面弧孔钻 }一般用作传动轮系及擒纵机构中的支承钻；
（e）球面弧孔钻：一般用作摆轴上下支承钻；
（f）无槽直孔钻：一般用作秒轴下支承钻和传递力矩较大的条轴及中心齿轴的支承钻。

作为传动轮系和擒纵调速系各轮轴的支承钻石，必须保证内孔与轴的径向间隙，外圆与夹板孔的配合过盈量，内孔与外圆的同轴度和内孔的粗糙度等要求。

2. 传递能量的钻石

如图 7-9 所示。

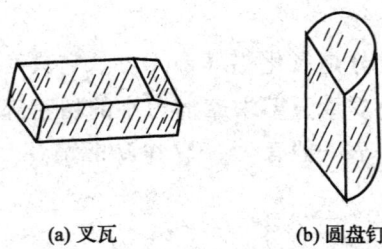

(a) 叉瓦　　　(b) 圆盘钉

图 7-9 传递能量的钻石

（1）叉瓦　用于传冲和释放，分进瓦和出瓦。
（2）圆盘钉　圆盘钉装在双圆盘的冲击圆盘上，起释放和传冲作用。

3．作为柱的钻石

例如，有的机芯主夹板上的跨轮柱即用钻石制作。

4．作装饰的钻石

由于钻石可以作成不同的颜色，因而可以将它镶嵌在商标、表盘或表壳上，以增美观。

二、手表的支承结构

手表支承按其形式可分为固定支承和防振支承两大类。

1．固定支承

固定支承有两种基本结构：托钻止推式支承和轴肩止推式支承。图 7-10 所示为托钻止推式支承，由通孔钻和托钻组成。当轮轴处于垂直位置时，轴顶与托钻的平面接触，两者接触面积小，摩擦力也小。托钻的平面与通孔钻的球面形成一个毛细角，具有毛细管的作用，使轴承具有良好的储油条件。这种形式的支承通常用在擒纵轮的上、下支承中。图 7-11 所示为轴肩止推式支承，其结构比托钻止推式支承简单。当轮轴处于垂直位置时，轴的肩部与通孔钻的端面接触，控制着轮轴的轴向位置。这种支承比托钻止推式支承的摩擦力更大。通孔钻的油槽用于储存润滑油，但其储油效果不如托钻止推式支承。

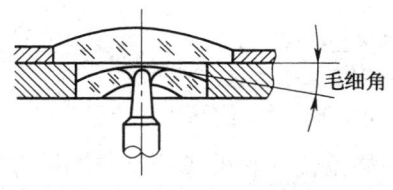
图 7-10　托钻止推式支承

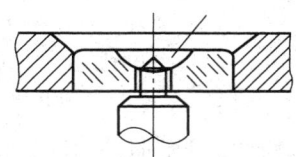
图 7-11　轴肩止推式支承

2．防振支承

防振支承的组合常称防振器。防振器的结构形式很多，图 7-12 所示是国内外手表中使用较多的一种典型结构。它是由防振座、防振碗、球面弧孔钻、托钻、防振簧所组成。防振器中的球面弧孔钻与防振碗紧配，两者成为一个部件，托钻则是松动地放入防振碗内。清洗和加油时，托钻和防振碗部件可以从防振座中取出。托钻和防振碗部件均依靠防振簧的压力固定，利用防振碗的外锥面与防振座内锥面的配合定位。当防振碗偏离中心位置后，由于防振簧的压力作用，防振碗可沿防振座的光滑内锥面滑动到原来的位置。上、下防振器的结构基本相同，只是上托钻的厚度比下托钻大。上防振器一般是采用 U 形销或压配合固定在摆夹板上，下防振器是采用压配合或用螺钉固定在主夹板上的。

防振原理如下：当手表受到比较轻微的振动时，在振动惯性力的作用下，摆轴使防振碗位移。防振碗位移的结果是使防振簧产生弹性变形，从而使所受到的冲击力为防振簧所吸收，使摆轴不致受到损伤。

如果手表受到比较剧烈的振动，则在防振碗迫使防振簧变形后，摆轴的较粗部分与防振座的相应面接触。这样，振动将主要由比较坚固的部位来承担，从而减小了摆轴轴颈受到损坏的可能性。下面三种典型外力冲击的情况能够说明这个问题。

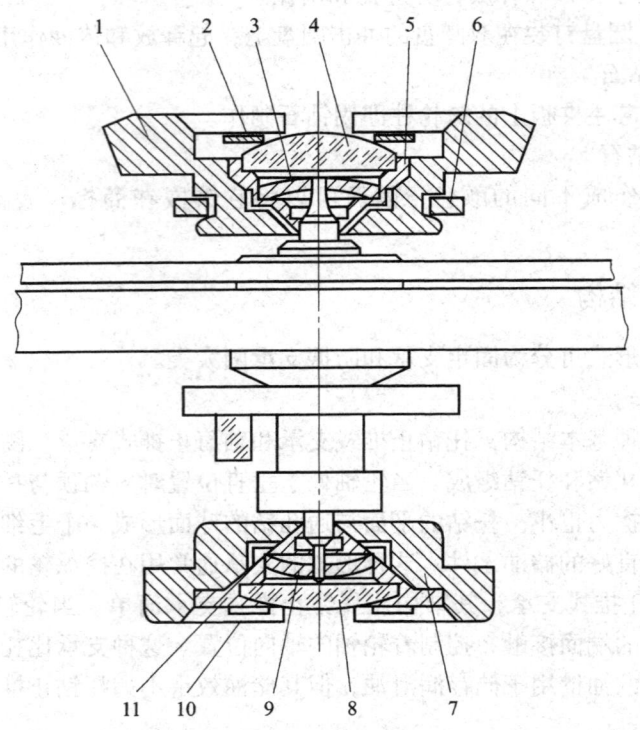

图 7-12 防振器的典型结构
1—上防振座　2、10—防振簧　3、9—球面弧孔钻　4—上托钻
5、11—防振碗　6—U形销　7—下防振座　8—下托钻

（1）当摆轴受到轴向冲击时，由于防振碗的移位使摆轴的轴肩部位与防振座端面相接触，冲击力将主要作用在这个位置上，如图 7-13 所示。

（2）当摆轴受到径向冲击时，防振碗的移位使摆轴上直径较大的部位与防振座的孔壁相接触，冲击力将主要由这个部位承担。如图 7-14 所示。

图 7-13 轴向冲击

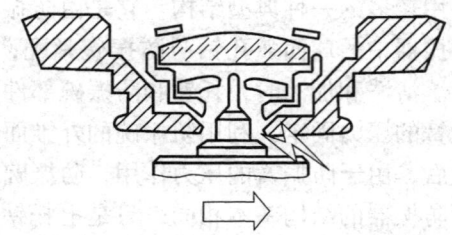

图 7-14 径向冲击

（3）当摆轴受到斜向冲击时，情况相似。冲击力将由摆轴轴肩部位与防振座端面相接触处，及摆轴直径较大部位与防振座的孔壁相接触处来承担，如图 7-15 所示。

根据对上述三种典型情况的分析，可以知道，无论冲击力来自何方，振动过后，防振碗在防振簧的弹力作用下，并借助于锥面的定位作用，都能回到原来的位置，从而保护了摆轴。

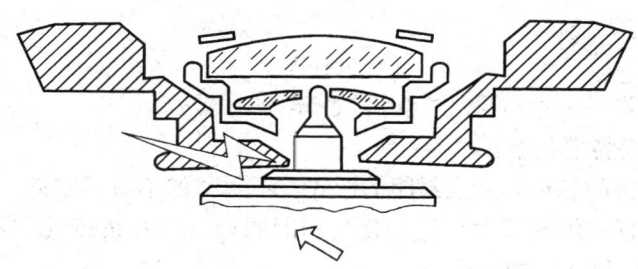

图 7–15　斜向冲击

第三节　简易尺寸链计算

一、尺寸链基础

尺寸链在一个零件或部件中，是决定各个表面（或轴线）的相对位置的一组尺寸，此组尺寸按一定顺序排列，且具封闭形式。

零件尺寸链　若尺寸链中所有尺寸都在同一零件上，如图 7–16，这样的尺寸链称零件尺寸链（$A_3 = A_1 - A_2$）。

装配尺寸链　若尺寸链的尺寸不在同一零件上，如图 7–17，这样的尺寸链称装配尺寸链（$A_3 = A_1 - A_2$）。

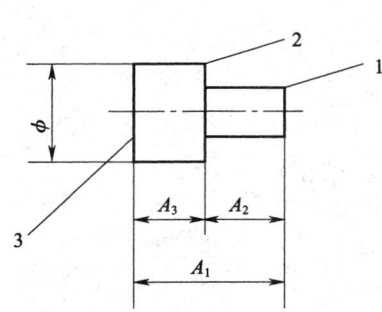
图 7–16　零件图（1、2、3 为平面）

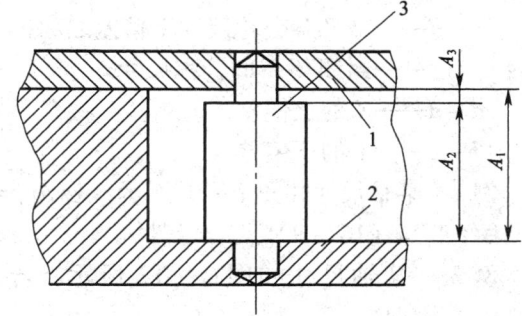
图 7–17　装配图（1、2、3 为零件）

环——组成尺寸链的各个尺寸简称"环"。

组成环——组成尺寸链的基本尺寸，如图 7–17 中之 A_1、A_2，叫做组成环。

封闭环——在零件加工完成时，或在部件装配完成时，才形成的尺寸，叫做"封闭环"，如图 7—17 中的 A_3。

组成环由增环和减环组成。

增环——某组成环增大，其他组成环不变，若封闭环随之增大，则称此环为增环。例如图 7–17 中 A_1。

减环——某组成环增大，其它组成环不变，若封闭环随之减小，则称此环为减环。例如图 7-17 中 A_2。

二、尺寸链计算三步法

第一步，"找环"——正确找出尺寸链各环。

根据尺寸链主要特性判断：

（1）每一尺寸链的各环排列成封闭的形式，不封闭的不是尺寸链。

（2）尺寸链中任一组成环大小的变化将引起封闭环大小的变化，不引起封闭环大小变化的尺寸，不是本尺寸链的组成环。

（3）一个尺寸链中，只有一个封闭环，最简单的尺寸链是三环尺寸链。

第二步，"区分"——分清同一尺寸链中，哪些是封闭环，哪些是组成环，哪些是增环，哪些是减环（可与第一步并行）。

第三步，画出尺寸链图。作图可从任一表面或轴线开始，依次画出所有环，包括封闭环。各环不必按比例，可用向量表示。将增环定为向上，减环向下，封闭环方向与减环一致。链图应封闭。各组成环公称尺寸和上下偏差在链图上注明。

计算方法：

若增环之和为 A_b^a，减环之和为 B_d^c，

则封闭环：$X = (A - B)_{b-c}^{a-d}$

式中　　A——增环各公称尺寸之和；

　　　　a——增环各公称尺寸上偏差之和；

　　　　b——增环各公称尺寸下偏差之和；

　　　　B——减环各公称尺寸之和；

　　　　c——减环各公称尺寸上偏差之和；

　　　　d——减环各公称尺寸下偏差之和；

$(A-B)$——封闭环 X 的公称尺寸；

　　$a-d$——X 的上偏差；

　　$b-c$——X 的下偏差。

例1　某轴尺寸如图 7-16 所示。若 $A_1 = 16^{+0.2}_{0}$，$A_2 = 9^{+0.1}_{0}$，求 A_3。

解：$A_3 = (16-9)^{0.2-0}_{0-0.1} = 7^{+0.2}_{-0.1}$

例2　某轴尺寸如图 7-17 所示。若 $A_1 = 18^{+0.1}_{0}$，$A_2 = 16_{-0.1}^{0}$，求 A_3。

解：$A_3 = (18-16)^{0.1-(-0.1)}_{0-0} = 2^{+0.2}_{0}$

例3　某轴尺寸如图 7-18 所示。求 X 值及上下偏差。

解：画尺寸链图：

求 X 值的计算简图：

求得：$X = 0.39^{+0.02}_{-0.02}$

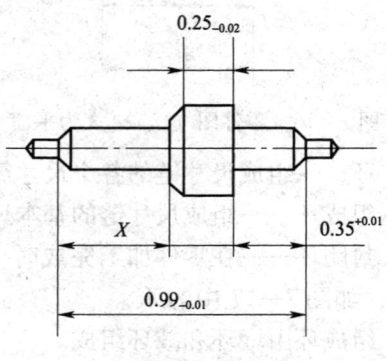

图 7-18　某轴尺寸图

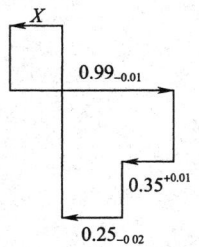

增环↑	减环↓	
$0.99_{-0.01}$	$0.25_{-0.02}$ $0.35^{+0.01}$	X
$0.99_{-0.01}$	$0.60^{+0.01}_{-0.02}$	$0.39^{+0.02}_{-0.02}$

第八章　日历与自动机构

第一节　表用日历机构

日历表是附有日历机构的手表。它除了能像普通手表那样指示时刻之外，还能指示日期，有的还能同时指示日期和星期等。只能指示日期的称作"日历表"或"单历表"，能同时指示日期和星期的称作"双历表"。

一、"单历"机构工作原理

图 8-1 所示是一种较简单的日历机构，其中，日历环 1 是一个环状零件，它有 31 个内齿。在日历环的一周印有从 1~31 的字样代表日期。日历定位杆 2 以其三角形的头部插入日历环两内齿之间，并用定位杆簧 3 压住，以保证日历环能够停在正确的位置上。日历表的表盘上开有一个小窗口（一般是在柄头的旁边），正好露出日历环上的一个字，以显示日期。

日历环靠拨日轮 4 上面冲压出来的凸起拨头 T 推动。拨日轮 4 与日历过轮 5 啮合，日历过轮 5 固装在时轮管 6 上，因而时轮即能带动拨日轮转动。为了保证日历环每 24 小时转过一个齿，拨日轮与时轮间的传动比必须是 1:2，即拨日轮每 24 小时转一周。这样，日历机构便通过日历过轮与走针机构联系起来了。

该日历机构的动作原理如下：随着时轮的转动，拨日轮被带着作逆时针方向转动。当拨头 T 靠上了日历环齿后，即慢慢推动日历环作逆时针方向转动。同时日历定位杆 2 的头部被日历环齿顶开，使定位杆慢慢绕其轴 7 转动，定位杆簧 3 则被压缩变形。当日历环被推转到其齿尖刚越过定位杆头部的顶点 b 时，定位杆簧释放其变形能，通过定位杆头部工作面 ba 推日历环迅速向前转动，直到定位杆的头部重新落入后面的一个日历环齿间并与两内齿顶都接触为止，于是把日历环停在一个新的位置上。由于日历环每次正好转过一个齿距，露在表盘窗口上的日期就更换了一天。

若按照日期交换所需时间的长短来区分日历机构的结构形式，则可分为慢爬式、快爬式和瞬跳式三种。

上述图 8-1 所示的日历机构即为慢爬式日历机构。慢爬式日历机构的换日时间一般为

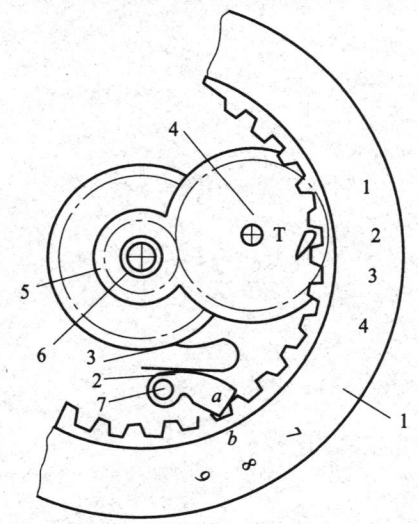

图 8-1　单历慢爬日历机构
1—日历环　2—定位杆　3—定位杆簧　4—拨日轮
5—日历过轮　6—时轮管　7—转轴

1~3h。

二、"双历"机构工作原理

图 8-2 是一种较为简单的"双历"机构。其拨头 1 的中间是个长圆孔,通过此孔将拨头套在拨日轮 2 的转轴上。而拨头本身的转轴是装在拨日轮上的一个圆柱 4。拨头的突出部分 T 是日历拨头。拨头上还装有一个凸起的圆柱销 7 是周历拨头。钢丝簧 5 一头别在铆簧柱 6 上(铆簧柱装在拨日轮上),另一头以弯钩穿入拨头的孔中。

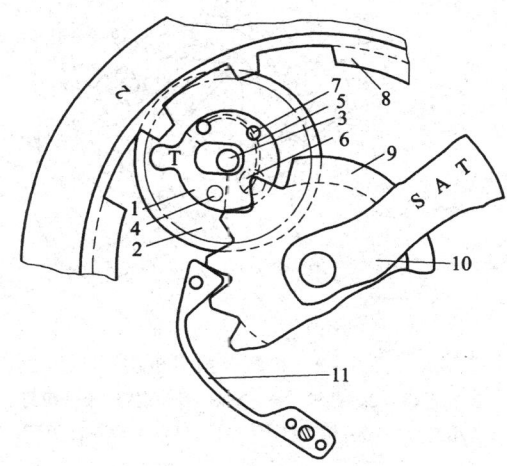

图 8-2 双历慢爬日历机构
1—拨头 2—拨日轮 3—拨日轮转轴 4—拨头转轴 5—钢丝簧 6—铆簧柱
7—周历拨头 8—日历环 9—周历轮 10—周历盘 11—周历定位簧

其工作原理如下:拨日轮 2 带动拨头 1 转动。由图可见,先是拨头 T 推动日历环齿换日,然后是周历拨头 7 推动周历轮齿换周期。钢丝簧 5 的作用是为了使拨头保持在一定位置上,以使它与日历环齿及周历轮齿有足够的初啮深度,长圆孔的作用是为了消除快拨禁区(禁区意义在后面叙述)。日历拨头与周历拨头的轮流工作是为了防止负载过重,使摆轮振幅下降。但是也不能将换历时间拖得太长,以减少日历与周历的不协调时间。

上述"双历"机构也属于慢爬式,慢爬式日历机构的优点是结构简单,工作可靠,能量消耗较少。它的缺点是换日过程中,日历窗口会出现两天的字样。

三、快爬式换日机构

图 8-3 是一种快爬式换日机构。图中 2 是跨轮部件。凸轮 3 与槽轮 4 构成一个间歇运动机构。槽轮起拨日轮的作用。槽轮上有八个径向槽。凸轮 3 每转一周,凸轮的拨头 B 进入径向槽一次。就驱动槽轮转过 45°。当凸轮的拨头 B 离开径向槽后,尽管凸轮继续转动,槽轮却静止不动,直到凸轮的拨头一次进入槽轮的另一径向槽,又重复上述的运动循环。

在槽轮的上边有销钉 5 和 6,日历拨头 7 套在这两个销钉上,并用螺钉销 8 与槽轮同轴固定住。日历拨头的拨爪 T 是日历环拨爪,当槽轮转动到拨爪 T 靠上日历环 12 的齿时,便推着日历环转动。在定位杆和定位杆簧的协同作用下,日历环转过这一个齿距,从而实现了换日。

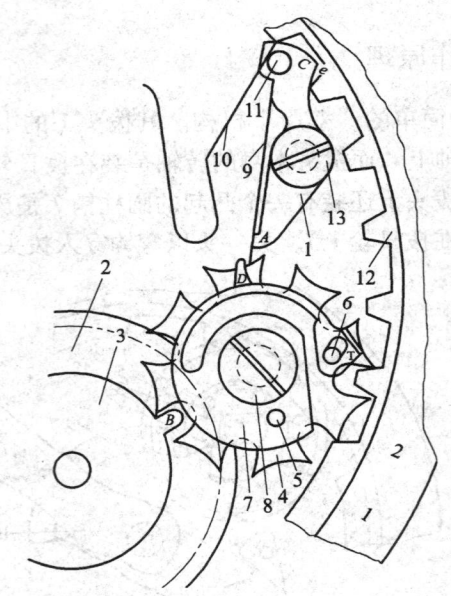

图 8-3 快爬式换日机构
1—保险杆 2—跨轮部件 3—凸轮 4—槽轮 5—销钉 6—销钉 7—日历拨头
8—螺钉销 9—小簧片 10—保险杆簧 11—靠钉 12—日历环 13—螺钉销

四、瞬跳式换日机构

图 8-4 是一种瞬跳式换日机构。图中 1 是时轮，它通过日跨轮部件（由日跨轮片 2 和日跨齿轴 3 组成）带动拨日轮 4，使拨日轮每 24 小时转一圈。拨日凸轮 5 和拨日轮铆接在一起。拨日杆 6 的中间开有长槽，长槽套在拨日杆桩 7 上。拨日杆右边头部被拨日杆簧 8 顶住，使它靠在靠钉 18 上。在未进入工作状态前，拨日杆头部伸入日历环 9 的两个内齿之间。日历环的位置靠日历定位杆 10 和日历定位杆簧 11 来保证。

动作过程如下：当拨日凸轮 5 顺时针转动到与拨日杆左边的尾部接触时，就开始沿工作面 EF 滑动。从而推动拨日杆 6 先作顺时针转动又继而向右移动，在这过程中，拨日杆头部 A 点的运动轨迹如双点画线 ABCD 所示。同时，拨日杆簧 8 被压而变形，从而贮存了一定能量。当拨日凸轮转动到与拨日杆凸起处 F 突然脱开的瞬间，拨日杆在拨日杆簧的作用下，迅速跳回原位，这时拨日杆头部的运动轨迹为 DA。在这拨日杆跳动的瞬间，其头部把日历环齿向前勾去，并在日历定位杆 10 和日历定位杆簧 11 的协同作用下，使日历环正好按逆时针方向转过一个齿距。

显然，瞬跳应安排在午夜 12 点进行，使露在表盘窗口上的日期得到及时的更换。

在拨日杆的尾部还压着一个拨周杆钉 12，拨周杆 13 的圆孔套在其中。拨周杆中间还有一个长槽，套在拨周杆桩 14 上。周历轮 15 是一个有 14 个齿的星形轮，它与周历盘 16 铆合在一起，套装在时轮管上。周历盘上有表示星期几的字样，周历轮的位置靠周历定位

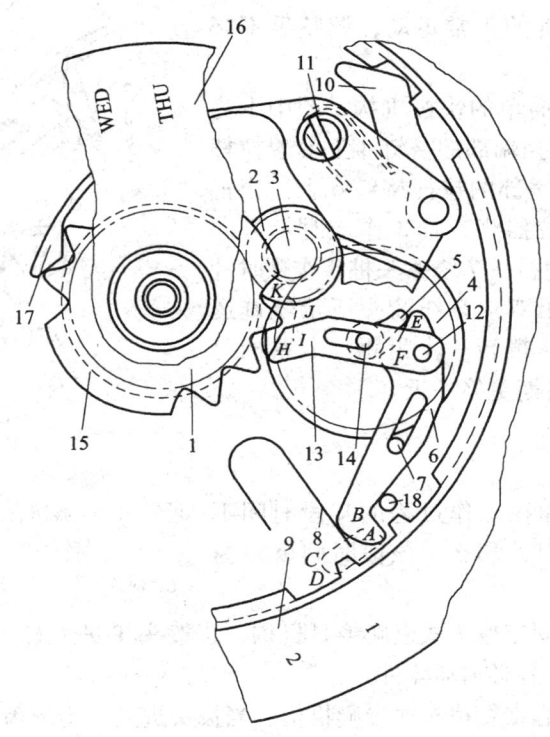

图 8-4 瞬跳式换日机构
1—时轮 2—日跨轮片 3—日跨齿轴 4—拨日轮 5—拨日凸轮 6—拨日杆
7—拨日杆桩 8—拨日杆簧 9—日历环 10—定位杆 11—定位杆簧 12—拨周杆钉
13—拨周杆 14—拨周杆桩 15—周历轮 16—周历盘 17—周历定位杆 18—靠钉

杆 17 来确定,在拨日杆运动的过程中,拨周杆 13 也随之被带着沿拨周杆桩 14 向上移动并作顺时针转动,点画线 $HIJK$ 所示为拨周杆端部 H 点的运动轨迹。在拨日杆跳动的瞬间,拨周杆端部也由 K 点跳回到 H 点,于是周历轮被推沿顺时针方向旋转,在周历定位杆的协同作用下,周历轮刚好转过这一个齿距,使周历也同时得到更换。显然,该周历盘更换一圈需时两星期。

五、快拨机构

日历环上共有 31 个内齿,因此,每转一周是 31 天。可是并不是每个月都有 31 天,因此有时必须通过手动把日期变换过去。还有的时候,表是停着的,也需要手动换日来调整,使所指示日期与实际相符。

手动调整的方式有两种,一是通过拨针机构进行调整;另一种是通过专设的快拨机构进行调整。

通过拨针机构来调整日期的结构,不需要增加零件或只增加少量零件。但使用不大方便,并且影响指针的正常走动,调整后需要重新对针。另外,若经常使用,会造成走针零件的过早磨损,影响表机寿命。

快拨机构是用来快速调整日期的结构，在调整过程中，不影响指针的正常走动，调整后不必重新对针。

图8-5是一种较简单的快拨机构，图中1为上条柄，2为拉挡。拉挡端部的挤钉4上套着拉杆5，拨头7又套在拉杆尾部的拉杆挤钉6上。当把上条柄往外拉动时，拉挡绕其轴3作逆时针方向转动，从而通过拉杆使拨头7绕拨头桩8作顺时针转动，拨头的头部即沿双点划线箭头所示轨迹运动，于是就把日历环9拨转一个齿距。上条柄每拉、压一次，即可把日期更换一天。

六、禁区

一个日历机构，如在工作过程的某段时间不能使用快拨机构来换日，那么，该段时间就称为"禁区"。

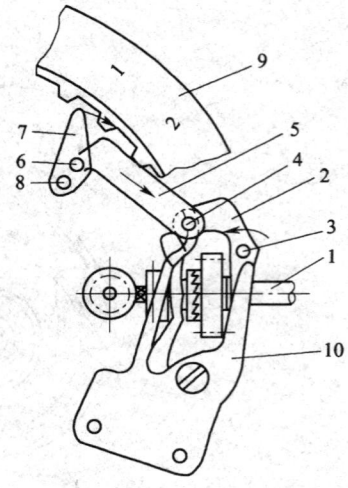

图8-5 拉把式快拨机构
1—上条柄 2—拉挡 3—拉挡轴
4—挤钉 5—拉杆 6—拉杆挤钉
7—拨头 8—拨头桩 9—日历环 10—压簧

例如图8-1所示固定拨头式慢爬换日机构，当拨头T进入日历环齿间时，如果使用快拨机构进行拨日，则势必损坏零件。

图8-2所示的偏心带簧拨头式慢爬机构，当拨头进入日历环齿间时，如果进行快拨，由于拨头中间是个长圆孔，拨头就能暂时"低头"以让过日历环，这就不至于损坏零件了。

第二节 钟用日历机构

图8-6所示是一种常用的钟用日历机构，它由拨日轮、短轴、日历小中心轮、连杆和日历弹簧、日历盘、对日历匙等组成。

日历小中心轮紧配在时轮凸缘上，和时轮同步转动。拨日轮活动地套装在短轴上，能绕轴灵活转动。在轮幅上铆装着一根拨钉，当日历小中心轮带动拨日轮转到相应的位置，拨钉接触日历盘内齿，就能推动日历盘前进一齿，钟面字盘的日历孔内就显示出一个新的日历数字。

日历盘用铝箔制成，内圈有31个齿，相对每个齿的位置，标明大月1～31日的数字。在日历盘的外圆周上，装有6只滚轮，滚轮能绕轴灵活转动，使日历盘只要受拨日轮拨钉轻轻一推就能转过一个齿去（见图8-7）。

图8-6上的压圈用薄铁皮冲成，它的作用是保持日历盘平稳转动，不致倾斜晃动。

图8-8所示为连杆和日历簧。在连杆的一端，铆装着一只铜轴套，轴套在短轴上能灵活转动；另一端安装着一只滚子，滚子也能绕轴灵活转动。连杆中部的冲片中夹着一根日历弹簧，借助日历弹簧的弹力，使滚子能经常压向日历盘，起定位作用。

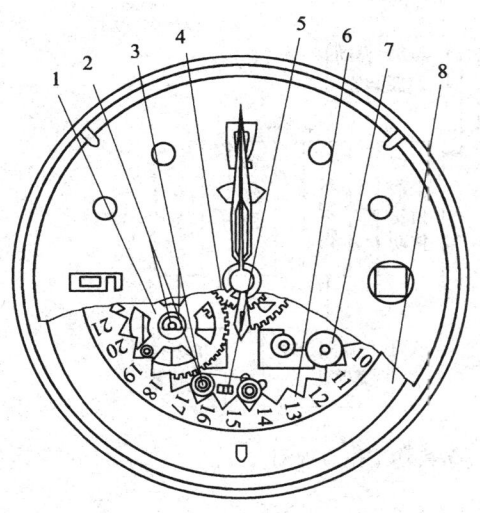
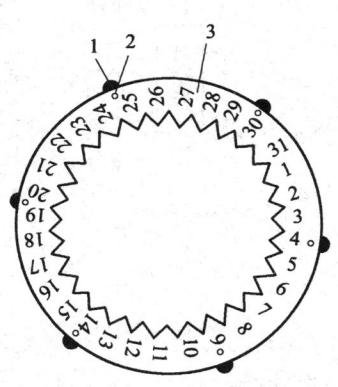

图8-6 钟用日历机构
1—拨日轮 2—短轴 3—开口销
4—日历小中心轮 5—连杆与日历簧
6—日历盘 7—对日历匙 8—压圈

图8-7 日历盘
1—滚轮 2—轴销 3—日历盘

图8-9所示为对日历匙。在对日历匙的轴端装有对日历轮,在该轮上偏心地铆装着一根钢丝,是拨动日历盘用的。对日历匙的轴上套装着一根弹簧,依靠弹簧的弹力使对日历轮上的钢丝平时不接触日历盘,只有在调整日历时,手柄受力压缩弹簧,对日历轮和钢丝向前伸出,钢丝插入日历盘齿槽,才能拨动日历盘转动。

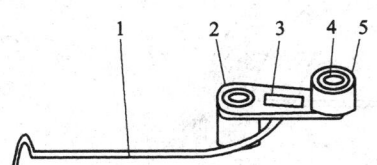
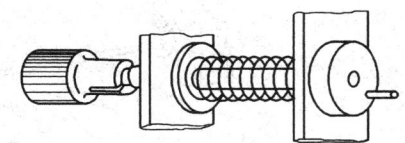

图8-8 连杆和日历弹簧
1—日历簧 2—轴承 3—连杆
4—轴销 5—滚子

图8-9 对日历匙

日历小中心轮的齿数是27齿,拨日轮的齿数是54齿,速比为1:2,当时轮和套装在一起的日历小中心轮旋转2周时,拨日轮才旋转一周,推动日历盘转过一齿,共历时24小时,钟面字盘的日历孔内即换上一个新的日历数字。

第三节 自动上条机构

普通机械手表一次上满发条,连续走时时间约40多个小时,因此,需要每天用手上紧发条。而自动手表则是在普通手表的基础上加添一套自动上条机构,只要每天有一定时间把表戴在手上,自动上条机构就能自动地把发条上紧。

自动上条机构工作原理如图8-10所示。

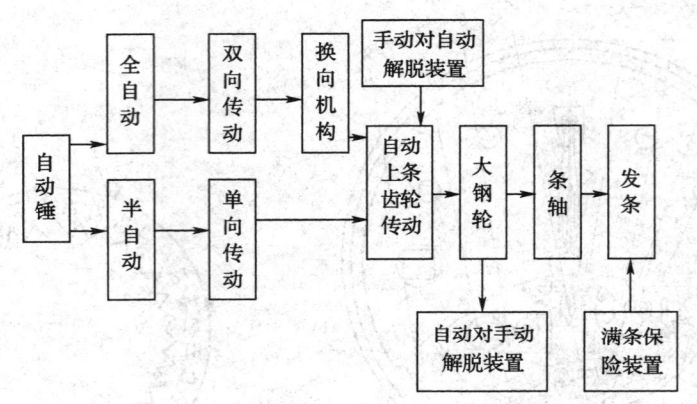

图 8-10 自动上条机构工作原理图

1. 自动锤

自动锤是一个具有一定偏心矩的扇形件（图 8-11），它的最外缘部分一般采用高密度合金材料制成，以便在较小的外廓尺寸下得到较大的静力矩和惯性矩。自动锤位于表机的中心，在自动上条机构中起动力驱动作用。当手表佩戴在手腕上时，随着人的运动，自动锤在由于手臂运动形成的惯性矩和静力矩的作用下转动或摆动，从而带动自动上条机构中的一组轮系转动。

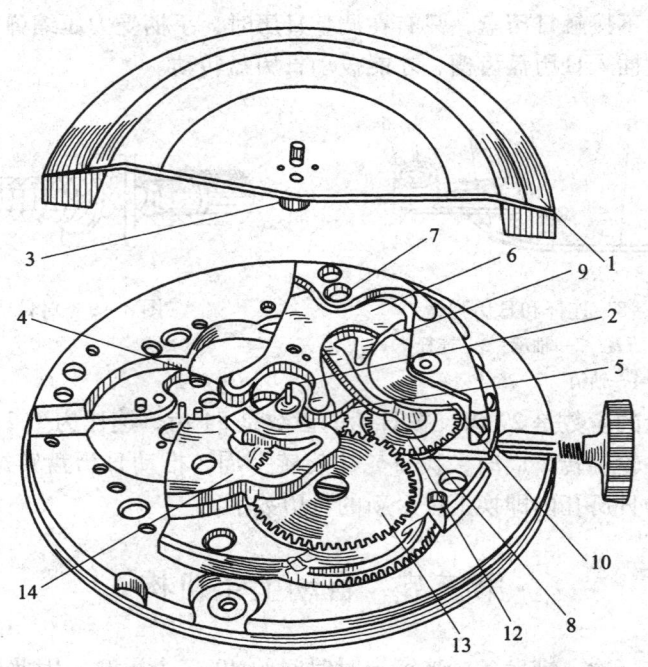

图 8-11 全自动机构
1—自动锤 2—轴 3—凸轮 4、5—滚子 6—杠杆 7—轴
8、9—棘爪 10—棘轮 12—小钢轮 13—大钢轮 14—自动锤夹板

2. 全自动和半自动

自动锤向任一方向转动都能上紧发条的自动上条机构称全自动机构，图8-11为全自动上条机构示意图；自动锤只有向某一方向转动时，才能上条的称半自动机构，图8-12为半自动上条机构示意图。

3. 换向机构

把自动锤的两个相反方向的运动转换为同一方向的运动的机构称为换向机构。

常用的换向机构有：棘轮棘爪换向机构、摇摆轮式换向机构、换向轮式换向机构及超越离合器式换向轮机构等。

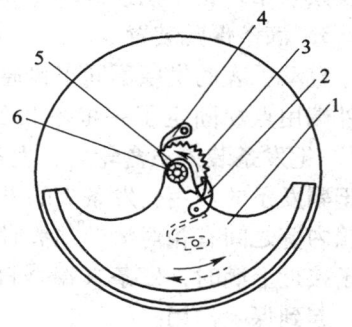

图8-12 半自动上条机构示意图
1—自动锤 2、4—棘爪 3—齿轮
5—轴承 6—轴

图8-13为棘轮棘爪式换向机构的工作原理图，它是图8-11全自动上条机构的局部放大图。图中凸轮3是与自动锤1（图8-11）固定一起的，在此图中，自动锤未画出，凸轮3的运动方即向自动锤的运动方向。其工作原理如下：当凸轮3绕轴2运动时，通过滚子4或5，使杠杆6绕轴7摆动，杠杆6上装有棘爪8与9，它们分别套在轴14、15上，并有一个公共弹簧16使它们与棘轮10保持经常接触。在杠杆6摆动时，棘爪8或9牵动着棘轮10，棘轮下面有齿轴11，齿轴通过小钢轮12把运动传到大钢轮13上，于是就实现了上条动作。图中实线箭头表示凸轮3从所处位置逆时针方向转动时，其余零件的运动方向。在这种情况下，棘爪9牵动棘轮，而棘爪8在棘轮齿面上滑动。当凸轮顺时针方向转动时（虚线所示方向），棘爪8牵动棘轮，而棘爪9在棘轮齿面上滑动。因此，无论凸轮朝哪一个方向转动，总有一个棘爪在起着作用，使棘轮向同一个方向转动。

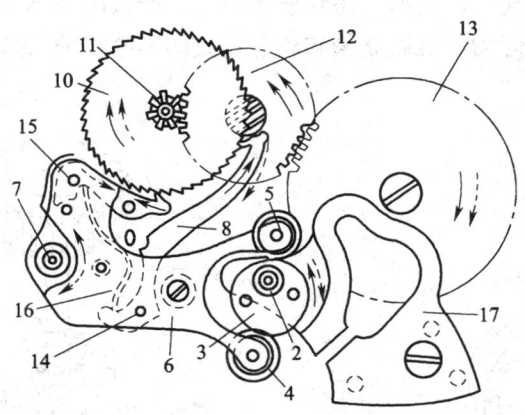

图8-13 棘轮棘爪式换向机构工作原理
2—轴 3—凸轮 4、5—滚子 6—杠杆 7—轴 8、9—棘爪 10—棘轮 11—齿轴 12—小钢轮
13—大钢轮 14、15—轴 16—弹簧 17—自动锤夹板

4. 自动上条轮系

自动上条轮系是把经过换向后得到的单向传动通过一组齿轮减速后，传递到原动系，

使发条卷紧。轮系减速传动比约为140～180。

5. 满条保险装置

自动手表的发条不同于普通手表发条（图8-14）。为防发条上紧后过载而折断，它的外端用点焊固定了一根不长的副发条（通常副发条的长度为盘入条盒轮后略小于一圈）。把发条装入条盒轮后，发条最外一圈则处于条盒轮内壁与副发条之间（图8-15）。由于副发条的作用，发条2的末端与条盒轮内壁之间存在一定的压力。当发条的末端与条盒轮内壁之间有相对滑动趋势时，就会产生一定的摩擦力，使发条逐渐上紧而不滑动。当发条接近上满时，发条末端会自动沿着条盒轮内壁打滑，从而避免形成发条的过载而折断，起到保险作用。

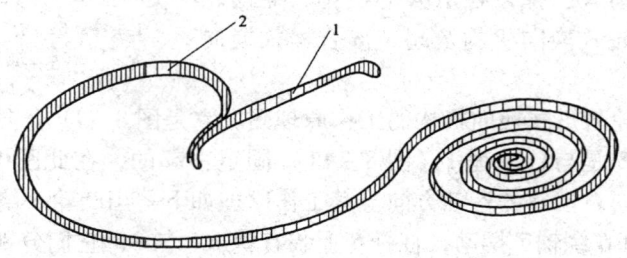

图8-14 自动发条
1—副发条 2—发条

6. 自动对手动解脱装置

自动上条时，需与手动上条柄解脱，以免负载过重。解脱过程如下：如图8-16所示的小钢轮逆时针转动，因为是自动上条，所以它将带动立轮顺时针转动，而离合轮内方孔与自来柄方榫配合在一起，加上柄头防水橡皮圈等，所以阻力很大。立轮的斜齿又是向着离合轮斜齿的齿背方向运动。因而立轮和离合轮只能不断打滑，这样，自动上条与手动上条柄得到解脱。

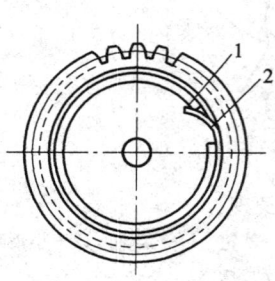 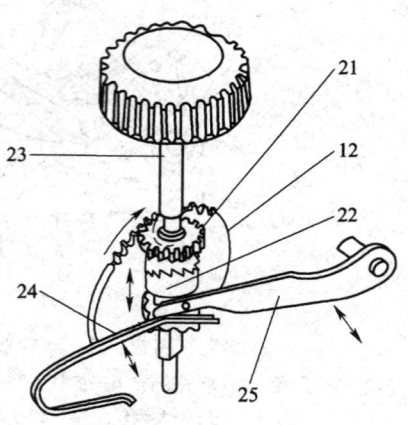

图8-15 自动发条盒
1—副发条 2—发条

图8-16 自动对手动解脱装置
12—小钢轮 21—立轮 22—离合杆
23—上条柄 24—离合杆簧 25—离合杆

7. 手动对自动解脱装置

手动上条时，需与自动上条机构解脱，否则在 $i=140\sim180$ 的反向增速传动下，自动机构将被损坏。解脱过程如下：手动上条时，小钢轮带动棘轮齿轴 11 顺时针转动，如图 8-11 所示。棘轮 10 与齿轴 11 固装在一起，也是顺时针转动。由图可见，此方向正好与棘爪 8 和 9 均为打滑状态，从而实现了手动上条与自动机构的解脱。

第九章 机械手表的装配与维修

第一节 常用工具

机械手表装配与维修常用的工具有表起子、镊子钳、游丝镊子钳、眼罩、气球、油笔、汽油缸、直刷、毛刷、表架开表器、铁镦和绸布等，部分常用工具如图9-1所示。

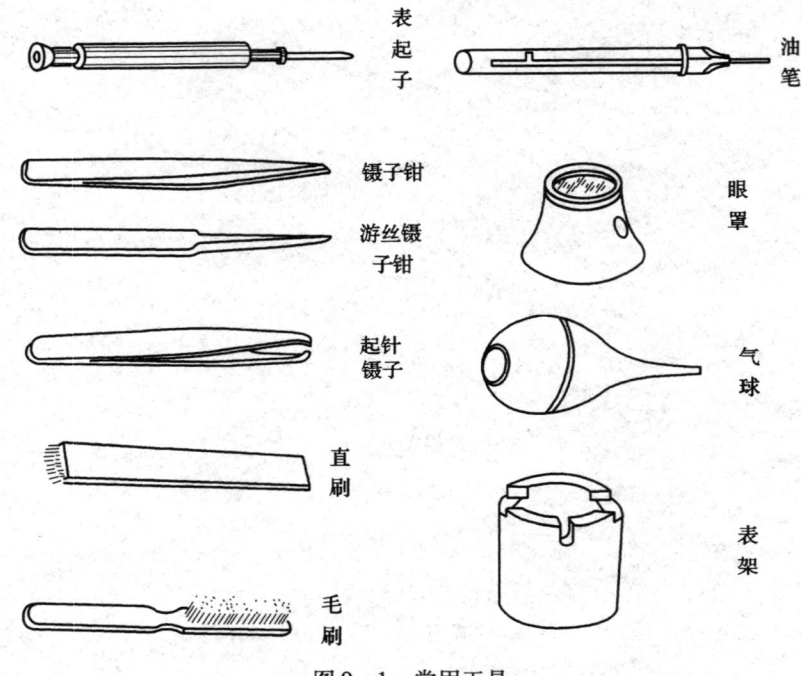

图9-1 常用工具

表起子和镊子钳的正确使用要求如图9-2、图9-3所示。

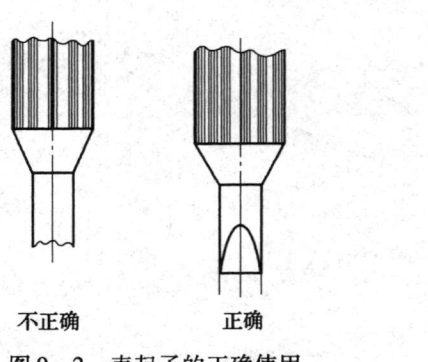

图9-2 表起子的正确使用

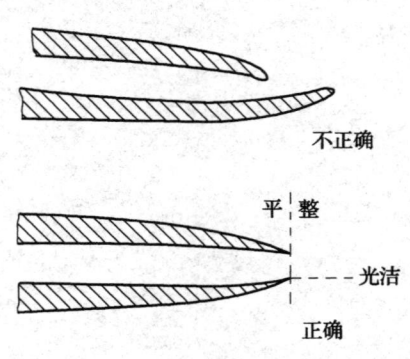

图9-3 镊子钳的正确使用

第二节　典型机械手表零部件名称和装配位置

如前所述，机械手表按"二轮"的平面配置，可以分为两大类，即中心二轮式和偏二轮式，图9-4是中心二轮式SZ1型统机手表机芯零部件名称和装配位置图。图9-5是偏二轮式SM1型手表机芯零部件名称和装配位置图。

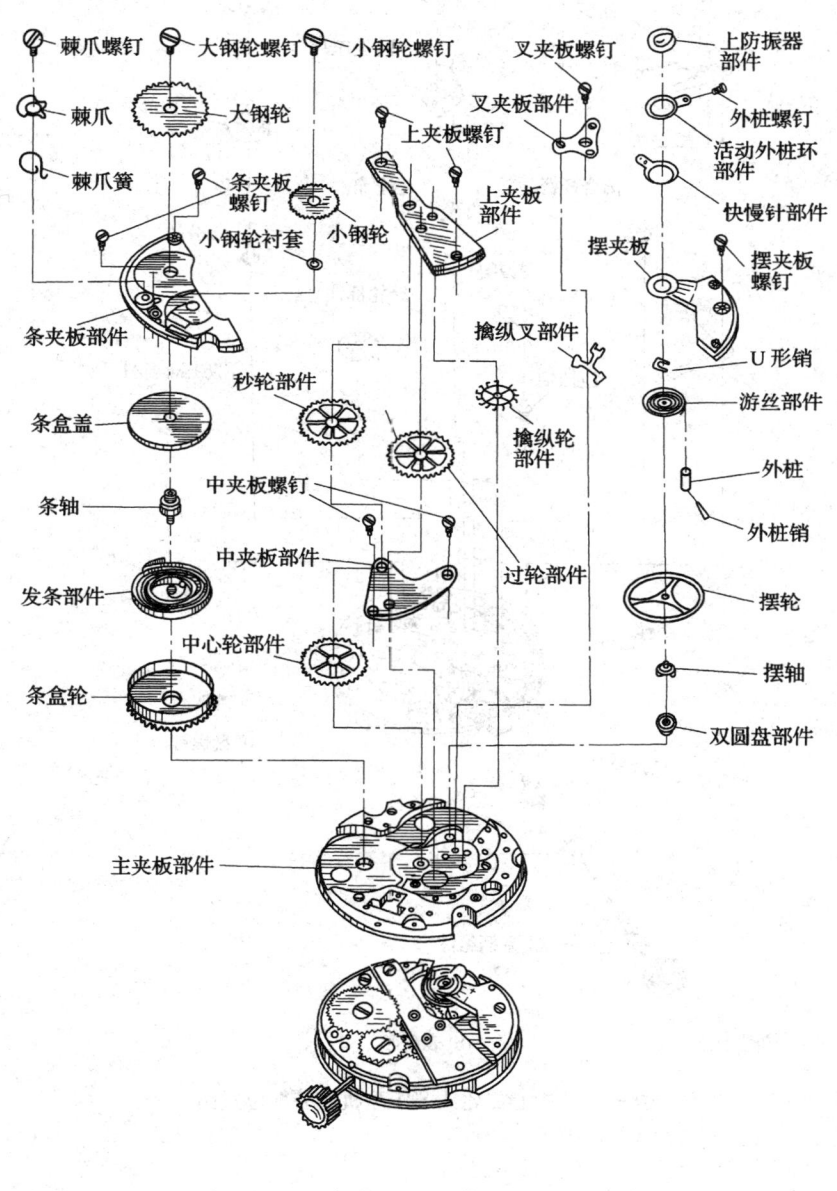

(a) 装配面

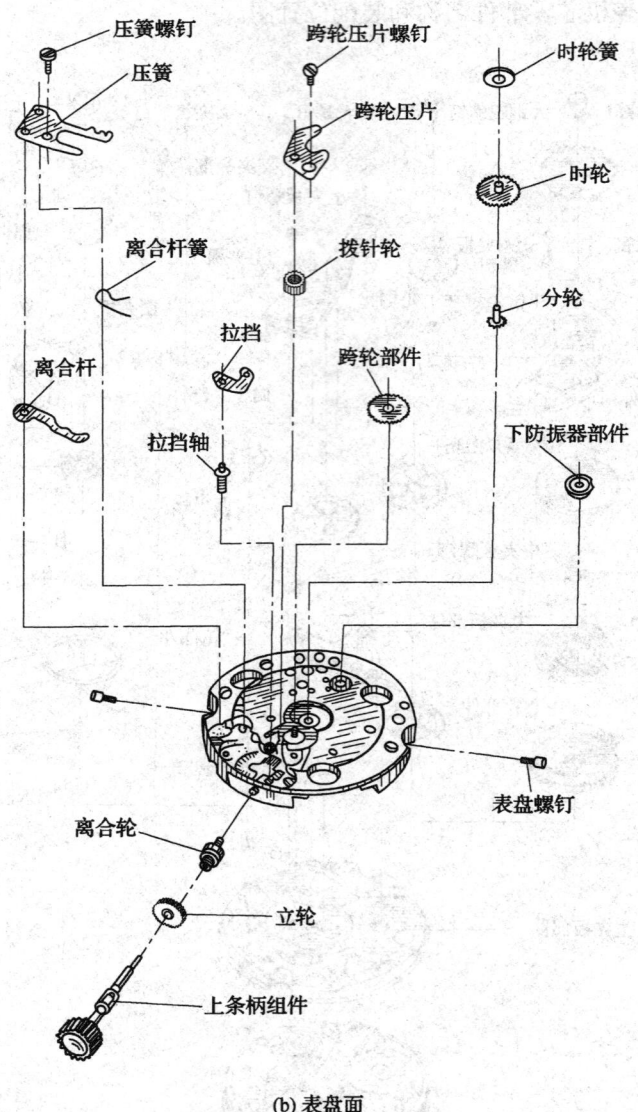

(b) 表盘面

图 9-4 中心二轮式 SZ1 型机芯装配位置图

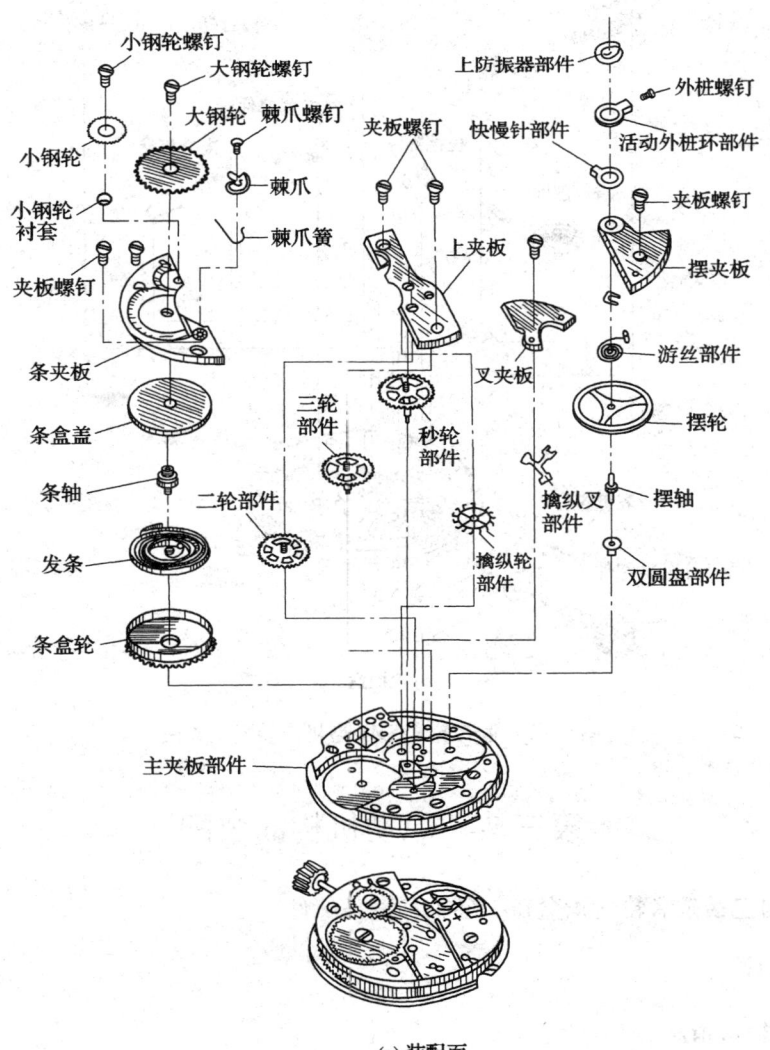

(a) 装配面

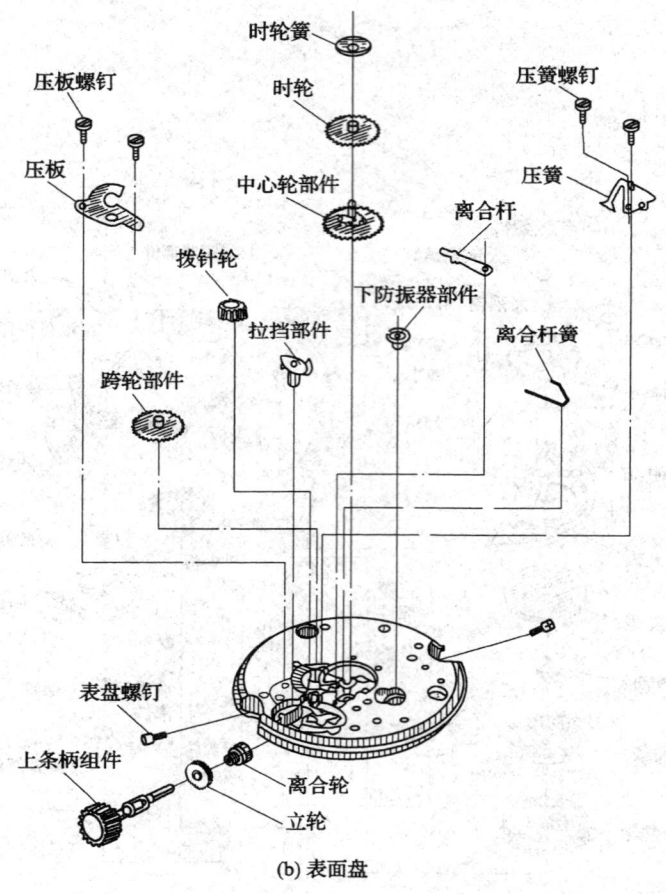

(b) 表面盘

图 9-5 偏二轮式 SM1 型机芯装配位置图

第三节 原动机构的装配

原动机构包括条盒轮、条盒盖、条轴和发条部件。

一、装配程序

1. 发条装入条盒

其装入方法一般有三种：

第一种方法，用小压床将盘好的发条压入条盒，这种方法适用于装配流水线，速度快，但它需要小压床及事先盘好发条。

第二种方法，用盘条器将散装发条盘入条盒，它适用于未盘好的散装发条。

第三种方法，用手工将发条盘入条盒，此方法适用于钟表维修。

2. 条轴装入条盒轮

装条轴时首先注意发条旋向，应使条轴钩向着卷紧发条的方向，使条轴略为倾斜，借以撑开发条内圈，使条轴塞入，当条轴装入条盒轮中心孔时，条轴要垂直，以免擦伤孔壁。

3. 条盒盖装入条盒

装配时将条盒盖的中心孔套在条轴的上榫上，用镊子钳夹住条盒轮和条盒盖，使盒和盖揿平，并转动条盒轮2~4次，在不同部位再次揿平，但要注意不能用力过猛，以免条盒盖变形。

二、装配技术要求

（1）发条与条轴内钩和条盒轮与发条外钩不得脱落。

（2）条轴在条盒组件中的轴向间隙要求如表9-1所示。

表9-1　　　　　条轴在条盒组件中的轴向间隙

机芯型号	轴向间隙（mm）
SZ1	0.02~0.05
SM1	0.01~0.055
ST5	0.01~0.03

（3）轴向间隙若不合适，允许用压床使条盒盖稍许变形来调节轴向间隙，但不得用力过猛，以免造成不平。

三、质量检验

1. 100%检验

（1）条轴轴向间隙；

（2）发条挂钩质量；

（3）发条不锈、无磁。

2. 5%抽检

（1）发条内圈直径；

（2）最大输出力矩；

（3）工作24小时输出力距；

（4）工作圈数。

发条的各种参数如表9-2所示。

表9-2　　　　　发条参数

机芯型号 \ 发条参数	满条输出力矩 M_{max}（g·mm）	24小时后输出力矩 M_2（g·mm）	力矩误差 ΔM（g·mm）	发条工作圈数（圈）
SZ1	950	≥700	≤200	≥7.5
SM1	1000	≥780	≤150	≥7.5
ST5	1050	≥740	≤240	≥6

第四节　上条拨针机构的装配

一、装配程序（以 SZ1 统机机芯为例）

(1) 立轮、离合轮放入主夹板表盘面的 T 形槽内，并插入柄轴；
(2) 装拉挡轴、拉挡；
(3) 装离合杆、离合杆簧；
(4) 装压簧，拧紧压簧螺钉；
(5) 装拨针轮、跨轮和跨轮压片，拧紧跨轮压片螺钉。

二、技术要求

(1) 离合杆与拉挡工作面紧靠，拉挡顶推离合杆灵活轻松、可靠；
(2) 压簧短臂压住拉挡，长臂的双凹槽钩住拉挡钉，并啮合可靠，工作灵活；
(3) 跨轮、拨针轮轴向间隙如表 9-3 所示；

表 9-3　　　　　　　跨轮、拨针轮轴向间隙

轴向间隙 机芯型号	跨轮部件（mm）	拨针轮（mm）
SZ1	0.02～0.07	0.03～0.07
SM1	0.02～0.10	0.01～0.07
ST6	0.01～0.07	0.01～0.07

(4) 跨轮片端面跳动不大于 0.02mm；
(5) 用气球可以吹转跨轮、拨针轮；
(6) 当跨轮部件轴向间隙不适宜时，允许弯曲跨轮压片作适当调节；
(7) 压簧长臂与拉挡钉啮合处要加传动表油，跨轮部件和跨轮柱之间要点传动表油，但不能过多；
(8) 拉动柄轴拨针时，要平稳、轻松，无杂音。

三、质量检验

(1) 推拉柄轴：离合轮动作可靠、活络、柄轴不得脱落；
(2) 拉出柄轴：拨针时手感适宜，旋转均匀；
(3) 推进柄轴：用气球吹转跨轮、拨针轮、转动轻松、灵活，用手空转柄轴不得有异常阻力；
(4) 跨轮齿形完整，不得有可见划伤；
(5) 跨轮、拨针轮轴向间隙适当；
(6) 所有螺钉必须拧紧，螺钉口不得翻毛，各零部件不得有锈点。

第五节 传动轮系的装配

一、中心二轮式传动轮系装配程序

装中心轮→装分轮→装过轮→装秒轮→装擒纵轮→装条盒轮

1. 装中心轮
（1）在中心轮上、下轴颈处点油，在轮轴倒锥面点油；
（2）装中心轮；
（3）装中夹板，拧紧螺钉。

2. 装分轮
（1）从机芯表盘面将分轮套在中心轮轴上；
（2）撤下分轮，并注意防止压伤跨轮片轮齿。

3. 装过轮、秒轮、擒纵轮
（1）从机芯装配面装擒纵轮，注意擒纵轮下轴榫要装入宝石孔；
（2）装过轮；
（3）在秒轴的油槽点油；
（4）装秒轮；
（5）装上夹板，注意先将上夹板两个位钉孔对准主夹板的位钉管，并使过轮、秒轮、擒纵轮的上轴榫逐一进入上夹板的轴承宝石孔，并拧紧螺钉。

4. 装条盒轮组件
（1）将条盒轮组件下榫装入主夹板轴孔；
（2）在条轴上轴榫肩上点油；
（3）装条夹板，拧紧螺钉；
（4）装大钢轮，注意方孔对正条轴的方榫，与小钢轮齿及棘爪啮合好，拧紧大钢轮螺钉。

偏二轮式传动轮系装配程序与中心二轮式传动轮系装配程序大体一致，只是偏二轮式传动轮系没有中夹板，所以，也就没有中夹板的装配步骤。但由于分轮片与分轮轴之间的配合是动配合，所以此处要求润滑，同时，也正由于少了一块中夹板，在装上夹板时就需要将二轮、过轮（三轮）、秒轮、擒纵轮 4 个齿轮的上轴榫同时对准各自的宝石孔，再装上上夹板。分轮在装配上条拨针系统时已装好，所以偏二轮式结构主传动轮系装配只有两部分，即二轮、过轮、秒轮、擒纵轮部件的装配和条盒轮组件的装配。

二、传动轮系装配技术要求

（1）轮片与齿轴的装配啮合位置一般掌握在轴齿高度的 $\frac{1}{3} \sim \frac{2}{3}$ 处为宜，如图 9-6 所示。

（2）各轮轮片的端面跳动一般要求不大于 0.02mm。

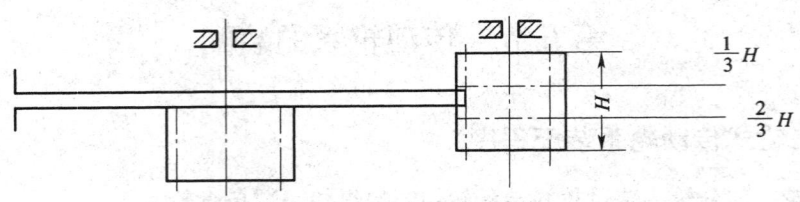

图 9-6 轮片与齿轴啮合位置

(3) 主传动轮系各轴轴向间隙如表 9-4 所示。

表 9-4　　　　　　　　　主传动轮系各轴轴向间隙　　　　　　　　　单位：mm

轴向间隙＼名称＼机芯型号	中心轮	过轮	秒轮	擒纵轮	二轮	三轮
SZ1	0.02~0.05	0.02~0.05	0.02~0.05	0.02~0.04		
SM1			0.02~0.07	0.01~0.05	0.01~0.05	0.01~0.05
ST6			0.01~0.05	0.01~0.05	0.01~0.05	0.01~0.05

(4) 在装好中心轮、分轮后，必须能用气球吹转。

(5) 轮系传动应灵活平稳。

(6) 零部件表面不得有碰伤、划痕等缺陷，同一轮片应色泽均匀一致。

(7) 大钢轮与棘爪，大钢轮与小钢轮的啮合应平衡可靠。

(8) 小钢轮与立轮的啮合深度应适宜。

三、装配质量检验

由于擒纵轮的转速在轮系中是最高的，为防止擒纵轮轴磨损，在检验轮系装配的质量之前，应该先给擒纵轮上下钻孔点传动表油。

(1) 检查各轮轴轴向间隙是否适宜（包括条轴在条盒轮中的轴向间隙）。

(2) 检查传动质量。

(a) 稍上一两把发条，当发条力矩作用结束的瞬间，秒轮回转不得少于 1/4 圈，这俗称"回弦"。由于发条装在条盒里，它的最里面的一圈（俗称条心）不可能与条盒轮孔完全同心，所以当上紧的发条完成放松后的一瞬间，条盒轮产生一个不大的反作用力，如果传动轮系工作灵活，那么，这个反作用力是可以使轮系旋转起来。如果条心与条盒轮孔同心情况很好，即使传动灵活性很好，也可能很少"回弦"或不产生"回弦"。

(b) 在发条力矩作用过程中，轮系不得有影响机芯质量的杂音。机芯稍稍上紧发条（一般是柄头旋转一圈多一点），轮系传动应活络（一般情况不放开柄头），这说明传动质量高。否则，就会出现杂音或哆嗦。

(c) 抽验上满发条至放弦结束瞬间的放弦时间，一般不超过 30s。放弦时间越短，说明传动轮系所受阻力越小，传动的效率就越高。反之，传动的效率越低。

（3）检查各轮片的端面跳动不大于 0.02mm，各轮片间的间隙应该适当。
（4）检查分轮与中心轮配合松紧是否适宜，上条拨针机构工作是否灵活可靠。
（5）检查秒轮轴与中心轮孔（或中心管孔）的同轴度应不大于 0.03mm。
（6）零部件表面不得有不洁、手印、划伤、腐蚀等缺陷。

第六节　擒纵机构的装配

一、擒纵机构的装配程序与注意事项

1. 擒纵机构的零部件装配

擒纵机构的零部件主要有双圆盘部件、擒纵叉部件和擒纵轮部件，由于擒纵轮部件已在传动轮系中装好，而双圆盘又是固装在摆轴上的，所以，擒纵机构只需要装配擒纵叉部件。它的装配程序如下：

（1）擒纵叉下榫装入主夹板宝石孔；
（2）装叉夹板；
（3）拧紧螺钉。

2. 装配过程中的注意事项

（1）擒纵叉轴向间隙一般在 0.01～0.03mm 之间，检测时只要用镊子钳轻轻地夹持叉身，感到上下有微微活动量即可。若间隙不合适，可以调换叉夹板或擒纵叉，或调整上、下钻的高度。

（2）叉头高低应适宜。叉头过高，擒纵叉身易擦冲击圆盘，叉头过低，叉头钉易擦下防振器，图 9-7（a）所示为正确位置，图 9-7（b）所示为不正确位置。

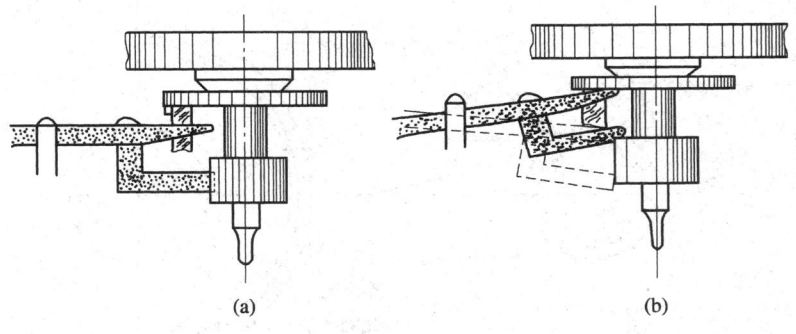

图 9-7　叉头的高低

（3）擒纵叉上下钻处不点油，在叉瓦的锁面点微量的油（或点在冲面上）。

擒纵叉上、下钻不能加油是因为擒纵叉本身的惯量很小，工作时不是旋转运动，而是一种转角很小的往复运动（叉升角一般仅 12°左右），如果加入表油，反而会形成一定的粘附作用而降低机构的效率。

叉瓦上加油，无论是冲面或者锁面，都没有储油的油槽，要求润滑面上的表油不流散是较为困难的，为此，人们提出了不少解决擒纵机构润滑的新方法，例如，油膜润滑、叉瓦微孔储油等。

目前,国内各手表厂使用的擒纵机构表油型号多为921,也有使用9010的。

二、装配技术要求

表9-5　　　　　　　　　全锁值和保险间隙

机芯型号	全锁值（mm）	保险间隙（mm）
SZ1	0.09~0.11	0.03~0.07
SM1	0.08~0.10	0.03~0.05
ST6	0.075~0.085	0.04~0.055

（1）全锁值和保险间隙的要求,具体数值如表9-5所示。
（2）擒纵轮轮齿冲面,应在叉瓦厚度的中部。
（3）擒纵叉的叉身应与叉轴垂直。
（4）叉口应在圆盘钉高度的中间,叉头既不碰擦冲击圆盘,也不碰擦保险盘。
（5）叉头钉应在保险盘中部,绝不许超越保险盘下面,更不许擦主夹板。

三、装配质量检验

检验全锁值和检验保险间隙
（1）投影检验。采用20~50倍投影仪,按选定倍数将全锁值和保险间隙的公差带画在玻璃样板上,让擒纵轮齿、叉瓦、叉头钉的影像落在样板给出的公差带范围内,图9-8所示为统机SZ手表擒纵机构玻璃样板图。

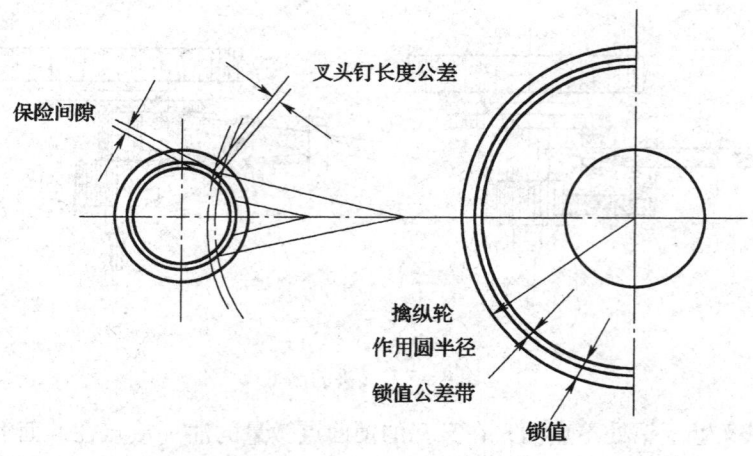

图9-8　保险间隙、锁值公差带样板

若保险间隙超差,可用专用工具拨动限位钉,使叉头钉与保险盘的间隙在样板公差带内。对锁值超差的按超差值的大小分档,然后,凭经验统一由手工调整叉瓦。具体方法:首先使擒纵叉加温（酒精灯或专用的加温器）,使虫胶软化后,再用镊子钳夹住推进或拉出叉瓦,并与叉身保持平整,冷却后便能胶牢。

（2）手工检验。除用投影仪外，还可凭经验估测保险间隙和全锁值。

① 保险间隙　先把摆轮转到左（或右）极限位置，左手拇指轻轻按住摆轮轮缘，不让摆轮转动。右手用镊子钳拨动摆轮轮幅，叉身就会微微摆动。根据叉身摆动的幅度，就可凭经验判断此时保险间隙的大小。

② 全锁值　全锁值的大小可以用观察擒纵轮齿尖落在叉瓦冲面的位置来判断。当擒纵轮脱离叉瓦锁面，在发条力矩作用下，一下子冲落到叉瓦冲面上时，用镊子钳钳住擒纵轮，观察擒纵轮齿尖位置。齿尖一般应落在叉瓦冲面长度的 1/3~1/2 之间，若小于 1/3，全锁值过大；若大于 1/2，则全锁值过小。

除了检验全锁值和保险间隙之外，还应检验擒纵叉的轴向间隙，进、出瓦的质量，叉瓦的平整和清洁。

第七节　摆轮游丝系统的装配

一、摆轮游丝系统装配程序

摆轮游丝系统装配程序如下：

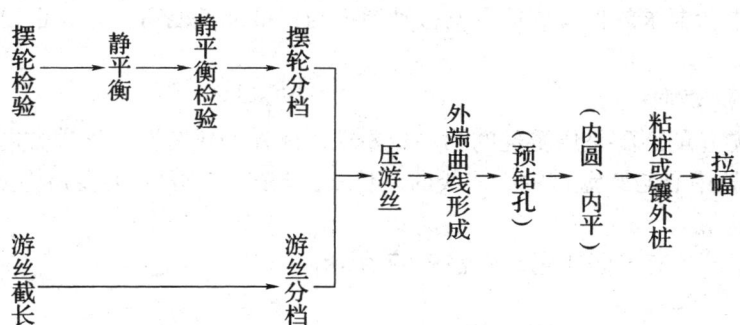

二、技术要求

1. 摆轮检验要求

（1）摆轮端面跳动不大于 0.02mm；

（2）保险圆盘径向跳动不大于 0.01mm，圆盘钉不垂直度不大于 0.01mm；

（3）轴尖不得弯曲、生锈或碰伤，距轴颈 2/3 一段内不得有划痕，轴颈端面应平整，轴颈圆弧 R 应小于 0.01~0.03mm；

（4）摆轮不得有斑点、波纹及粗糙度高等现象。

2. 静平衡要求

允许不平衡量一般不超过 $8\mu g \cdot mm$。

3. 游丝截长要求

游丝圈数和卷进角应满足设计要求，而且不得破坏游丝的螺距和平面度。

截长后的游丝可在投影仪上用玻璃样板抽验其圈数和工艺卷进角，几种国产手表圈数和卷进角如表 9-6 所示。

表 9-6　　　　　　　　　国产手表圈数和卷进角

机芯型号	工艺卷进角
SZ1	13 圈 50° ±45°
SM1	13 圈 85° ±15°
ST6	13 圈 60° ±115°

4. 摆轮分档要求

摆轮按转动惯量不同，在摆轮分档仪上进行分档，国内各厂一般采用 20 档。

5. 游丝分档要求

游丝按游丝刚度不同，在游丝分档仪上进行分档，其最大值和最小值通过装表试验来确定，亦即将最小档次和最大档次的摆轮分别配上游丝，用改变长度的方法，保证装表后的快慢合格。然后再把快慢合格的游丝取下来，在游丝分档仪上测出它们的数值，并将其数值之差除以 20 获得档距。

6. 摆轮、游丝匹配要求

将分档后档号相对应的摆轮与游丝配合在一起，即转动惯量大的摆轮与刚度大的游丝相配，就能获得所要求的振动周期，此振动周期与标准周期略有出入，但已可以通过快慢针来进行调整。

7. 压游丝的要求

上述摆轮游丝的匹配是压游丝的第一步要求，此外，还有游丝外端方向的要求，如图 9-9 所示。摆轮中心与圆盘钉中心连线的延长线，与外桩径向线的夹角为 α，α 角为消除偏振后的外桩位置。

不同机芯，α 角有不同要求，如表 9-7 所示。

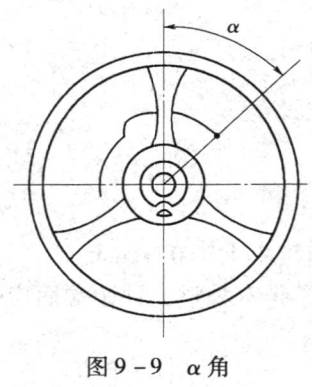

图 9-9　α 角

表 9-7　　　　α 角

机芯型号	α 角
SZ1	47° ±6°
SM1	149° ±10°
ST	65° ±5°

压游丝时还要注意不要引起摆轮变形，以免破坏摆轮的平衡。

游丝内桩与摆轴托台要有一定的轴向间隙，以利拆卸。但此间隙不能过大，以免游丝与其他零件相擦。

8. 外端曲线形成要求

在打弯仪上一次形成外端曲线，外端曲线有两种，一种如图 9-10 所示，又称"双

S"曲线,另一种如图 9-11 所示,又称"单 S"曲线。

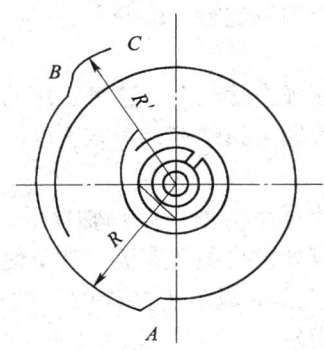
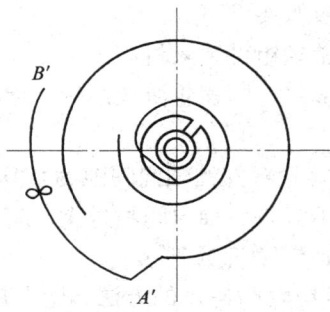

图 9-10 外端"双 S"曲线（双弯）　　图 9-11 外端"单 S"曲线（单弯）

工艺上必须使得 AB 的半径为 R，BC 为 R'，以保证游丝不产生偏心，并在快慢针内外夹中均匀荡框。

已成型的游丝各圈应在平行于内桩端面的同一平面内。

9. 打预钻孔要求

对带开口的圆内桩,开口弹性槽造成了摆轮游丝系统的不平衡。为了减少这种影响,在内桩弹性槽对面的摆轮轮缘侧面上,用钻头钻一个小孔,使摆轮去掉一部分质量。钻孔的深浅视摆轮大小而定,摆轮越小,钻孔越深;反之钻孔则浅,钻削量大小要通过试验确定。

10. 内圆内平要求

游丝形状为阿基米德螺线,游丝内端应在游丝阿基米德螺线中心。然而,由于有内桩存在,内端曲线使游丝中心偏离阿基米德螺线中心。由第三章可知,游丝偏心量为 0.02mm 时,手表可能产生最大日差为 13s。为了消除和减少这种影响,应对游丝内端曲线进行修整,简称内圆修整,游丝几何中心与摆轴中心的同轴度偏差一般要求不大于 0.03mm。

游丝内端曲线各圈应在同一平面内且与内桩上平面平行,简称"内平"。

内圆内平的调整:内圆内平的调整又称修圆调平,一般是先修内不圆,后调内不平。

修内不圆是以内桩外圆为基准,调内框第一框的偏心,镊子钳夹在游丝内端引出处 5°~15°的范围内,根据偏心程度拨开或拨拢,使内端起点到第一框终点的 360°内曲线保持阿基米德螺线的形状,每转过 90°,半径向外扩展 1/4 螺矩,如图 9-12 所示。

调游丝内不平,也是对游丝第一框而言,是使其与内桩上平面平行。而游丝各圈应在同一平面内并与摆轮轮缘平行,若游丝第一框不与内桩上平面平行,则用镊子钳揿或抬内端引出处 15°~30°的范围内游丝,但调平时不得破坏圆度。

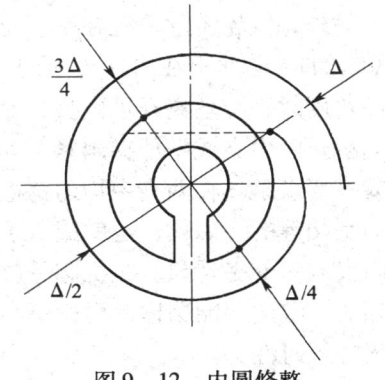

图 9-12 内圆修整

当装摆之后，可上几把发条，让游丝工作，观察靠外四圈，必须展缩均匀，不允许波浪抖动及倾斜，如抖动过大，必须卸下摆轮，再对游丝内框进行修圆调平。

11. 拉幅要求

摆轮游丝组件装入机芯的工序，习惯称为拉幅工序或搭摆工序。这道工序的任务，是把摆夹板部件连同摆轮游丝组件一起装入机芯，然后拧紧夹板螺钉，对该工序的操作有以下要求：

（1）摆轮部件的轴向间隙为 0.02~0.04mm。间隙过小会增加摆轴轴榫的运动阻力，使摆轮摆不起来。轴向间隙过大，有可能使摆轮轮缘擦外桩或擦叉夹板，甚至使圆盘钉与擒纵叉喇叭口脱开或造成停摆。轴向间隙的调整可以采用调整主夹板的下防振器位置（不允许带摆轮调整）的方法，也可以用挤坑的方法调整。

（2）摆轮轮缘的端面跳动不大于 0.02mm，端面跳动过大，破坏了摆轮组件的平衡，影响手表的走时精度。

（3）游丝内圆同轴度，一般要求不大于 0.03mm（三角内桩一般不大于 0.02mm）。由于安装造成的外圆偏心一般不大于 0.08mm。

当游丝外圆偏心过大时，装入机芯，可以看出游丝最外面的三四圈螺距是不均匀的。在同样的偏移距离下，最好让游丝往里偏（偏向秒轮部件），而不要往外偏，以免使游丝擦外桩。外圆偏心是由游丝外端曲线成型工序和粘桩工序操作不当造成的。

（4）游丝在内外夹（双内夹）中的间隙要均匀，约为游丝厚度的 1.5 倍，并且在两夹中间均匀荡框。我们知道对于同一个摆轮，游丝工作长度缩短，周期缩小，手表走快；工作长度增大，周期增大，手表走慢。而游丝夹的作用就是拨动快慢针来改变游丝的实际工作长度。游丝贴在内夹（或外夹）上，相当于游丝工作长度缩短，手表走快。游丝在中间位置，相当于游丝变长，手表走慢，显然，摆幅大时，游丝贴内外夹的时间长；摆幅小时游丝贴内外夹的时间短。这样，游丝均匀荡框会使手表在小摆幅时走慢。内外夹间隙越大，游丝在两夹中间的时间越大，对等时性的影响就越大。为减少快慢针对等时性的影响，应尽量减少这一间隙。然而间隙小了，操作困难，从而降低了劳动生产率。例如，SZ1、SM1 型机芯是选择高摆幅（大于 220°）下校表检验，两夹间隙若过小，游丝可能被夹住，在拨动快慢针时，很容易破坏游丝外端曲线形状。实践证明，两夹间隙约为游丝厚度的 1.5 倍较为适宜。

另外，摆轮游丝系统在平衡位置时，游丝应该处在两夹中间位置。此时，游丝起跳角为 0°。如果游丝不在内外夹中间，而是贴内夹或贴外夹，那么，旋转摆轮，当摆轮转到某一角度时，游丝离开了内夹（或外夹），摆轮所转过的角度叫作起跳角。起跳角越大，说明游丝贴内夹或贴外夹越紧，均匀荡框情况越差。摆轮的起跳角一般控制在 70°以内，也就是要求游丝在两夹中均匀荡框。均匀荡框的游丝在展缩时，内外夹对实际工作长度的影响是相等的。因此，也就减少了对手表等时性的影响。如果起跳角偏大，会使游丝出现弹内夹或弹外夹现象。在机芯平放时，此现象对等时性影响不大，可是，当机芯立放时，摆幅大，游丝还能荡框，而摆幅小，游丝就贴在内夹或外夹上，使手表走快，这就破坏了手表的等时性。

（5）快慢针与活动外桩环的夹角应在 40°~80°范围内。这是由于快慢针的作用是改变游丝的实际工作长度,调整走时的快慢。所以快慢针距离活动外桩环越远,调节范围越大,对实际工作长度的影响越大,对摆轮游丝系统的周期的影响也越大。尤其当游丝夹间隙过大时,这种影响就更加明显。因此,快慢针到外桩的距离越小对走时越有利。为了使快慢针有一定的转动范围和便于操作,快慢针又不宜距外桩太近,所以一般控制在40°~80°之间。

(6)游丝各圈应在平行于摆轮平面,即垂直于摆轴的同一平面内。

三、机芯校表检验

机芯校表检验是用校表仪来测定机芯在各位置的走时日差(即瞬时日差)。

机芯校表时选择的摆幅大小是根据各表厂的具体情况确定的,SZ1、SM1型机芯是选择高摆幅(大于220°)下校表检验,ST5机芯是选择低摆幅(小于220°)下校表检验。检验时,一般要求对机芯的6个不同位置进行检验,校表检验的具体条件及标准见表9-8所示。

表9-8　　　　　　　　几种机芯校表条件及标准

机芯型号	校表时摆幅	校表位置	日差(s)	位差(s)
ST5	低摆幅	面上、面下 柄上、柄下、柄右、柄左	0 ~ +15	≤15
SZ1	高摆幅	面上、面下 柄上、柄下、柄左、柄右、	+10 ~ +15 -10 ~ +15	≤15
SM1	高摆幅	面上、面下 柄上、柄下、柄右、柄左、	+5 ~ +15 0 ~ +15	≤10

为了得到准确的校表摆幅,给动平衡调整提供可靠的依据,必须准确地掌握上条圈数,以达到所要求的摆幅值。最理想的方法是用摆幅仪来测量摆幅值。但在大量生产中,测摆幅效率很低。因此,对同一种型号的机芯采用控制上条圈数的方法来控制摆幅值。例如:

(1) SZ1机芯在高摆幅下校表,上条圈数为满条后走时15~30min,其摆幅值基本上能达到270°左右。

(2) ST5机芯在低摆幅下校表,要求摆幅值为180°~220°,上条圈数为条轴转1.5圈,此时摆幅能基本满足校表要求。

手工上条是控制摆幅值的一种常用的方法,但往往因人而异,极不稳定。采用上条器上条是一种较好的方法,它能自动控制上条圈数。当达到所要求的上条圈数时,立刻自动停止上条,这样,就可以准确地得到所需要的上条圈数,保证校表时音迹线条能准确地反映出机芯存在的问题。

此外,校表时还要注意:

(1)机芯校表检验,拨动快慢针或活动外桩时,快慢针与活动外桩夹角应保持在

$40°\sim80°$范围内,超出范围为不合格。

（2）每个位置的校表时间不宜过短，以免由于位置的变换，尤其是由水平位置变换到垂直位置时，机芯摆幅变化较大，当摆幅还没有稳定下来时校表，校表记录的音迹线条是不准确的。所以，各个位置校表时间一般掌握在30s左右。

（3）校表仪记录下的两排音迹线条，分别表示摆轮游丝振动的两个半周期的走时状况。如果两个半周期相等，所记录的音迹线条几乎是一条线。在不影响机芯走时的情况下，一般要求音迹线条的间距小于或等于1mm。

四、动平衡调整

1. 调整方法

首先将带摆轮游丝系统的摆夹板从机芯上取下来，然后根据机芯四个垂直位置校表记录的音迹线条的快慢，从调整方位示意图上找出摆轮游丝系统的偏心方位，用钻头在摆轮轮缘的相应部位钻削掉一部分。低摆幅调整是在摆轮相应机芯走慢的部位钻削，而高摆幅调整则在相反的部位钻削。钻削量的多少是根据机芯走慢（或走快）的程度，凭经验来决定的。因比，往往需要反复钻削多次，才能消除位差，但注意钻削孔最多不得超过3个。

2. 注意事项

（1）在进行调整操作前，一定要全面检查摆轮游丝系统的装配质量，如有不符合工艺要求处，则首先应对摆轮游丝系统进行修整，使其达到工艺要求，再重新进行机芯校表，然后根据校表记录的音迹线条进行调整操作，以便全面保证机芯的走时质量。

（2）根据音迹线条，准确地判断机芯发生故障的部位。属于摆轮游丝系统的不平衡造成的位差可按调整方法示意图进行钻削调整。属于其他故障造成的位差，则应区别对待。如当擒纵机构保险间隙过小时，音迹线条可能显示出很大的位差。又如机芯不洁或有布毛擦摆轮轮缘，音迹线条也有可能显示出位差来。这两种情况，切不可采用钻削摆轮轮缘的方法进行调整，而要仔细分析，准确判断，采取相应的措施排除故障。

（3）在钻削摆轮轮缘时，摆轮要拿稳，放平，并防止钻头打滑，以免损伤摆轮或游丝。钻削孔最多不得超过3个，钻削一定要准确、仔细，切不可将铜屑掉入机芯。

（4）有的机芯可能需要进行多次调整，在反复调整的过程中，均不得破坏摆轮游丝组件的装配质量，尤其是游丝的圆度、平面度、起跳角等。

五、摆轮游丝系统的润滑

摆轴轴承的点油方法有两种：

第一种是在装摆轮游丝组件之前用油笔将表油直接点到防振器的托钻上。这种点油方法效率高，操作简便，容易掌握。但稍不注意，防振座孔的周围容易沾上表油，不利于摆轴及轴承的清洁，影响长期润滑效果，从而影响手表的长期稳定性。

第二种是先取下防振器的防振碗和托钻，用油笔将油点在托钻的平面上，然后用镊子将防振碗扣在托钻上，再一同装入防振座中。用这种方法点油，表油不易流散，对手表的长期稳定性有利，但生产效率比较低，并且要求操作者有熟练的技术。

摆轴轴承油量的大小一般掌握油珠直径为托钻直径的 $1/3 \sim 1/2$ 为宜，如图 9-13 所示。

点油时要细心，摆轮游丝上不得沾有表油，即使沾上极微量的表油，也会影响游丝的同心展缩，或使游丝粘连在一起，直接影响振动周期，使表的快慢发生激烈的变化。

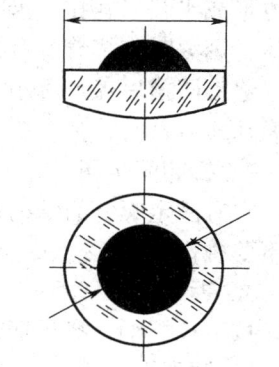

图 9-13 摆托钻油量示意图

六、周期的调节

游丝截长，摆轮和游丝分档，是周期粗调，为了达到精度要求，还要进一步调整快慢针，一般调整范围为 $10 \sim 15 \text{min}$。拨动快慢针时，动作不要太猛，以免破坏游丝的外端曲线的形状。

七、机芯检验

机芯检验是机芯装配质量的总把关工序，对成品表质量的好坏起着重要的作用。

机芯检验的重点是检验摆轮游丝组件的装配质量及点油的质量，具体项目如下：

（1）游丝在内外夹中均匀荡框，起跳角应满足工艺要求，一般要求小于或等于 $70°$。

（2）内外夹间隙或双内夹间隙最好为游丝厚度的 1.5 倍。

（3）游丝外端曲线与游丝外圈第二圈，不可有明显可见的不同心。

（4）摆轮上下钻的油量应适宜，油珠直径一般为摆托钻直径的 $1/3 \sim 1/2$，并不得有流散，不洁等现象。

（5）叉瓦油量应适宜，叉瓦冲面、锁面、擒纵轮齿的冲面上应有可见的油迹，而非工作面不得有油。

其他综合检验项目有：

（1）各润滑部位（传动轮系上下钻油穴以及上条拨针等部位）油量适宜。

（2）机芯各部位不得有布毛、脏物等不洁现象。

（3）螺钉不得翻口，夹板不得有划伤，宝石轴承不得碎裂，零部件不得有锈迹等。

第八节　机械手表的拆卸、清洗与加油

一、拆卸

1. 打开后盖

利用专用扳手，打开后盖。遇有较紧的后盖，可利用固定开表座，配以万能开表匙，

以方形或半圆形轧扣，卡装后盖的棱边，并适当调紧。然后，一手压紧开表匙，一手扳动手柄，用力时应沉着、缓慢、防止滑脱，损伤棱边。

遇有凹槽后盖，万用开表匙可换用圆形轧扣，或直接利用镀克开表匙。遇有盒式后盖或掀动式后盖时，多有明显的撬口，用刀片撬开。

2. 拆卸固定圈

在有固定螺钉的结构中，先拧出两个固机螺钉，再撬动固机圈，平稳地把它取出，注意不要碰伤摆轮。

3. 拆卸柄轴

按下拉挡轴，拔出柄轴，注意不可推得过分，以免损伤杂件。

4. 卸表壳

把表架的上平面与表机装配面贴紧，连同手表，表架轻轻地翻转180°，取下壳体，使表机放在表架上，注意不要碰伤表盘。

5. 重装柄轴

柄轴立即重新装入机芯内，复验拉、推柄轴应正常。

6. 拆秒、分针

用起针镊子分别先后夹住秒针、分针逐一取下。若无起针器，也可用长柄刀片与小号表起子配合，将针撬下。在撬针前，先在表盘上垫放开有V形口的薄纸或针上盖以丝绸，以防损伤表盘。操作时，两手要同时夹固机芯，施力要均衡，并选好着力点。防止滑脱。

7. 拆时针

有两种方法：

（1）在时针和表盘间衬一张拷贝纸，用起针镊子稳妥地夹取时针，切忌碰伤表盘；

（2）时针和表盘一起取下后，在其中间同样衬拷贝纸，用锥形柳木棒捅下时轮，使它与时针分离，时轮簧应随即放好。

如果不带日历，不取时针也可以，但在装表盘时，必须使时轮与跨轮啮合好后再拧紧表盘螺钉。

8. 拆表盘

拧松主夹板侧面的两个表盘螺钉（不要拧出表盘螺钉），用表起子轻轻撬动表盘与主夹板的接触面，然后取下表盘，表盘的正面朝上放，注意手指只能接触表盘的四周，不准接触表盘的正面。

9. 拆下时轮和时轮簧

最后取下时轮和时轮簧，放好。

10. 释放发条力矩

手表返修时，有的发条没有完全松开，必须释放发条力矩。一只手夹住柄轴，往上弦方向微转，一只手用镊子轻轻拨开大钢轮旁的棘爪，夹住柄轴的那只手轻轻放松柄轴。在发条力矩作用下，柄轴会朝上条相反方向旋转释放发条力矩直至不转，发条力矩完全放尽为止。注意镊子钳不要划伤夹板，拨棘爪用力不要太猛，以免损伤零部件。

11. 拆摆夹板及摆轮游丝组件

松开并取下摆夹板螺钉，用表起子轻轻撬开摆夹板与主夹板的接触面，把摆轮游丝组件连同摆夹板一起取下，摆夹板在下面，摆轮游丝组件在上面放好。要注意，取摆夹板时不可用力过猛，以免损伤游丝，更不可以损伤游丝的平面度及摆轴。

12. 拆叉夹板及擒纵叉

首先用镊子轻轻拨动擒纵叉，检验发条力矩是否完全释放了。确认后，松开并取下叉夹板螺钉，用表起子轻轻撬开叉夹板与主夹板的接触面，取下叉夹板，再取下擒纵叉，放好。注意取擒纵叉时要轻，不要使叉瓦和擒纵轮片齿猛烈冲撞，致使叉瓦松动，破坏了擒纵叉的装配质量和精度。

13. 拆条夹板及条盒轮

首先，松开并取下条夹板的螺钉和大钢轮螺钉，取下大钢轮。然后，用表起子轻轻撬开条夹板和主夹板的接触面，取下条夹板。再从主夹板中取下条盒组件。要注意，一般情况下，小钢轮和棘爪是不用拆的，取条盒时，注意不要碰伤中心轮片或秒轮片。另外，有个别机芯结构，一定要先拆传动轮系，方可取下条盒组件。

14. 拆上夹板、中夹板及传动轮系

松开并取下上夹板螺钉，用表起子轻撬开上夹板与主夹板的接触面，先取下上夹板，后取出秒轮、过轮和擒纵轮并放好。然后用起针镊子从表盘面夹住分轮取下，再从装配面松开中夹板螺钉并取下，用表起子轻轻撬开接触面，取出中夹板，再取中心轮并放好。对于没有中夹板的偏二轮式结构的机芯，就不需拆中夹板这一步工序了。

到此为止，机芯可以说全部拆完了，在一般情况下，上条拨针系统是不用拆的。

二、清洗

机械手表装配前，零部件必须清洗，故障维修表也必须进行清洗。清洗的目的是借助于清洗剂的物理作用，把凝聚或附着在零部件表面的油垢、污粒，经过湿润、剥离（乳化）、分散三个过程，使污物脱落。

清洗液必须具有有效的化学性能和良好的浸润性，并使清洗下来的污物悬浮于液体内，以免在零部件表面产生沉淀，影响清洗质量。

清洗一般分为两大类型：超声波清洗和清洗剂清洗。

超声波清洗多用于批量零部件的清洗，超声波是一种弹性介质的机械振动所产生的机械波，它的振动频率一般大于声波，因而称为超声波。

超声波在振动中由于介质交替起着收缩和扩展，便会产生数以千百万计的相互碰撞冲击的小泡，造成"空泡作用"，小气泡在一瞬间就会崩裂闭合，这就引起高压，可达100大气压左右，在这一连续过程中，分为声波压缩和降压两个阶段。在压缩过程中，小气泡对零部件表面冲击起着"喷砂作用"。降压过程是吸下零部件表面的污物而悬浮于清洗液中，从而起到清洗效果。

由于超声波的空泡作用是超声波清洗的基本机理，而液体中形成空泡的过程需要一定的时间。因此空泡作用在低频范围内比较容易发生。虽然频率越高，声能越集中，方向性较好，但空泡作用小，清洗效果反而降低。一般在250W功率，取25～35kHz的工作频率效果良好。

清洗零件的盛器，一般用金属网或尼龙做成，网格大小会影响超声波效果，网格大则盛器对超声波的吸收小，可使清洗效率提高。

优质汽油、工业酒精可作单一清洗液，其脱脂性强，渗透力强，适于去除油迹、污物，若渗入少量活性剂，可提高清洗手汗和无机盐的效果，也可渗入少量防锈剂，使清洗后的零部件表面具有短期的防锈能力。汽油和酒精极易燃烧，应特别注意安全。

摆轮游丝组件和擒纵叉部件不得用酒精清洗，因圆盘钉和叉瓦是用虫胶粘结，而酒精会使虫胶溶解。

摆轮游丝组件和擒纵叉部件清洗后，不得用高温烘干或热风吹干，因虫胶熔点为 70~85℃，遇热会熔化。另外，防振簧遇高温也会失去弹性，影响质量。

碳钢发条不可用汽油清洗，否则发条性脆、易断。

不锈钢发条和钴合金发条可以用汽油清洗，不会带来危害。

三、加油

由于手表零部件的作用不同，所需要加油润滑的部位和润滑油的种类也不同。因而，点油的工具应有明显的区别，防止混用。

1. 传动轮系轴承的润滑

润滑的作用是减少轴榫的磨损及提高传动效率。

对无油槽直孔钻或无钻的传动轴承孔，可在未装配之前，先把油加在轴颈上或轴承孔的内壁。对有油槽的钻孔，一般是装好轮系之后，统一用油笔将油加在油槽内，操作方便，工作效率高。

目前，国内手表厂传动轮系用油，多采用进口 L_0—125、9010 表油以及国产 6604、702 表油。

为了减少秒轮下轴榫与中心轮孔（或偏二轮式的中心节管孔）的摩擦，秒轴油槽处应点油，中心轮与主夹板、中夹板配合处也要点油。

在偏二轮式机芯中，由于采用了摩擦分轮结构，为了保证分轮与分轮片之间的良好配合，在配合处也要点油，如图 9-14 所示。

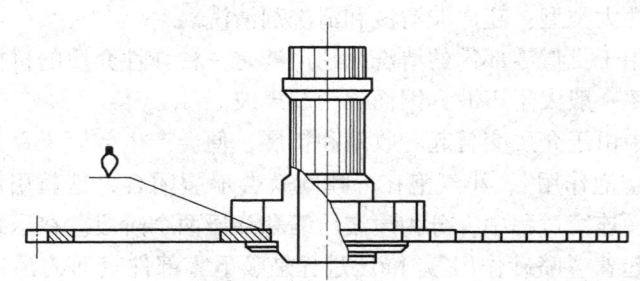

图 9-14 分轮与分轮片配合处点油示意图

2. 条盒轮组件的润滑

手表条盒轮组件或类似的原动机构润滑的目的，是要减少发条在条盒中卷紧或放松时相邻圈之间的摩擦力（各圈之间的相对移动所产生的摩擦称为圈间摩擦）以保证原动机构有最大的输出力矩，来满足机芯工作的需要。

目前发条一般采用发条脂润滑。如瑞士生产的莫比斯表油，商品牌号 8000 以及国产的 731 发条脂。

条盒与发条的润滑大致有如下两种方法。一种是将发条装入条盒后,用油笔将专用发条脂点入发条各圈的端面上,并使其均匀,适量。在条轴与条盒及条盒盖配合处点适量的表油,但切不可过多,以免溢出条盒表面。另一种是采用表面润滑发条,无需加任何润滑剂,但对条轴与条盒及条盒盖配合处仍需点适量表油。目前,大多采用浸油处理方法来代替条轴与条盒配合处的点油润滑。另外,有的厂对条轴采取表面润滑处理,也同样可以不再点油。

3. 擒纵叉点油和摆轮游丝系统点油

分别见本章第六节和第七节。

4. 统机机芯点油部位及表油型号

图 9-15 为统机机芯点油部位及表油型号示意图。

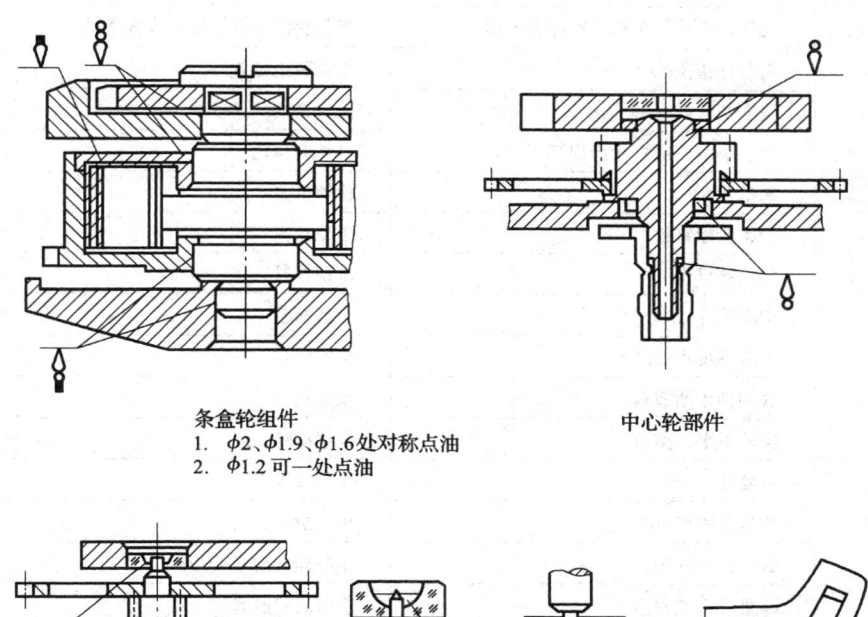

条盒轮组件
1. $\phi 2$、$\phi 1.9$、$\phi 1.6$ 处对称点油
2. $\phi 1.2$ 可一处点油

中心轮部件

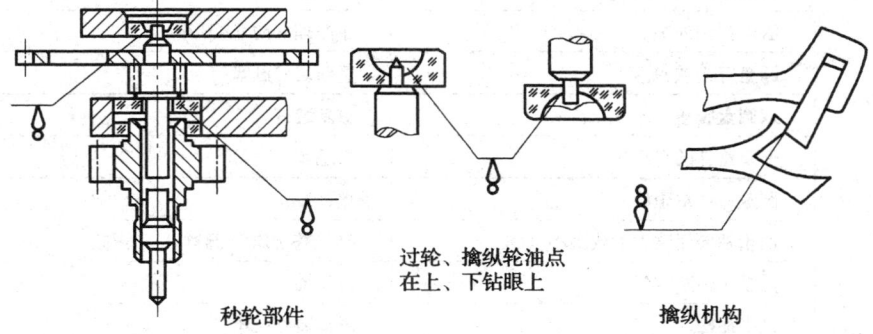

秒轮部件

过轮、擒纵轮油点在上、下钻眼上

擒纵机构

1. 上榫的润滑点在钻眼上[莫比斯(Moebius)901,莫比斯(Moebius)941]
2. 台阶的润滑油点在轴齿台阶上[天津731发条脂,莫比斯(Moebius)8030]

图 9-15 统机机芯点油部位及表油型号

第九节 机械手表常见故障与排除

机械手表常见故障与排除方法见表 9-9。

表 9-9　　　　　　　　　　　　机械手表常见故障与排除

常见故障	故障原因	排除方法
停表	秒针擦玻璃	调整
	三针相擦	调整
	发条断或内钩断	换发条或接发条
	发条内钩脱落	缩小发条内圈重新挂好内钩
	发条装反	重新装条
	条轴内钩损坏	换条轴
	立轮与小钢轮脱啮	重新装好
	小钢轮螺孔滑牙	换条夹板
	大钢轮方孔与条轴方榫配合不牢	重新装好，拧紧螺钉或换条轴
	离合杆错位	重新装正位置
	自来柄弯或变形	换自来柄
	大、小钢轮或立轮齿损坏	换相应齿轮
	棘爪簧断	换棘爪簧
	大钢轮螺钉松	重新拧紧
	棘爪螺钉松	重新拧紧
	中心轮片脱铆	重新铆装
	上条系统污物轧死	清除污物
	摆轴轴颈断或弯	换摆轴
	摆轮不平、擦碰	校平摆轮
	游丝乱	重理或换游丝
	游丝上翘或下垂	理平游丝
	游丝挂到外桩	小心理好防止变形
	圆盘钉松或脱落	重新装好圆盘钉
	双圆盘脱落	重新装好
	保险盘外圆有毛刺	去毛刺
	圆盘钉严重歪斜	重新装正
	摆轮轴向间隙太大或太小	打"苍蝇脚"调整
	擒纵叉轴断或弯	换叉轴
	进出瓦松	重新装好胶牢
	进出瓦锁接太深	重调马脚深浅
	叉身与叉轴不垂直	重新装好
	跨轮与跨轮轴配合太紧	换跨轮或去跨轮轴毛刺、点油
	跨轮轴向间隙太小	调整压片，使间隙增大
	反摆（或背摆）	调限位钉使保险间隙小于全锁值
	分轮孔里有毛刺	取下分、秒针清除毛刺
	中心轮片、过轮片、秒轮片不平	取下校平

续表

常见故障	故障原因	排除方法
停表	传动轴榫弯或断	换轴榫或齿轮部件
	叉夹板螺钉擦摆轮	拧紧螺钉或换螺钉
	防振簧断	换新防振簧
	机芯脏、有污物	清洗、加油
走时不足	发条外钩断	换发条或重弯外钩
	条盒内壁槽钩损	重修槽钩或换槽钩
	发条失去弹性	换新发条
	外钩脱落	修整外钩
	秒针轻擦玻璃	重新调整
	摆轴微弯	重新调整
走时快很多	游丝跳框	挑下游丝并注意圆平
	游丝粘框	清洗去污重新装配
	快慢针活动	重新调整
	锁值小、溜齿	重新调整锁值
走时慢很多	快慢针活动	重新调整
	分轮与中心轮配合太松	调整分轮与中心轮的摩擦配合
	快慢针内夹松，位置移动失效	换快慢针
	快慢针内夹断	换快慢针
	机芯油污	清洗加油
偷停	轻微碰针	调整三针间矩
	轮齿有毛刺，力矩传递有短暂停带	查出毛刺齿轮，去毛刺
	轮片有较小端面跳动	校平端跳齿轮或调换
	传动轮轴有微弯	查出弯轴调换
	叉轴有微弯	调换叉轴
	传动轮系轴向间隙太小	查出轴向间隙小的齿轮，调整间隙
	擒纵叉油污多，黏滞	清洗除污
	圆盘钉歪	装正圆盘钉并胶牢
	跷脚摆严重	调整活动外桩环
	发条力矩过小	换新发条
	传动轮片有碰擦	逐步查明，排除
	每7h左右停	条盒轮齿故障，清除阻卡或换条盒轮
	每小时分针停	中心轮齿阻卡，清除阻卡或换中心轮
	每8min停	过轮齿阻卡、清除阻卡或换过轮
	每分钟停	秒轮齿阻卡、清除阻卡或换秒轮
	每12h停	时轮齿阻卡，清除阻卡或换时轮
	每3h停	跨轮齿阻卡、清除阻卡或换跨轮

续表

常见故障	故障原因	排除方法
柄头紧	防水圈膨胀	加硅油或换柄头
	柄轴管与机芯柄轴孔不同心	重新装正机芯或调换表壳
	柄轴弯	调直或换柄轴
柄头脱落	柄头螺钉松	取下柄轴重新旋紧
上条时三针转	叉瓦脱落	重新装正、胶牢叉瓦
	擒纵轮轮轴断	重换轮轴
柄头特别松	防水圈失效	换柄头
拨针太紧	分轮与中心轴配合太紧	配合处加油或撑大分轮轴槽
不防水	表玻璃松	重换表玻璃
	柄头不密封	换柄头或加硅油
	后盖防水圈失效、不平或脱落	换防水圈
表盘转动	表脚断	换表盘
表机有响声	固机螺钉未拧紧	重新拧紧
	表盘螺钉未拧紧	重新拧紧
	螺钉失落在机芯内	清查、取出
弦满停走	发条圈间摩擦大	清洗除污
上条回弹	止逆棘爪失效	修整止逆棘爪

第十章 闹钟、摆钟的装配与维修

第一节 闹钟的装配

一、机械闹钟装配图

机械闹钟分解图见图 10-1。

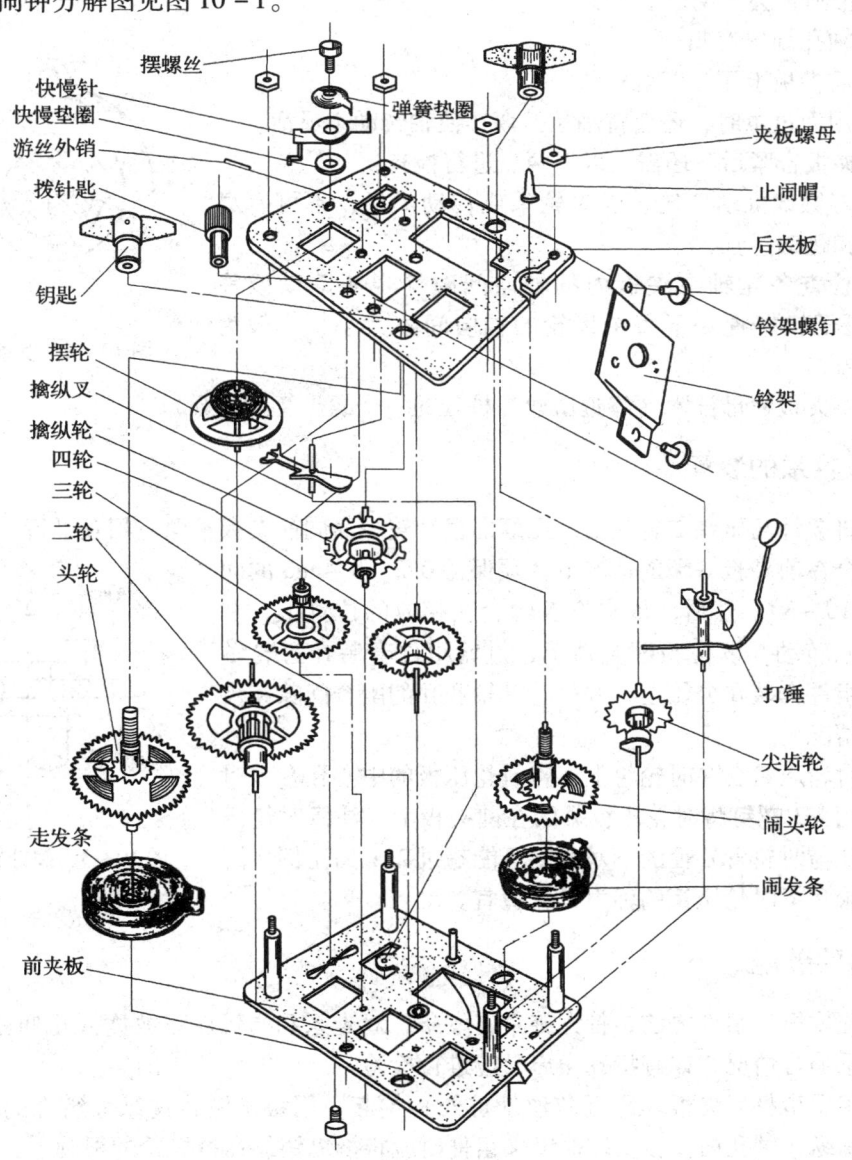

图 10-1 机械闹钟分解图

二、传动轮系的装配

传动轮系的装配俗称"拍机芯"(包括走时、闹时系统)。首先是将前夹板组件平放在专用的坐垫上,按前夹板上各轴孔的位置,先将四轮组件放在中心管的轴孔内。然后,依次将已套好发条的头轮、闹头轮(注意走、闹头轮轴挂条钩的旋转方向,必须与走、闹发条的旋紧方向一致,切不可装反,如图10-2所示)、二轮、三轮、擒纵轮及尖齿轮、打锤组件等放在前夹板组件的各轴孔内,最后将后夹板装上。由于走、闹头轮组件,二轮组件和打锤组件的轴较长,故可先装入,再用镊子轻轻的将尖齿轮轴纳入轴孔内,旋上两只螺母,再将走系各轮送入后夹板轴孔中,方能合紧后夹板。在合紧后夹板时用力不可过重,否则,会出现以下毛病:

(1) 轴孔划出毛刺;
(2) 后夹板上压有凹坑;
(3) 用力过重时,还会将轴颈挤弯,使轴转动不灵活。

当后夹板合紧后,还需在以下两点进行检查:

(1) 轻微地推动二轮,走时轮系应传动灵活,不可有显著的噪声和跳动感觉;
(2) 检查各轮轴在夹板内的轴向间隙(也叫蹿动或锋头),用镊子轻轻提一下每个齿轮的轴向间隙大小,一般为 0.2~0.5mm。

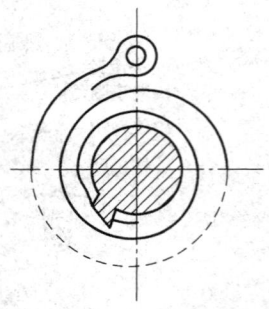

图10-2 发条挂钩

最后将夹板螺母拧紧(靠近游丝外桩处的一个螺母暂不拧紧)。

三、指针轮系的装配

首先将拨针轮压在二轮轴上,压好的拨针轮平面同前夹板平面应相互平行。在轴向极限间隙完全在前夹板一端的情况下,须保持0.2~0.4mm的间隙(如图10-3)。然后,依次将各轮套在相应的位置上,并且手指来回转动,以检验配合情况,过轮组件套装在过轮轴上,时轮组件套装在分轮上,并检验其轴和孔的配合间隙和齿轮的啮合情况。

再将时轮压簧套在时轮管上,将时轮压板的中心孔套入时轮管后,用M3螺钉将时轮压板紧固在前夹板上。注意时轮压板的中心孔与时轮管外径的不对称度不能超过2:1的比例。同时,须检验一下时轮压簧的弹力是否适宜。

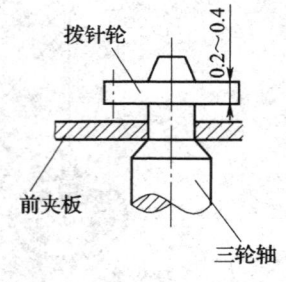

图10-3 拨针轮间隙

四、组件的装配

在装配擒纵叉组件之前,首先旋紧走发条,对走系和指针轮系放擒(也叫跑弦),以检验其轮系啮合情况,如有特殊噪声,应进行检验。

然后用手指将后夹板(靠近游丝外桩处)抬起,用镊子钳将擒纵叉组件的轴颈装入前夹板的擒纵叉轴孔内。在安装擒纵叉组件时应将擒纵销靠在擒纵轮的根圆上,不可将擒纵销插入擒纵轮的花挡内。擒纵叉与夹板的轴向间隙为0.2~0.4mm。将夹板螺母拧紧后，上紧走发条，用镊子钳拨动擒纵叉头部数次，如擒纵销能很好地引入到擒纵轮根部，则证明轮系运动情况良好。

五、闹轮和对闹轴组件的装配

在安装闹轮和对闹轴组件之前，首先应调整好，使起闹簧的长孔和夹板上的对闹轴孔对准和起闹簧头部高度约 9mm。然后，将闹轮组件套在闹轴上，再将对闹轴通过起闹簧长孔和前夹板的对闹轴孔后，将对闹轴垫圈套装在对闹轴上，再穿过后夹板的对闹轴孔，装上对闹轴弹簧，旋紧对闹轴螺母和旋上对闹匙，并旋转一圈，以检验对闹轴弹簧的弹性力是否松紧适宜（如图 10-4）。因弹性力太差会造成"跟针"。

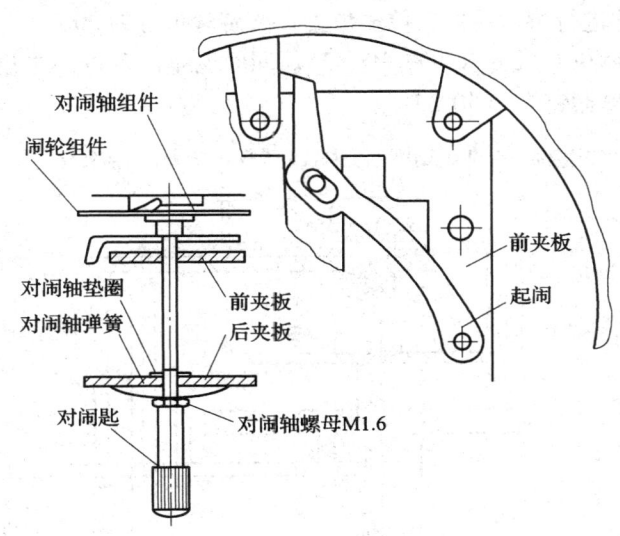

图 10-4 安装闹轮和对闹轴组件

六、发音机构（闹系）调整

在调整发音机构（闹系）时，首先要旋紧闹发条，并转动对闹轴，找出起闹点（即闹轮上的凸起进入对闹面轴套的缺口处），然后将闹卡子两卡瓦放过尖齿轮一齿，铃锤摆动的幅度一般应在 5.5～7.5mm 范围内（见图 10-5A 处）。

尖齿轮回转一周其摆动幅度应基本一致，而且运转要流畅，不可有顶齿和漏齿现象。如达不到上述要求，应调整两卡瓦和闹卡子与尖齿轮的中心距。

调整打锤杆，使打锤杆前后摆动的角度应处在起闹簧头部的中间（见图 10-5B 处）。

为保证销锁范围为 10.5h，因此，调整打

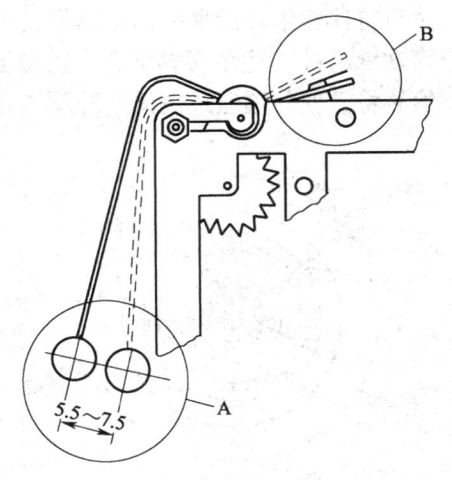

图 10-5 发音机构调整

锤杆与起闹簧头部的距离为 0.3mm 左右即可。一般控制分针转过 1/4~1 1/4 圈内停闹。

发音机构全部调整好后，应轻微的转动闹头轮，使打锤组件能灵活起跳，推入打锤杆组件在 15~20s 以内应止闹。

同时，在装背铃工序时还应调整铃锤和背铃之间的距离（即找出打击铃声最响点）。同时，还需调整铃锤的高低距离。

七、摆轮组件的装配

在装配摆轮组件之前，先将前后摆轴承组件装好，包括前后摆轴承组件快慢针垫圈，快慢针，快慢针弹簧垫圈（见图 10-6）。并使快慢针松紧适宜。然后将已校正好的频率（快慢）的摆轮组件进行游丝拉框，拉框位置在离游丝折弯约 200°处，经过拉框的游丝第一框和第二框的间距约 1.5mm（见图 10-7）。同时调整游丝的不平度，和游丝的固定方位（即游丝折弯处离摆钉夹角 50°33'）。

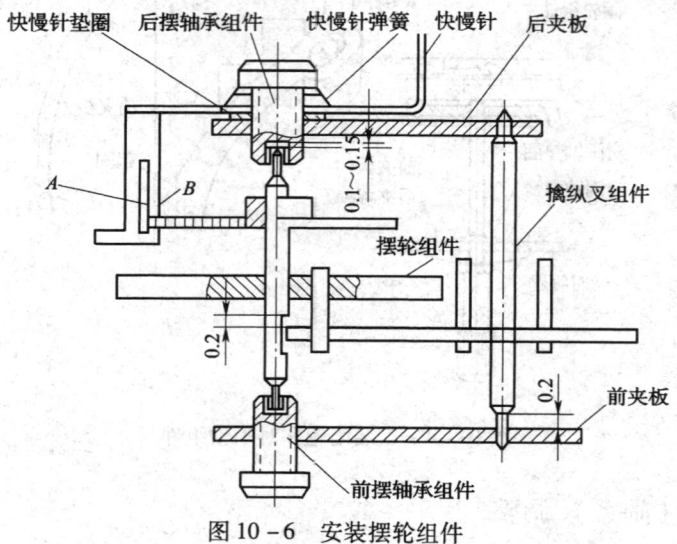

图 10-6 安装摆轮组件

然后将摆轮组件的摆钉对正擒纵叉口中间，上摆轴颈对正后摆轴承的孔中，慢慢地拧紧前摆轴承组件（注意摆轴承孔对正摆轴颈），使摆轮组件的轴向间隙为 0.05~0.1mm 为止。然后将游丝外端通过快慢针游丝格穿入游丝外桩孔中，用游丝销固定（见图 10-8）。

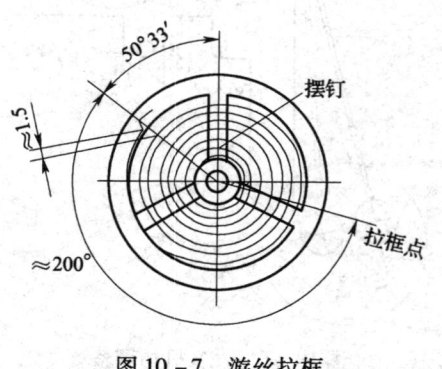

图 10-7 游丝拉框

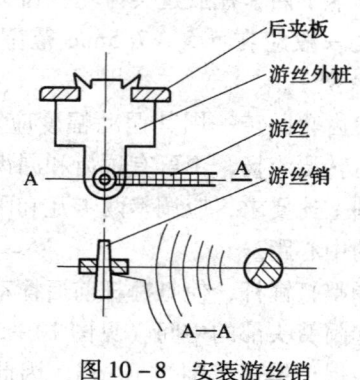

图 10-8 安装游丝销

在摆轮组件装配好之后,还须进行下述的调整:

(1) 严格保证游丝的平行度和自游丝内桩固定点起至游丝上末端的螺距应均匀。

(2) 擒纵叉组件和摆轮组件的轴向间隙在相反极限位置时(上下两面)叉头平面应同摆轴铣槽口保持的最小间距为 0.2mm(见图 10-6)。

(3) 摆轮在平衡位置时,摆轴、摆钉和擒纵叉轴三点应在一条直线上。如果此三点不在一条直线上,就会产生"跷脚摆",如图 10-9 所示。

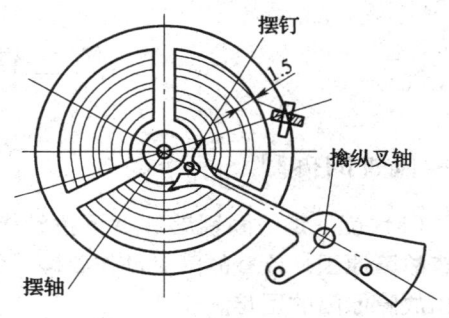

图 10-9 三点应成一直线

(4) 游丝在展缩中,游丝第一框的里平面始终贴在游丝夹的"A"面上(图 10-6),不允许跳动,而且各框螺距要均匀,相邻两框的平面不允许碰擦。

(5) 当游丝展开至极限时,其第二框不允许碰擦快慢针的端面"B"(图 10-6)。

(6) 拨动快慢针在同中线成 ±45° 角的范围内,游丝展缩时各框间的螺距应基本均匀,各框端面组成的平面应成水平,并且,其第一框的里平面应贴在游丝夹的"A"面上。

(7) 擒纵机构正常工作时,擒纵销应落在擒纵轮的锁面上,其正确落点应该是擒纵销直径 0.26~0.33mm(约 2/3~4/5 的擒纵销直径),在擒纵轮冲面延长线的下方(图 10-10),两擒纵销脱出擒纵轮齿的位置时,同擒纵轮齿尾的间隙基本相等(即 $f=f_1$,图 10-11)。

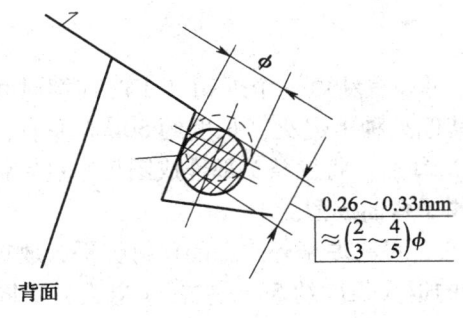

图 10-10 擒纵销正确落点

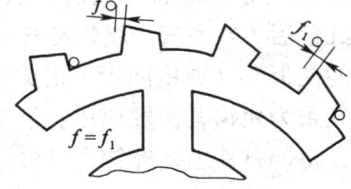

图 10-11 擒纵轮齿尾与擒纵销间隙

(8) 擒纵机构在正常工作位置时,叉头两侧圆弧同摆轴外径的间隙应相等。

八、滴注润滑油

闹钟在流水线的装配过程中,滴注润滑油分三个工序来操作:

(1) 在装拨针轮时,在四轮轴颈处加上润滑油,加注时,油量必须均匀;

(2) 用加油器在走头轮、二轮、三轮、四轮、擒纵轮、擒纵叉、闹头轮、尖齿轮、打锤组件的前后夹板轴孔内和闹卡子两卡瓦上加注润滑油,油量必须满盈;

（3）在装配和调整好擒纵调速器后，在两玻璃轴承孔内和两擒纵销和摆钉上加注润滑油，绝不允许在游丝、快慢针等处碰到润滑油，以免影响走时。

第二节 闹钟的维修

一、闹钟的拆卸

（1）旋下走、闹钥匙和拆下拨针匙后，将背铃和其他外壳零件拆除，将机芯取出，检查故障原因。检查故障时动作要轻，如果动作过重，会造成某些停钟自动走起来，增加找出故障原因的困难。

（2）先将秒针、分针、时针取下后，再取下钟面。

（3）拔掉游丝销，将游丝从快慢针长槽中取出，旋动前摆轴承组件，将摆轮组件取下，妥善安放，以免碰坏游丝。

（4）放弦（将走发条放尽）有两种方法：

① 松动靠近游丝外桩处的夹板螺母，抬起后夹板将擒纵叉组件取下（在取下擒纵叉的时候，应用手挡住二轮）；

② 将头轮组件上的棘爪拨离棘轮，转动头轮轴，使发条放松。

（5）旋去对闹匙和对闹轴螺母，取下对闹面组件，拆除时轮压板后，将指针轮系拆卸。

（6）旋去夹板四个螺母，取下后夹板，将每个组件和零件依次取下进行检查和清洗。

二、闹钟的修理方法

（一）断发条的修理方法

1. 发条的外钩制作

统机闹钟的走条外钩折断在100mm以内，可以重新做一个外钩（走时连续时间可有30h以上）。其方法是先将发条放在酒精灯或其他火种上退火，长度约50mm左右，当发条烧至桃红色后，在空气中慢慢冷却，待完全冷却后，将发条头部锉成圆形。然后将发条套在机芯的夹板柱（或中间用一根圆棒），用钳子弯曲成型。

如果发条为死钩者，发现在发条外钩处断裂，可将原来外钩上的铆钉锉平，放在铁砧上的孔中，将铆钉冲出，外钩尚可再用，断条的退火长度约5mm左右（退火方法同上）。然后按照外钩孔的位置尺寸，划好线，按外钩的孔径大小钻孔（在条件限制的情况下，孔径也可放在铁砧上用冲头冲出），重新制作一只铆钉，将外钩与发条铆牢。

2. 卷制发条的内钩

有一些发条在内钩端折断处在100mm以内，可以重新卷一个内钩而不影响走时连续时间，其方法如下：

（1）内圈发条退火

用钳子自然地将发条的内圈向外拉出，钳直约40mm左右，进行退火，在圈制内钩中，退火工作极为重要，退火不足容易再次断裂（因曲率半径较小）；退火过多会较多地影响发条的力矩。因此，最好在钻孔处将发条烧红，钻孔处后段加热程度逐渐减弱，以使圈制内钩既不断裂，又保证发条的力矩。

(2) 钻锉内钩孔

将发条内端并列钻两小孔，如图 10-12 (a) 所示。再用什锦锉将它锉成长圆孔，其形状如图 10-12 (b) 所示，使它能勾入头轮轴凸起的钩，然后将发条折断头处锉成圆弧，如图 10-12 (c)。

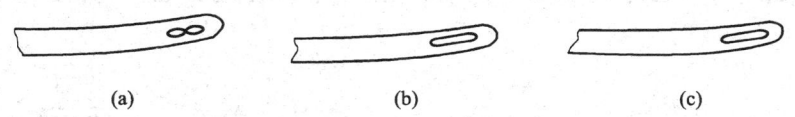

图 10-12　钻锉内钩孔

(3) 将内圈卷成螺旋形

将已锉好的发条内端，用稍细于头轮轴的圆柱芯棒，用尖头钳将内圈发条钳圆后，再钳第二圈，使之成为螺旋形，如图 10-13 所示。

3. 断发条的接法

有些发条在中间断成两截，这样的发条可用两种方法把它接起来。

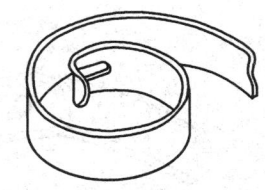

图 10-13　内圈卷成螺旋形

(1) 断条铆接法

在发条的两个断头处（长约 15mm 左右），放在酒精灯上进行退火，待完全冷却后，在两断头发条宽度的中间钻 φ2mm 左右的小孔，再用较大一些的钻头将小孔锪成锥度如图 10-14 所示，并将发条的两个断头锉成圆弧和倒角，如图 10-15 所示。

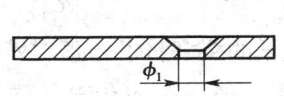　　　　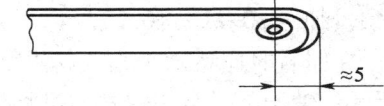

图 10-14　小孔倒角成锥度　　　图 10-15　发条断头处锉圆和倒角

然后用锉好的铆钉将两头铆起来。并将铆钉高于发条平面的部分尽量锉平一些，如图 10-16。揩清洁后，用钳子将发条弯成螺旋形。

(2) 断条套接法

将发条的两个断头处进行退火（长度约 20mm 左右），在发条的一头加工成一个长圆孔，另一头加工成挂钩，如图 10-17 所示。将发条揩清洁后，将锉成挂钩的一头套入长圆孔的一头，如图 10-18 所示，并用钳子将发条弯成螺旋型。

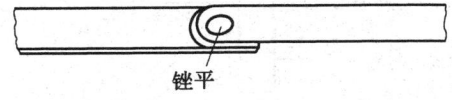　　

图 10-16　铆钉两侧锉平　　　　图 10-17　两个断条套接

(二) 轴颈磨损、弯曲和折断修理

闹钟的轴颈（轴榫）由于长期使用，会造成轴颈起毛，严重时会起槽。有时受到发条折断和操作不慎或闹钟跌落在地等原因，造成轴颈弯曲和折断。如无合适的配件，可以自己动手进行整修。

1. 轴颈打光

轴颈起毛、锈蚀、起槽，必然会增加传动的阻力，使摆轮振幅减小，因此，必须将起毛、锈蚀等毛病用金相砂纸和白玉油石在轴颈周围均匀地砂磨打光。另一种轴颈已磨损成曲线形（起槽），如图 10-19 所示。遇到此种情况，必须将轴颈部分加以修整和打光，其方法是将轴的另一端扎入拿子中，用细的板锉将轴颈锉成圆柱形，并用白玉油石打光。

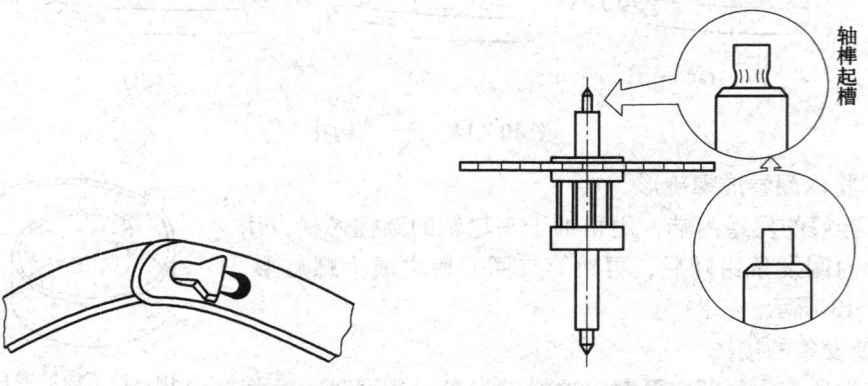

图 10-18　断条套接　　　　　图 10-19　轴颈起槽修整

经过锉磨修整的轴颈，其外径尺寸必然会比原来变细，因此，在夹板上的轴孔必须要塞小，以求与轴颈的配合间隙相适应，塞孔方法在下面叙述。

2. 轴颈钳直

轴颈有弯曲现象，但无已断裂的痕迹，一般可以设法将轴颈钳直后使用。在钳直前必须找出弯曲的主要方向。一般齿轮的轴颈可用光口钳子将轴颈钳直，如图 10-20 所示。摆轴由于轴颈较细（$\phi0.21 \sim \phi0.23$mm），而且经过热处理后，其轴颈处的硬度在 HRC55 左右，因此，在钳直时应特别小心，其钳直方法是用镊子的头部将摆轴颈在横向钳直，如图 10-21 所示。轴颈是否真正钳直，可将齿轮安放在前、后夹板的孔中（摆轴可安放在前后夹板的摆轮轴承孔中）看轴心或齿轮是否晃动来判断。轴颈钳直后，用白玉油石将轴颈打光。

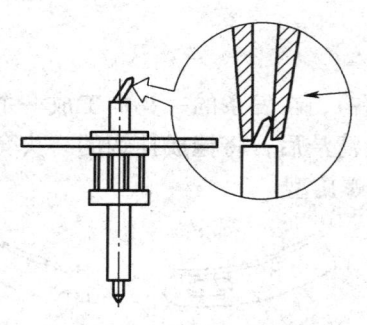 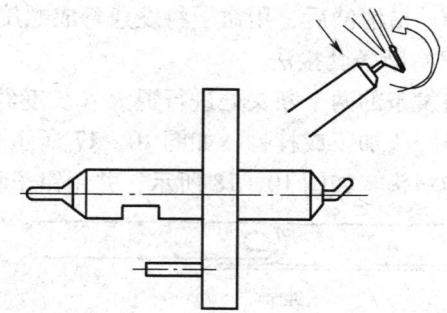

图 10-20　轴颈弯曲钳直　　　　　图 10-21　摆轴轴颈弯曲钳直

3. 颈镶接

轴颈若有起槽太深、严重弯曲和折断等情况，在没有备件调换时可以采用镶接的方法加以解决，其镶接方法有两种：一是利用钟表车床的钻和车来镶轴颈；二是采用手工的钻锉方法来镶接。这里介绍手工镶接轴颈的方法。

一般齿轮轴可直接用平锉将损坏的轴颈齐肩锉平，如果是摆轴应先经退火后再锉平（最好略留一些轴颈痕迹，便于找出中心位置），然后用略粗于原来轴颈的钻头在轴颈的中间打一个深孔。孔深为轴颈的3倍以上，深孔比浅孔牢固。因此，尽可能钻深一些。再锉一根与孔径相配合圆柱形的钢丝，其头部略带锥度，而锥度不宜过大，能用于插入孔内1/2左右为适宜，过紧会造成敲不进而使孔壁裂开，过松容易摇动和脱落。待圆柱形钢丝插入孔内后，用榔头轻轻地将钢丝敲紧，并将镶接好的钢丝用锉刀均匀挫成原来之轴颈长度和外径大小（可参照另一端未折断之轴颈），最后用白玉油石打光即成（图10-22）。

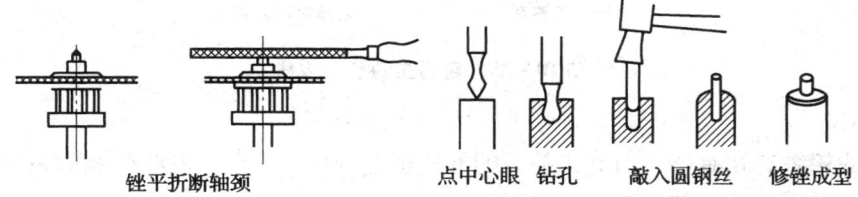

锉平折断轴颈　　　　　点中心眼　钻孔　　敲入圆钢丝　　修锉成型

图10-22　轴颈镶接过程

4. 更换摆轴

有些摆轴颈折断后，由于无法修理或修理条件不具备，那只能购买一根同样规格的摆轴进行更换。其方法是，用榔头将摆轴从摆轮中敲出来，敲出时，应该注意摆轴的垂直。然后用镊子钳夹住摆轴的槽口，用榔头敲镊子，将摆轴敲入摆轮内（图10-23），应注意摆钉与摆轴的槽口对准。摆轴更换好后，将摆轮部件放在前后夹板的摆轴承孔中，观察摆轮端面跳动，也可以左手食指或中指和拇指夹住轴颈两端，右手食指或中指拨动摆轮观察端面跳动（图10-24）。如果摆轮端面跳动大，应将摆轮放在铁砧上用榔头进行校平。

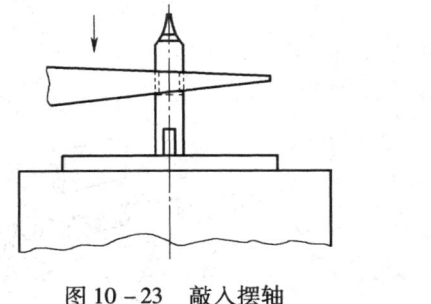

图10-23　敲入摆轴　　　　　　　图10-24　观察端面跳动

（三）齿轮修理

1. 轮片翻面

在闹钟的起闹轮系中齿轮的啮合都是单向的，因此，在齿轮单面磨损后，一般都可将齿轮翻面再用，头轮轮齿受力矩较大，故磨损较多，因此，一般来讲，轮片翻面都是指头轮而言。统机闹钟在头轮片上装棘爪簧的孔有两个，因此，只须将棘爪敲下再反方向铆好就可以了。

2. 轮齿歪斜的校正

轮齿打弯而齿形未变形的可将轮齿校直后再使用，其方法是用起子口伸入齿根，以斜口面着力齿顶，在偏斜方向用力轻轻地校直齿形，使之和其他齿距相等，也可用薄口钳伸入齿根钳住弯齿，渐渐地整直齿形如图 10-25 所示，齿形如有损伤，必须用细的什锦锉修整平滑。校直时用力要得当，防止影响旁邻轮齿的折断。

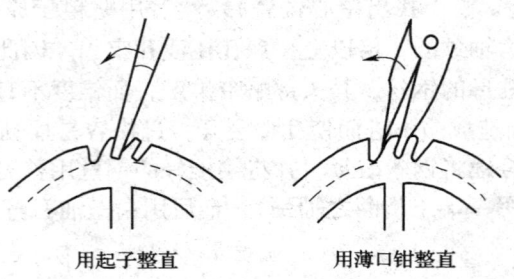

图 10-25 轮齿歪斜校正方法

3. 补齿

齿轮的轮缘有宽有狭，因此，补齿的方法也有两种。一般，轮缘较宽的采用镶补，而轮缘较狭的采用贴补。其补齿方法如下：

（1）镶补 先在损坏轮齿的平面上，用钢锯锯出燕尾槽形，用什锦锉进行修整。然后用一块与轮片差不多厚的黄铜片划线后锉成镶条（略高于齿顶高度），紧嵌入槽口内，用榔头轻轻锤击使之涨紧。再用焊膏渗入嵌缝中并将焊锡在酒精灯上熔化。嵌补牢固之后，将镶条先锉成轮片的外径大小，初步分开齿距后再仔细的锉修与邻齿大小，长短基本相同的齿形，如图 10-26 所示。

（2）贴补 在齿轮损坏处用锉刀锉成一斜面，用一块黄铜片在背面也锉成斜面（图 10-27），并在背面熔上薄薄的一层焊锡，然后将毛坯放在齿轮损坏处用钳子固定，在酒精灯上加热使锡熔化将齿焊牢，分开齿距后，仔细地锉修与邻齿大小、长短基本相同的齿形。

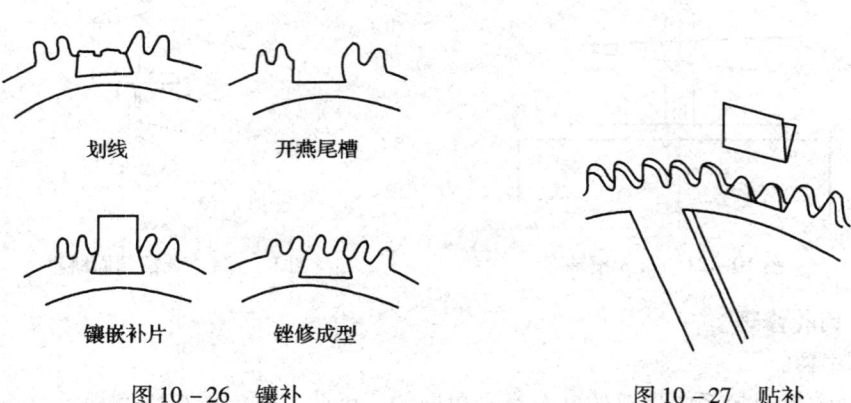

图 10-26 镶补　　　图 10-27 贴补

在齿轮修补好后，应在机芯中试验啮合情况，如感觉阻力太大，就应修锉到正常的啮合为止。

4. 轮片校平

轮片稍有些不平，不至于影响传动效能，如有严重的翘曲不平，就可能碰擦销轮的轴套和销轮盘的平面而产生阻力，影响齿轮副的传动，会造成闹钟时走时停的现象。

轮片的端面跳动一般用目测，以左手食指或中指和拇指夹住轴颈两端，右手食指或中指拨动轮片旋转（参见图10-24）。看准轮片弯翘段用平口钳钳平，边钳边看，直至将轮片钳平为止。

5. 齿轮与轴套松动的修理

有时，齿轮与轴套由于铆接不够牢固、当受到较大的力矩时，就会产生松动现象，这种情况的出现会产生停钟，必须将它修理好，修理方法是将齿轮放在铁砧较大的孔中，以轴套平面作支点，用扁冲子将轮片铆牢。

（四）擒纵销（马脚）的修理

由于闹发条断条（统机闹钟较多），闹钟跌落或者操作不慎都会造成擒纵销的不垂直，出现此种情况可用镊子钳将擒纵销进行校直，但应当注意，有些闹钟的擒纵销是经过淬火的（统机闹钟擒纵销未经淬火），首先应进行退火比较稳妥，然后再进行校直。

如果擒纵销活动，可将擒纵销的根部敲出一些，并在根部用榔头略微敲扁（或者是将销孔塞小），再将销的根部敲入擒纵叉内。如果仍然活动（或擒纵销丢失）则可用更换来解决，可用略大于原直径的钢丝（或适当的缝衣针）夹在拿子中，用锉刀和油石加工成略有锥度（擒纵轮接触处应与原钢丝一样粗细），将直径小的一头插入擒纵叉孔中，放在铁砧上用榔头将擒纵销敲入。摆钉损坏也可参照此法，并将根部过长的部分锉去（擒纵销一般都不淬火）。

如果擒纵销是一般磨损，可以不须修理，如磨损严重（起槽较深），可将擒纵销敲高或敲低，或转过一个方向，即避开原来的磨损处就可以了。

（五）游丝的整修

1. 游丝与内桩的平行度

为了使整个游丝在运行时保持在同一水平上伸展和收缩，而不至于产生"内波浪"（即内框游丝出现高低起伏的现象）。测试方法是在游丝内桩的孔中套入圆锥形芯棒，转动芯棒，看游丝四周是否都与内桩保持在同一平面上。若在某一个侧面能看出游丝与内桩有高低（不在同一平面上），应根据内桩上的游丝根部位置，确定其是向高倾斜还是向低倾斜，然后拨动最内框的游丝把它校平。

2. 游丝的阿基米德螺线的整修

整修时，宜将游丝放置在铺有黑纸的玻璃台板上进行，以减小影形的干扰，便于观察，最好备有两把镊子钳和一支光滑的圆针。

注意事项：

（1）整修前，先要慎重地确定变形处后才可动作，轻易动手反而使游丝增加变形。

（2）镊子钳钳制游丝时应尽可能与游丝垂直，倾斜钳制游丝会产生各框间的高低不平。

（3）多处变形的游丝先要确定整理顺序，一般应由内向外顺移，逐一纠正。

整修方法：一般有"拨、钳、挑、拉、勒"五个动作。

（1）"拨"拨的动作一般用于螺距不匀，先将镊子钳钳制在变形段的起点，以圆针拨动变形段。当一处达到要求，再将钳制点和拨动点向外推移。

（2）"钳"钳的动作多数用于某一处有明显的"折痕"（折弯），而使游丝螺距有明显的不匀或两框间出现明显的高低，使用两把镊子钳钳制折痕的两侧，向弯折的反方向拨动。如一次动作达不到要求，应在原钳制点处加做动作。

（3）"挑"用于"折痕"不明显的两框间高低，使用的工具是一把镊子钳和一支圆针，钳制点一般在两框高低最显著对侧，然后用圆针将内桩游丝由低向高挑起。

（4）"拉"多数用来纠正游丝成"碗"形的变形。将内桩孔套在圆锥形芯棒上（摆轴上也可），外端用镊子钳（用手指也可）钳住，朝变形的方向拉动。它的第一次动作不宜过大，应在一次拉动后看纠正的程度，逐步增加拉动的距离；有的游丝有可能出现少数几框仍有变形（或者反方向变形），则可使用其他动作来整理。

（5）"勒"用于纠正游丝带状平面的"折痕"，以及在盘制游丝时卷勒使游丝成圆形，使用的工具是两把镊子钳。纠正折痕是以一把镊子钳固定钳制在折痕的一边，另一把镊子钳稍加合拢，在折痕处勒动，使带状平面较为平整。卷勒圆形时，用一把镊子钳固定外端，另一把镊子钳合拢后在已成圆形的附近卷勒，将游丝卷成圆形，并逐渐向外退移，一次卷动的游丝长度不宜太长，一般内框为1/3周，外框为1/4周。

（六）夹板轴孔磨损的修理

在未拆卸机芯之前，首先应把轴孔磨损的部位及方向观察清楚，（可上紧发条观察轴孔受力方向），并做好标记，便于修理的准确性。否则，会造成轴孔的中心位置偏移，使闹钟运走更不正常。

1. 轴孔塞小

轴孔大多数是单边受力的，因此，一般是用半圆冲塞小轴孔，其方法是将夹板垫实在铁砧或其他工具之上，对准轴孔磨损处的边缘向一边挤压锤击，用力可稍大些，达到轴孔圆整。

如果没有半圆冲，可在轴孔磨损处外侧，用圆顶冲向里挤塞（一般要求中间深一些，向两边逐渐减浅），也可达到同样的效果。

为了保持外形的美观，因此，最好将塞小轴孔的痕迹在夹板的内表面，在拆卸机芯后能看到。

轴孔塞小后，最好用略有锥度的圆形针棒加工研磨，使孔壁圆整光洁，并将孔毛刺去除。

2. 镶轴套

有的夹板的轴孔已经塞小过或轴孔磨损严重，再用塞小的方法已不能达到要求，那么，只有用镶轴套（或称补孔）办法来解决。

在镶补前，可在已磨损的轴孔中嵌入一物（铁皮或铜皮），以未磨损的一边轴孔为基准，用圆规找出原轴孔的中心，并用划针通过圆心在夹板上划出十字线，再划出一个大于磨损处的圆。然后，取出孔内之嵌入物，将夹板孔按周围线用圆锉或半圆锉锉好。将要镶上去的铜皮贴住夹板，按已锉好的圆孔划线后，锉去多余部分（有车床加工一个轴套更好）。将已锉好的圆片紧紧地嵌入轴孔中，在接缝处用尖冲铆牢并加焊，然后，照夹板上的十字线找出孔的中心，并用尖头冲点眼。最后用麻花钻或扁钻对准中心钻出一个新的轴孔来。镶入的轴套，其内侧平面必须与夹板的内侧平面齐平。

3. 夹板摆螺钉孔的修理

在修理闹钟的过程中，应检查一下前摆螺钉是否松（以两只手指能旋动的称为松），如果摆螺钉有松动，当闹钟受到振动时摆螺钉会渐渐地松出来，造成摆轴脱出，以致损坏，因此必须修理好，其方法是在机芯拆开时，旋下摆螺钉，将前夹板组件垫实在铁砧上

（夹板柱向上）用榔头敲一两下摆螺钉孔的边缘，将摆螺钉旋上去，以两只手指旋不动为止。如果摆螺钉过紧（此种情况修理钟很少出现），在装配时困难一些，不影响质量，修理办法是用丝锥重新攻一下，或者在摆螺钉孔中加一些油，以增加润滑。

第三节　摆钟的装配

本节我们以统机 B_1 型机芯为例，介绍摆钟的装配。

一、中心轴的装配

装配孔的号码如图 10－28 所示。

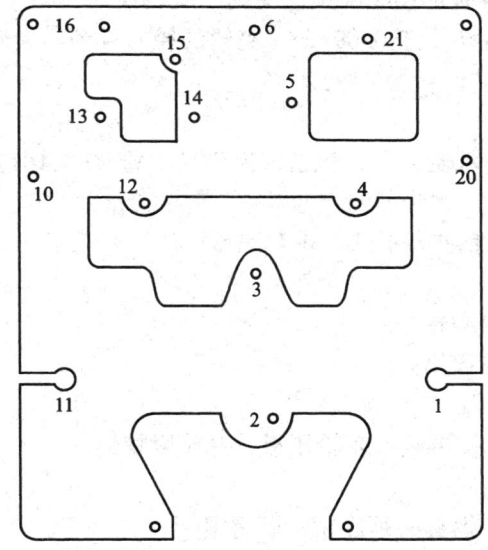

图 10－28　统机摆钟前夹板

零部件：前夹板、中心轴、开口大挡圈。

装配：将中心轴装入前夹板孔 3 中，装入开口大挡圈。

技术要求：

(1) 前夹板正反面不可装反；

(2) 开口挡圈光面（冲入面）向夹板必须轧紧，不能轧弯；

(3) 装配后轴与夹板要有间隙。

二、夹板柱的装配

零部件：夹板柱 4 只、钟脚 4 只、六角螺母 4 只。

装配：将夹板柱 4 只装入前夹板中，并装上钟脚 4 只，六角螺母 4 只，并旋紧。

技术要求：

(1) 夹板柱一头螺丝未轧不能装入；

(2) 夹板正反不能装错；

(3) 对无眼走形钟脚不能装入。

三、中心轮的装配

零部件：中心簧片、中心轮、碗形垫圈、压簧销子。

装配：在中心轴上装中心轮，中心簧片，碗形垫圈，再插入压簧销子并检验弹簧力矩与中心轮径向跳动。

技术要求：

(1) 弹簧紧松必须均匀适合，轴同轴套孔间隙 0.02mm 左右，摩擦力矩应在 200～500g·mm 之间；

(2) 碗形垫圈缺角不完整不得装入；

(3) 由于装配时出现碗形垫圈胖顶反毛刺，应调换；

(4) 中心轮径向跳动不大于 0.09mm，销轮的径向跳动不大于 0.075mm。

四、头轮的装配

零部件：头轮 2 只、棘轮 2 只、棘轮压板 2 只、M3 柱头螺钉 2 只。

1. 装头轮

将 2 只头轮分别装入前夹板孔 1、孔 11 中。

技术要求：

(1) 装入时不可碰中心轮；

(2) 走时和打点头轮通用。

2. 装棘轮

将棘轮套入头轮轴上，再装上棘轮压板，并旋紧螺钉。

技术要求：

(1) 棘轮不能反装，螺钉必须旋紧，不得滑牙；

(2) 棘轮与夹板之间不得有间隙；

(3) 螺钉不得高于夹板 0.5mm 以上；

(4) 棘轮齿长短、缺角、生锈、压板损坏不得装入；

(5) 螺钉槽不得旋毛。

五、检验中心轮

1. 检验中心轮片

技术要求：中心轮片端面跳动不大于 0.2mm。

2. 检验中心轴

(1) 中心轴有否弯曲；

(2) 中心轴铣方榫铰螺钉工序有否遗漏。

技术要求：中心轴弯及铣方榫铰螺钉工序遗漏不能装入。

六、轮系的装配

零部件：走二轮、打二轮、打四轮、打三轮、走四轮、擒纵轮、打五轮、风轮，摩擦圆片、打点轴、后夹板、六角螺母4只、锤挡片、垫圈。

装配：

1. 装轮系

将走二轮放入孔2，打二轮放入孔12，打四轮放入孔14，打三轮放入孔13，擒纵轮放入孔5，走四轮放入孔4，打五轮放入孔15，风轮放入孔16，并套上摩擦圆片，打点轴放入孔10。

技术要求：

（1）风轮轴伸出摩擦圆片0.3mm左右；

（2）装入齿轮不得破坏轴榫；

（3）各齿轮轴榫与夹板孔配合间隙应在0.045~0.095mm，不许用铰刀铰前后夹板孔；

（4）缺角齿轮轴、凸轮及其他零件不得装入。

2. 装后夹板

将后夹板合上先套入下面两个夹板柱及头轮轴并旋上两个螺母，再由下至上逐个套入轴孔，旋紧上下4个螺母，调整各齿轮轮齿轴向间隙。

技术要求：

（1）各齿轮轴向间隙为0.2~0.5mm，推动走时轮系及打点轮系进行转动，转不动或有噪声，应对各齿轮检查（平面、销轮、轴等）；

（2）风轮动管与摩擦圆片的间隙在0.5~0.9mm之间。

七、润滑

零件：开口挡圈2只。

1. 装配

装开口挡圈 在走打头轮轴榫槽内装上开口挡圈。

技术要求：

（1）两只开口挡圈必须从同一面嵌入槽内，不准一正一反；

（2）开口挡圈必须钳紧，钳平、不可钳出毛头。

2. 润滑

将前后夹板各轴孔上进行加油，风轮摩擦圆片处不加油。

技术要求：

（1）钟油必须清洁，不得有杂物；

（2）钟油不许流到夹板眼孔外面。

3. 放弦

先检验棘轮是否压紧装平，将走打发条盒推向前夹板，先旋紧发条，然后放弦，走条放完后，用抬闸停住打五轮。

技术要求：

（1）上发条时发条盒要靠住前夹板；

（2）发条盒轴套同前夹板轴向间隙不大于1mm；

（3）走打二条要开足，最少不小于10转；

(4) 放弦有不正常（包括发条脱勾），必须检查原因并调整合格。

八、抬闸的装配

零部件：抬闸、开关、开口挡圈2只、拨齿凸轮。

装配：

1. 装抬闸

抬闸装入前夹板孔20，用开口挡圈轧紧，并调整同二角凸轮配合。

技术要求：

(1) 抬闸要同夹板平行，压弯要成直角；

(2) 抬闸小脚应搁在二角凸轮中间，并不准影响二角凸轮倒顺动作；

(3) 轴孔配合间隙0.06~0.13mm，轴向间隙0.2~0.5mm。

2. 装开关

将开关装入前夹板孔21，用开口挡圈轧紧。

技术要求：

(1) 打五轮止片要成直角不许向内弯曲，开关压弯要成直角，开关片同前夹板成平行；

(2) 轴孔配合间隙0.06~0.13mm，轴向间隙0.2~0.5mm。

3. 装拨齿凸轮

(1) 在打点凸轮刚好将打点锤落下，打五轮尚能旋转60°以上，不大于一整转，其止片刚好止于开关上，这时，将拨齿凸轮按停止位置压入打四轮轴上；

(2) 调整开关同止片配合非停止位置时，二者不得相碰，在停止位置时，开关闸住止片，余量不少于1mm。

技术要求：

(1) 拨齿凸轮同打四轮轴配合，摩擦力矩不少于600g·mm，拨销同打四轴的中心距是1.8mm，装配后，凸轮同夹板平行；

(2) 压拨齿凸轮时，不得扭弯打四轴，轴尖伸出凸轮面1.5~2mm；

(3) 当抬闸在最高位置时，其头部同开关片的间隙不少于0.6mm。

九、校拷

零部件：扇形齿、垫圈、过轮、时轮、过轮挡圈、开口挡圈2只。

装配：

1. 装扇形齿

(1) 将扇形齿套入轴上，应能自由转动，其松动最大极限为齿顶摇动距离1.6mm；

(2) 装上开口挡圈拉上拉簧；

(3) 调整开关片位置，使拨齿凸轮的拨销，在转动进入扇形齿时，刚好在两齿顶中间，当拨销未进入扇形齿时，拨齿凸轮不应抬动开关止钉；

(4) 转动中心轴使二角凸轮抬起抬闸，当短角到最高点时，扇形齿不得落下，当长角在抬闸落下前5min左右，扇形齿应自由落下。

技术要求：

(1) 扇形齿轴孔配合间隙为 0.03~0.11mm；
(2) 缺角齿形不得装入；
(3) 拨销进入扇形齿的深度为 1.2mm 左右，拨销应调整同夹板垂直；
(4) 拨销刚进入扇形齿时应在两齿中间偏移不大于 0.5mm；
(5) 拨销进入扇形齿齿根间隙为 0.2mm；
(6) 扇形齿轴跟打四轮轴的中心距为 45.95±0.7mm，扇形齿轴与中心轴的中心距为 23±0.1mm。

2. 装过轮、时轮

(1) 先在过轮轴上套入一只垫圈，再装上过轮，检查过轮轴的伸出齿部分，其槽以下要留出 0.5mm 左右地方来放置过轮挡圈，如有过大或过小，可调下面垫圈；
(2) 当二角凸轮的短角刚好放下抬闸，套入时轮，将十二角凸轮上的一点半尖角刚好对准扇形齿上弹簧片的尖角，对好后装上过轮挡圈及开口挡圈；
(3) 校验十二点时扇形齿同十二角凸轮的配合，并检验打点运转动作，直到最后一点停止动作完全符合要求时为止。

技术要求：

(1) 过轮轴向间隙 0.2~0.4mm 左右；
(2) 正点时，扇形齿弹簧片尖角对准十二角凸轮对应角中间；
(3) 打最后一点时，开关要落下扇形齿齿底 2mm 以下，拨齿凸轮才能离开扇形齿；
(4) 扇形齿同十二角凸轮的平面距离为 1mm 左右；
(5) 缺角齿轮不得装入；
(6) 扇形齿落入十二角凸轮内，打点时不许同拨销擦齿；
(7) 扇形齿落到十二角凸轮，每一整点在打点时不擦齿不错点。
(8) 校拷时不准用工钳钳过轮代拨针（轮片易钳坏）。

十、擒纵叉的装配

零部件：擒纵叉、小夹板、圆头螺钉 2 只。

装配：

1. 擒纵叉装入前夹板孔 6 内，将小夹板装上（用小夹板上面一只孔），并旋上 M3 螺钉 2 只；
2. 擒纵轮静止时装擒纵叉，上走发条 3 圈。

技术要求：

(1) 引摆杆紧松 40~60g·cm，上条不得超过 3 圈；
(2) 小夹板固定时可偏高一点以便调整。

十一、校走

零部件：上摆杆、直簧、打点锤。

装配：

1. 调整擒纵叉啮合

(1) 调整擒纵叉同擒纵轮的啮合；

（2）调整打点锤上抬高度，升高升角15°，在打点凸轮刚好将打点锤落下时，打五轮尚能旋转60°以上，不大于一整转，并检查风轮转动时的碰撞杂音及噪声；

（3）先将摆簧片（摆丝）调整到垂直，再将上摆杆套上，并调整引摆杆同上摆杆的位置，当钟机垂直时，上摆杆应在引摆杆中间要能前后自由活动。

技术要求：

（1）擒纵叉同擒纵轮的啮合要求是进出卡瓦（马脚），都要求在工作时擒纵轮齿尖刚好落在擒纵叉锁面约为0.2mm处，进出卡瓦落角应相等，不允许有顶齿现象；

（2）抬止片应平直；

（3）上摆杆钩子形状不正确，杆不平直不准装入。

2. 装打点锤

将打点锤套入打点轴，旋紧螺钉。

要求技术：

（1）打点锤的两根锤杆要平直，锤同锤杆座固定，不得松动，不得歪斜，在打点时，锤杆在打点锤抬顶高度上不碰撞锤挡片，用手抬打点锤顶高时，抬止片不碰蛋形孔；

（2）打点速度，打1点应在1~2s之间；

（3）打点锤螺钉必须旋紧；

（4）两锤头相间10mm。

第四节　摆钟的维修

一、摆钟的拆卸

统机摆钟拆卸程序：

（1）旋下压针螺母，取下分针、时针组件（旋压针螺母时不得碰坏钟面与钟壳）；

（2）旋下音簧螺钉，取下音簧组件；

（3）取下钟摆；

（4）旋下钟脚木螺钉，取下机芯。取下机芯后，在拆机芯之前，首先检查走时，报时二头轮组件是否有上发条，如发现有上发条，应用放发条的工具将发条放完，然后开始拆卸机芯；

（5）旋松打点锤上柱头螺钉，取下打点锤；

（6）将上摆杆向上顶，使上摆杆的弯钩脱出簧片销子，然后将上摆杆旋转90°，取下上摆杆（取下上摆杆时，不要碰弯碰坏摆簧片部件）；

（7）旋下小夹板上两只圆头螺钉，取下小夹板组件；

（8）取下擒纵叉组件；

（9）钳下过轮挡圈上的开口小挡圈，顺序取下过轮挡圈、时轮、过轮、过轮垫圈；

（10）取下开关拉簧；

（11）钳下扇形齿上开口小挡圈，取下扇形齿；

（12）用钳子钳住拨齿凸轮平面，垂直将拨齿凸轮拔下，拆拨齿凸轮时，不得扭弯打四轮轴；

(13) 钳下开关上的开口小挡圈，取下开关组件；
(14) 钳下抬闸上的开口小挡圈，取下抬闸组件；
(15) 钳下头轮上的 2 开口大挡圈（也可先拆头轮，如附注）；
(16) 旋下后夹板组件的 4 只六角螺母，取下后夹板；
(17) 顺序取下打点轴、擒纵轮、走四轮、走二轮、摩擦圆片、风轮、打五轮、打三轮、打四轮、打二轮；
(18) 旋下头轮上 2 只柱头螺钉，取下棘轮压板、棘轮、头轮；
(19) 钳下压簧销子，取下碗形垫圈、中心簧片、中心轮；
(20) 钳下中心轴上开口大挡圈，取下中心轴。

附注：不拆夹板，先拆头轮的方法：

在发条放弦以后，先拆下棘轮压板、棘轮及条轴开口销等。然后上提条轴并转动，待条轴上的对称槽口与前夹板上的缺口对正时，即可由前夹板缺口处，将条盒轮组件单独取出。此法不用拆卸夹板。如图 10-29 所示。

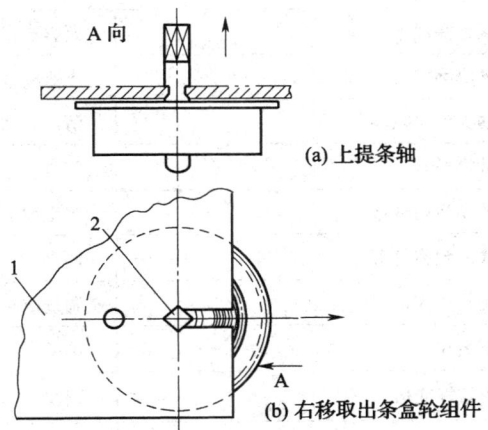

图 10-29 不拆夹板单拆条盒轮
1—夹板 2—条轴

二、摆钟常见故障及排除

摆钟常见故障及排除方法见表 10-1。

表 10-1 摆钟常见故障及排除方法

常见故障	故 障 原 因	排 除 方 法
每天快数分钟	摆锤太高	调低摆锤
每天慢数分钟	摆锤太低	调高摆锤
不规则慢很多	时针管松	轧紧时针管
	三轮片与三轮轴松	增加十字簧压力
分针下垂	分针压针螺母松	重新装针旋紧螺母
	分针脱出方榫	

续表

常见故障	故 障 原 因	排 除 方 法
不规则走快	擒纵轮漏齿	调整进出瓦锁值
停走	锁接太深	调整进出瓦锁值
	轴孔磨损	修正轴孔：① 挤压法 ② 镶套法
停走	轴榫断	镶轴榫或换轴
	轴榫弯	调直
	传动齿轮轮齿断	换齿轮或补齿
	传动齿轮齿弯	调整或换齿轮
	销轮轮销脱落	补轮销或换齿轮
	棘爪直簧断	换棘爪直簧
	发条断	换发条或接发条
时走时停	叉瓦深浅不当	调整进出瓦锁值
	叉脚磨损	先修磨叉脚，后调整锁值
	油泥污物阻碍	清污，加油
	轴榫微弯	整直
	传动齿轮微弯	修正齿形
	擒纵轮齿打弯	调直
	销轮轮销弯	调直或换销
	摆簧片变形	调换
	引摆杆变形	调整
乱打点	打正点数不对	重装针
	打点不在正点	重装时分针
	打点时多时少	调整扇形齿与十二角凸轮之间接触
	打点不停	① 止钉损坏。修复
		② 开关杠杆折弯变形。修正
不打点	打点发条断	换发条或接发条
	打点轮系轧死	清洗、加油
	打点轮系轮齿变形	修正齿形或换轮齿
	打点齿轮齿损	补齿或换齿轮
	打点齿轮轴榫弯	调直或换轴
	打点齿轮轴榫断	换轴或接轴榫
	打点销轮轮齿损	补轮销或换齿轮

续表

常见故障	故 障 原 因	排 除 方 法
时打时停	风轮转动不灵	清洗、加油
	风轮阻尼圈失灵	调换
	打点传动齿轮轮齿微弯	整修
	打点传动轴榫微弯	调直
	打点轮销微弯	调直
打点不响	打锤未着音棒	调整
	打锤轴套紧固螺钉松	重新紧固螺钉
	打点凸轮损坏	修整或换
	打点拨头错位或断	修整或换
打点音微	打锤距音棒远	调近距离
打点音闷	打锤距音棒太远	调近距离

第十一章 电子钟表

第一节 概　　述

电子钟表是现代电子技术与精密加工技术相结合的产物。自 20 世纪 50 年代第一代电子钟表出现，仅仅经过十多年时间，即 60 年代末，70 年代初，便相继诞生了第三代和第四代电子钟表。第一代电子钟表与机械钟表不同之处，主要是用电池代替了钟表的发条作为能源，而在走时精度上却没有多大改进。

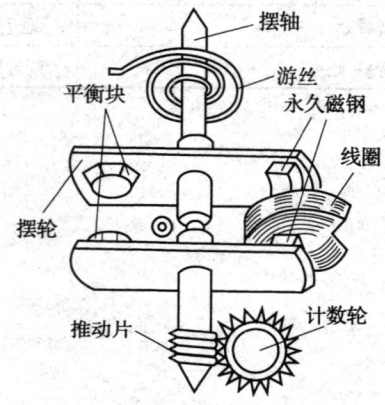

图 11-1　摆轮游丝系统

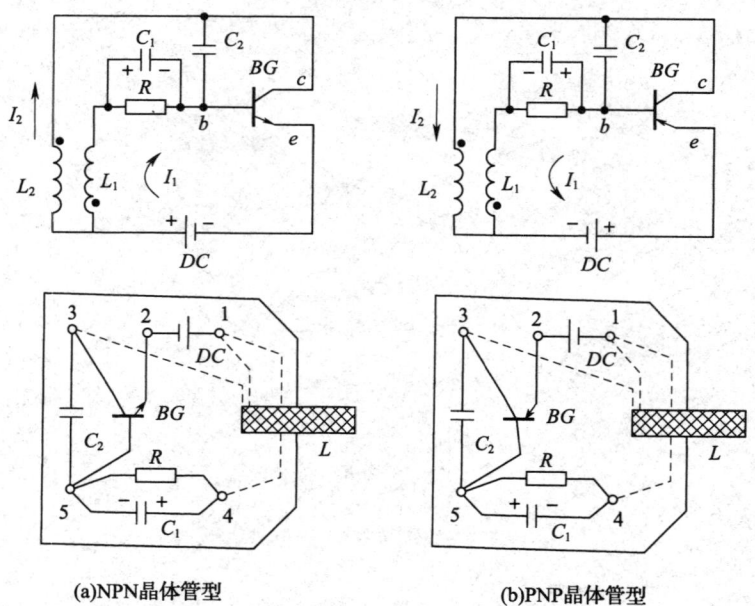

(a)NPN晶体管型　　　　　　　　　(b)PNP晶体管型

图 11-2　摆轮游丝式晶体管闹钟电子电路原理图

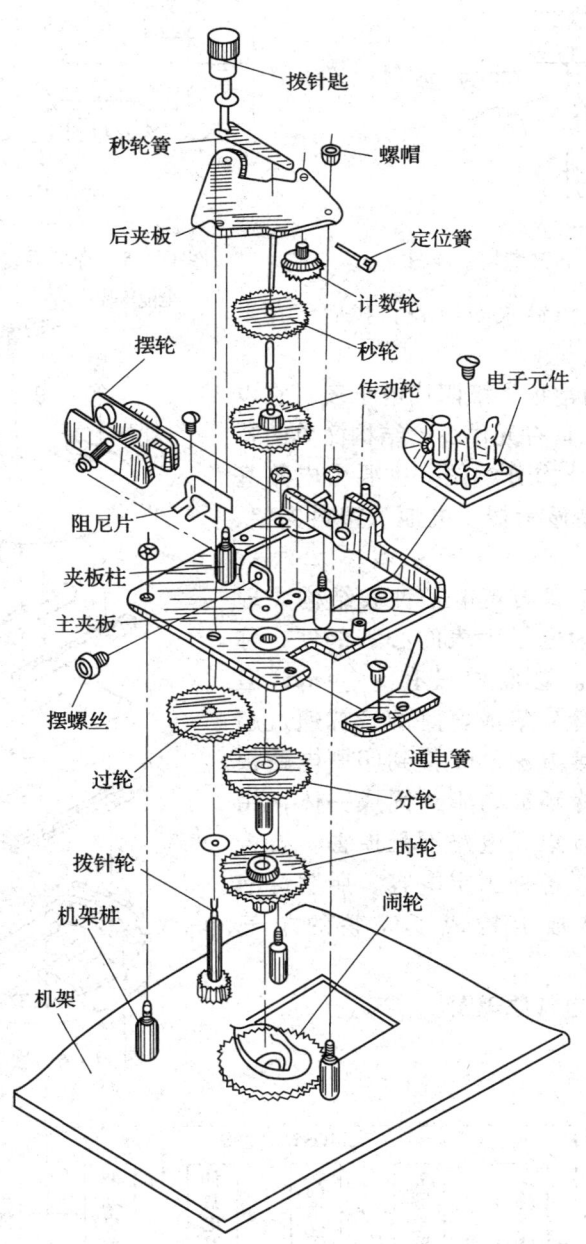

图 11-3　摆轮游丝式晶体管闹钟内部机芯构造

第二代电子钟表有了重大的改进，除了能源使用电池，在产生时标信号方面采用了音叉振荡器。图 11-4 是音叉棘轮结构图。图 11-5 是音叉手表的电路。它的走时精度有了一定的提高。

音叉的振动频率比摆轮游丝高百余倍。根据机芯结构，大多选用 360Hz。其频率稳定度是：$\dfrac{\Delta f}{f} = (1 \sim 3) \times 10^{-5}$

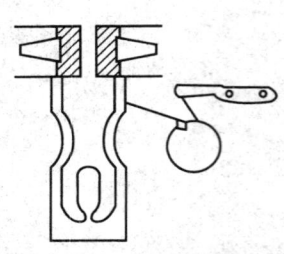
图 11-4 音叉棘轮结构图

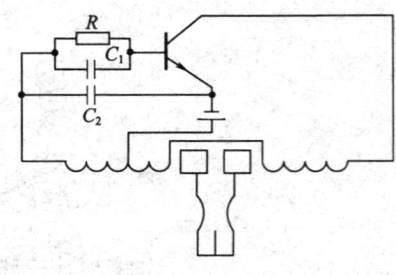
图 11-5 音叉手表的电路

第三代电子表是指针式石英表。我们将在下面章节讲到。

数字式石英表通常称为第四代电子表。它以数字形式显示时间。具有元件少，结构简单的特点。图 11-6 是它的结构分解图。主要由电路基板、导电橡胶、液晶显示器、电池、塑料支架、表壳和后盖等组成。

图 11-7 是数字式石英电子钟表结构原理图。图中虚线部分为电子手表的心脏部件，称为 CMOS 集成电路。总面积只有 $3\sim4mm^2$ 但包含有数千个晶体管。集成电路的管芯通过超声键盒或金属球焊等方法，焊接到印刷电路板上，并用特制的绝缘环氧树脂封固成一体，用来防护引线和 CMOS 集成电路不受损害。石英谐振器、微调电容、各种固定电容、照明灯泡等焊接在印刷线路板上构成了完整的电气线路。

图 11-8 所示为电气原理图。

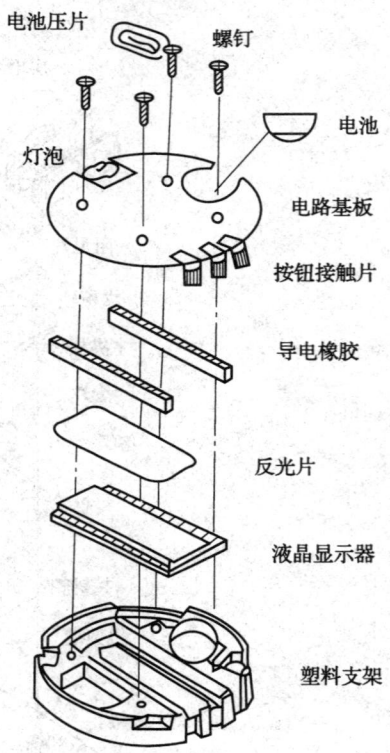
图 11-6 数字石英电子手表结构分解图

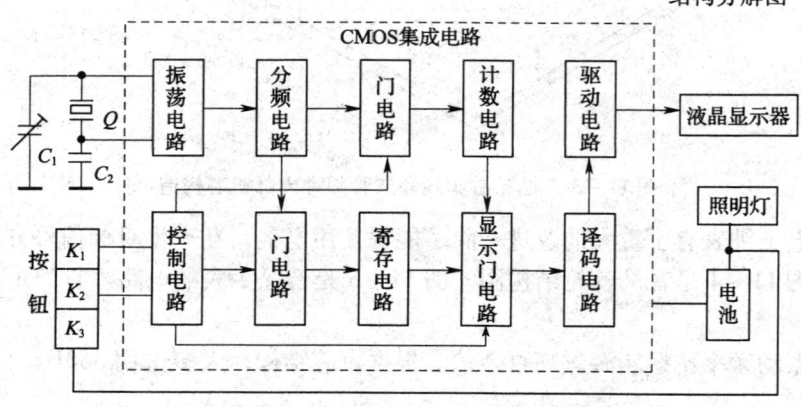
图 11-7 数字式石英电子钟表结构原理图

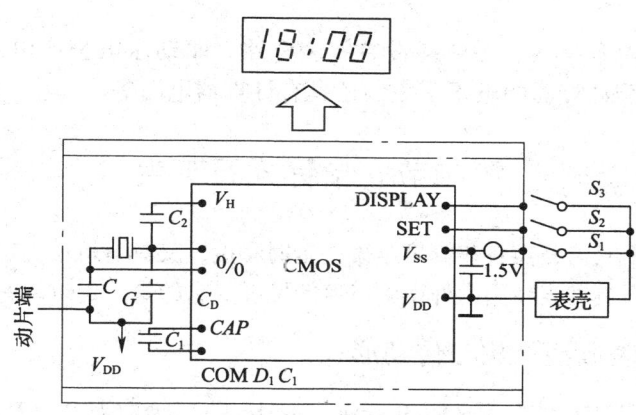

图 11-8 数字石英电子手表电气原理图

图中 0/1 为振荡输入端；DISPLAY 为置数端；V_{SS} 为电池负极；V_{DD} 为电源正极；0/0～V_{DD} 接微调电容；0/1～V_{DD} 接振荡电容；CAP～512 接升压电容；V_H～V_{DD} 接滤波电容；COM 为公共电极；SET 为置位端。

这里就电子手表中的心脏部分——CMOS 集成电路中的一些基本电路作些必要的说明。

1. 石英振荡电路

由石英振子和电容器与集成电路中的振荡电路构成一个石英振荡器，由石英振荡电路产生的 32768Hz 的振荡频率作为电子手表的计时基准。

2. 分频电路

由 CMOS 管组成的二分频电路组成十五级分频电路，将 32768Hz 的频率，依次分为 16384、8192、4096、……8、4、2、1Hz。将此标准信号送到计数器。

3. 计数电路

液晶显示式数字石英电子表的计数器主要有十进制计数器、六进制计数器、十二进制计数器和日计数器等。十进制计数器主要用于秒个位、分个位等。十二进制计数器主要用于时位和月位。日计数器主要用于日位。

4. 译码电路

通过译码电路将计数器输出的代码信号翻译成液晶显示器的笔画信号。译码器通过对字画亮或灭的控制实现正常的时间显示。

5. 驱动电路

从译码电路输出的是直流信号，而液晶显示器则是交流方波驱动。所以，需要驱动电路将译码电路输出的电压改变成 32Hz 的方波驱动液晶显示信号。

6. 倍压电路

液晶显示数字式石英电子表一般都使用 1.5V 左右的电源电压，而液晶显示器正常工作电压是它的 2～4 倍，就要使用倍压电路将电池电压升高到液晶显示屏所需要的电压。

7. 控制电路

在表壳上设置了各种按钮，每按一次调校按钮，就会有一个脉冲输入到控制电路。由控制电路中的调校程序计数器完成对时间的调校和各种功能的转换。

8. 其它电路

七功能以上的电子手表,一般还设有闹表电路,驱动压电型或电动型蜂鸣器报闹报时。另外,带有微型计算器的电子手表,还具有计算器电路等。

第二节 指针式石英表

指针式石英表既具有石英钟表高度准确的走时精度,又具有机械钟表丰富多彩的外观造型,因此,指针式石英钟表在国内外得到飞速的发展。它的最大走时误差,每月仅为 ±15s。

一、指针式石英表典型结构与传动形式

典型指针式石英表结构如图 11-9 所示。其中(a)为宝石花(DSE-3B);(b)为上海牌(DSH-14);(c)为钻石牌(DSZ-2)。

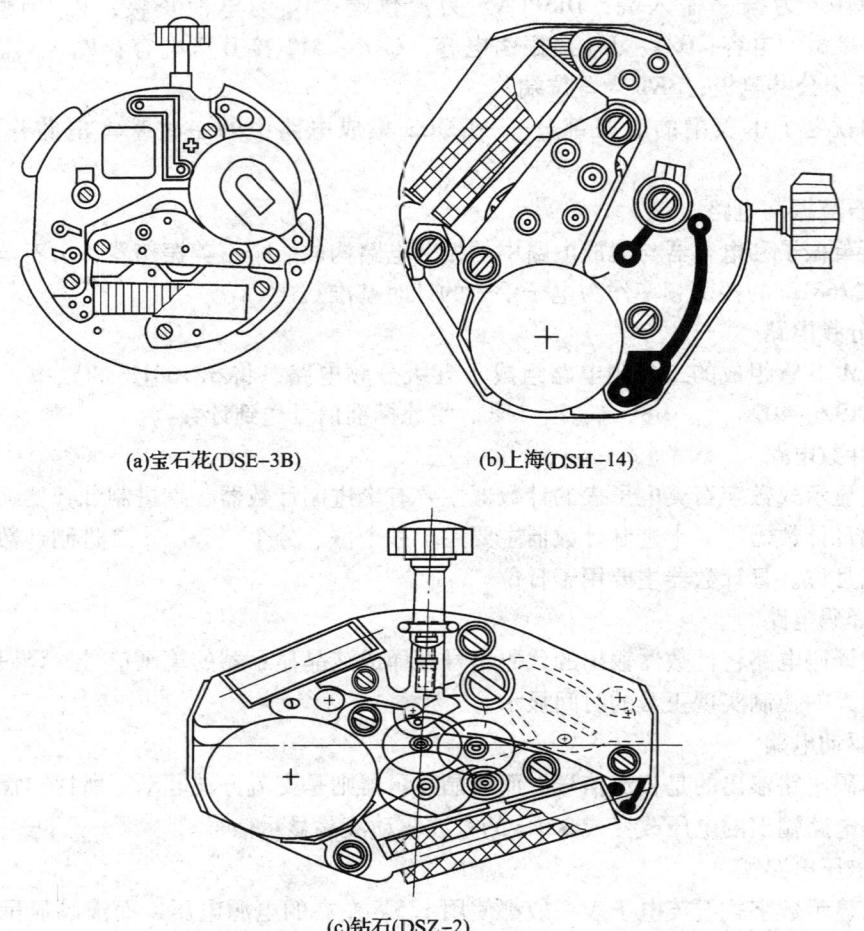

(a) 宝石花(DSE-3B)　　(b) 上海(DSH-14)

(c) 钻石(DSZ-2)

图 11-9 典型指针式石英表结构

典型指针式石英表传动形式如图 11-10 所示。其中(a)为宝石花(DSE-3B),(b)为上海(DSH-14),(c)为钻石(DSZ-2)指针式石英表的机芯传动图。

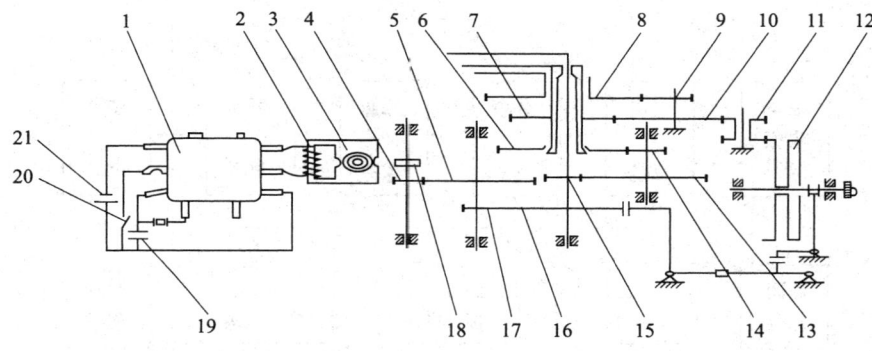

(a)宝石花(DSE-3B)

1—集成电路 2—线圈 3—定子 4—转子齿轴 5—传动轮片 6—分轮片
7—分轮 8—叶轮 9—跨齿轮 10—跨轮片 11—拨针轮 12—离合轮
13—过轮片 14—过齿轴 15—秒齿轴 16—秒轮片 17—传动齿轴
18—转子 19—微调电容 20—电止秒簧 21—电池

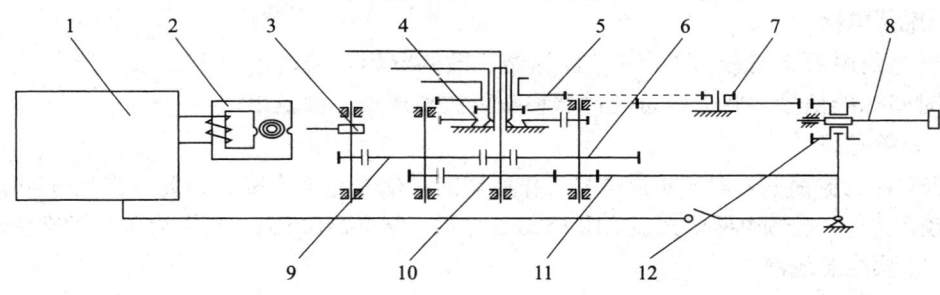

(b)上海(DSH-14)

1—集成电路 2—定子 3—转子 4—分轮 5—时轮 6—过轮 7—跨轮
8—自来柄 9—传动轮 10—秒轮 11—止秒簧 12—离合轮

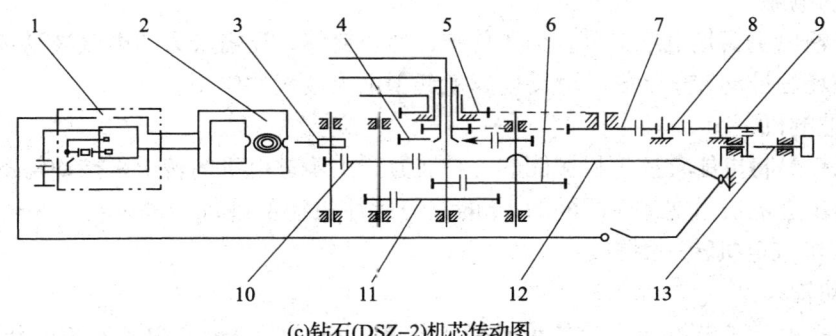

(c)钻石(DSZ-2)机芯传动图

1—集成电路 2—定子 3—转子 4—分轮 5—时轮 6—过轮 7—跨轮
8—拨针轮 9—拨针立轮 10—传动轮 11—秒轮 12—止秒簧 13—自来柄

图 11-10 典型指针式石英表机芯传动图

二、指针式石英表工作原理

指针式石英表工作原理如图 11-11 所示。下面分别讲述各部分的作用。

1. 石英谐振器

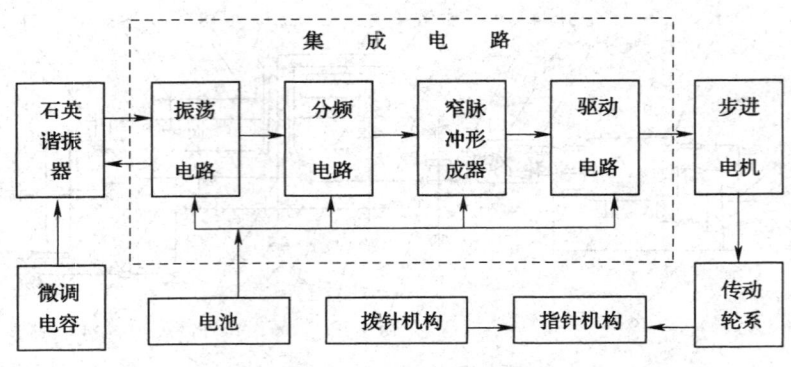

图 11-11　指针式石英表工作原理图

石英谐振器又称石英振子，是石英电子表的振动元件。它具有压电特性，手表用石英谐振器谐振频率多为 32768Hz，频率稳定度一般为 10^{-6} 数量级，它比摆轮游丝系统的频率稳定度要高出 100 倍。

2．振荡电路

振荡电路由石英谐振器、CMOS 反相器、微调电容及振荡电容等组成。产生 32768Hz 正弦波时间标准信号，并再经过缓冲器将正弦波整形成方波输出。

3．分频电路

32768Hz 的振荡信号对于步进电机工作所需的秒信号显然太高，因此，需用分频电路将信号的频率降低，分频电路电大多采用 16 级二分频，便得到 0.5Hz（周期为 2s）的准确信号。

4．窄脉冲形成器

步进电机完成一个步距（旋转半周）的动作，只需要 0.01s 的时间。为了避免不必要的能源浪费和可能的干扰，因此，将 0.5Hz 的方波转变为窄脉冲输出。

5．驱动电路

窄脉冲输出主要是电压信号，为了使步进电机旋转，还需较大的电流激励步进电机的线圈产生磁场去推动转子运转。驱动电路就起了电流放大的作用。

6．步进电机

步进电机是将电能转换为机械能的一种装置，由步进电机的转子来推动轮系转动。

手表用步进电机通常是在间隔为 1s 的双向脉冲驱动下进行步进运动。一个脉冲转子转动 180°，步进电机转一圈需 2s。

7．传动轮系

传动轮系由步进电机转子上的齿轴带动旋转，通过传动轮系中各对齿轮传动比的匹配，最后使秒轮、分轮和时轮按一定的转速转动，达到准确计时的目的。

指针式石英表的齿轮传动与机械手表的齿轮传动相比，具有如下特点：

（1）指针式石英表从转子齿轴到分轮的四级主传动为减速传动，而机械手表的主传动则为增速传动。

（2）指针式石英表的传动轮系在绝大部分时间内，处在"悬浮"状态。只是在集成电路输出脉冲的很短时间（一般为几毫秒）内，轮系才在步进电机输出力矩的作用下作瞬时转动。电机的电磁力矩与发条的力矩相比是极其微小的，因此，可以认为指针式石英表的轮系是处于"悬浮"的状态。

8．拨针机构

拨针机构的作用是校对时间，大多数指针式石英表的拨针机构与机械手表拨针机构相仿，其不同之处在于石英表不用上条，因而少了一个上条用的立轮，因此，离合轮也无需斜齿部分。

此外，上海牌 DSH-14 型指针式石英电子表，省掉了拨针轮，直接用离合轮直齿拨动跨轮，调整时间。

钻石牌 DSZ2 型指针式石英表，省去了离合轮和柄轴上的方榫，而改由拨针立轮和柄轴上的伞形齿啮合进行拨针。

有些双针的石英电子手表还采用电拨针机构。电拨针机构是依靠集成电路中的调整电路来实现拨针功能的，在拨针时，只要按下表壳外侧的拨针按钮，使调整电路导通，步进电机便会从驱动电路中得到频率高得多的连续脉冲，而使步进电机快速连续转动，通过传动系统使指针快速转动，从而实现拨针的功能。电拨针机构只能按顺时针方向拨针，电动拨针耗电量会大增。

9．微调电容

微调电容作为一个分立元件，单独焊接在印刷电路板上，用它调节石英振荡器的振荡频率。

10．电池

手表常用的是银锌扣式电池。作为指针式石英表的电源，它给集成电路、步进电机的工作提供能量。

第三节　指针式石英钟

图 11-12 为指针式石英闹钟传动示意图。

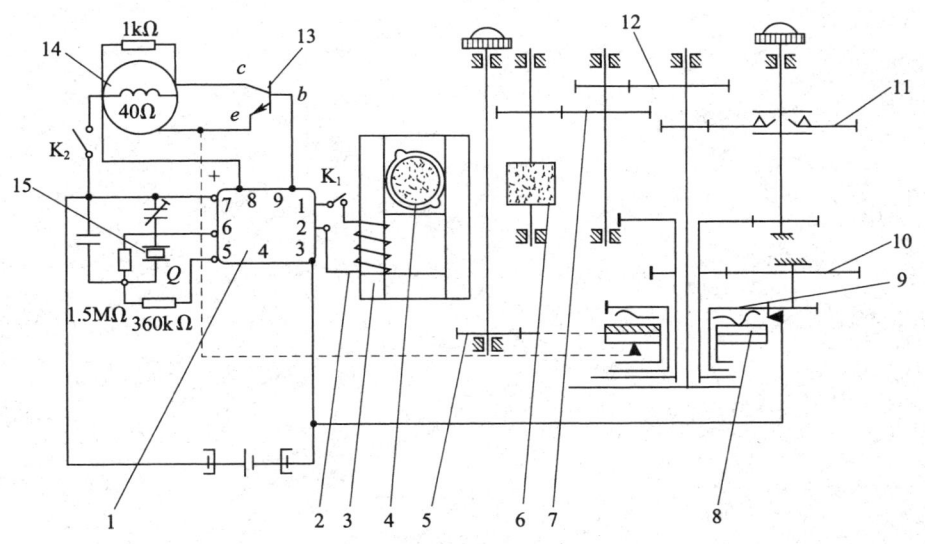

图 11-12　指针式石英闹钟传动示意图

1—集成电路　2—线圈　3—定子　4—转子　5—对闹轮　6—转子（同4）　7—传动轮（二轮）
8—闹轮　9—时轮　10—拨针轮　11—过轮　12—秒轮　13—三极管　14—蜂鸣器　15—石英谐振器

图 11-13 为指针式石英闹钟工作原理图。

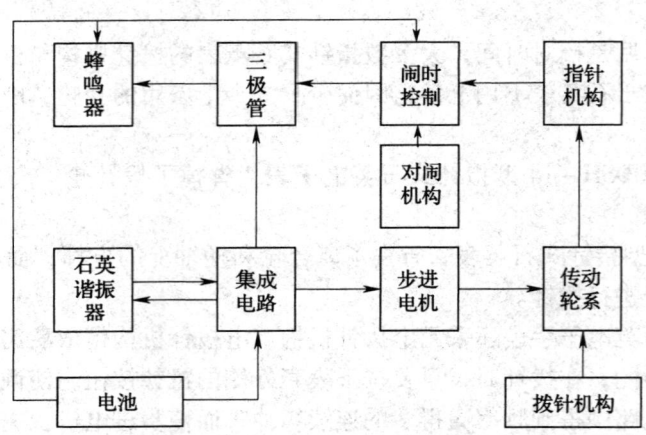

图 11-13　指针式石英闹钟工作原理图

第十二章 石英谐振器

石英晶体的压电效应于 19 世纪 80 年代首先被法国科学家发现。20 世纪 30 年代初，石英技术开始应用到钟表计时上，但石英在钟表中广泛应用却是在 20 世纪 60 年代石英振子被小型化以后。随着石英电子钟表不断向薄型、小型化和中高档产品发展，对石英晶体和石英谐振器的小型化还在不断地开拓、创新。

第一节 石 英 晶 体

石英晶体是无水二氧化硅的结晶体，密度为 2.65g/cm^3。天然石英晶体是六棱锥体，它属于三方晶系，没有对称中心。它的外部由五种类型的面所组成。这五种类型的面分别称为 R、r、S、X 和 m，每种都有 6 个，因此，天然石英晶体共有 30 个晶面。如图 12 – 1 所示。

R 面叫大菱面，r 面叫小菱面。3 个 R 面和 3 个 r 面组成两端的六面棱锥。还有三方双锥面 S 和三方偏方面 X，它们都分布在大菱面 R 的附近。根据它们分布的位置，石英晶体可分为右旋石英和左旋石英。如图 12 – 2 所示。

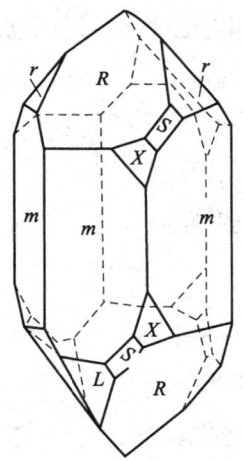

图 12 – 1 石英晶体外形平面的名称代号

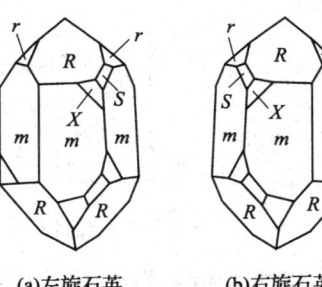

(a) 左旋石英　　(b) 右旋石英

图 12 – 2 左旋和右旋石英

在讨论石英晶体的物理性质时，为了研究问题的方便，通常采用直角坐标系，如图 12 – 3 所示。

通过晶体两顶端并与晶体横截面垂直的轴线为 Z 轴，与 Z 轴垂直，并与晶体柱面 m 垂直的轴线为 Y 轴。通过柱面 m 的交线，与 Z 轴和 Y 轴垂直的轴线为 X 轴。

X 轴具有压电效应，所以 X 轴又称电轴；Y 轴在晶体受力时产生的机械变形最大，所以又称为机械轴；Z 轴在光线通过时不产生双折射现象，因而 Z 轴又称光轴。

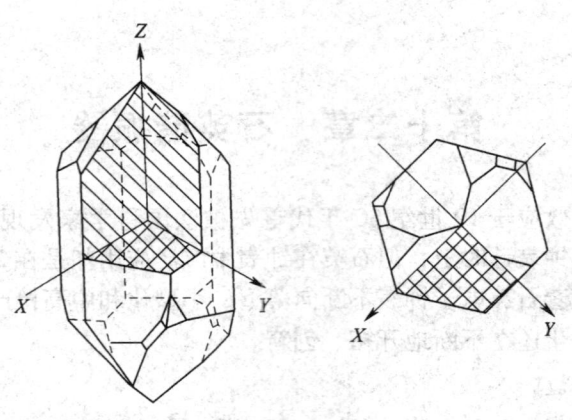

图 12-3　石英晶体的坐标

第二节　石英晶体的压电效应

如上节所述，在不同的方向，石英晶体具有不同的物理特性，其中最重要的就是压电效应。

压电效应分为正压电效应和逆压电效应。

正压电效应：当石英晶体受到一定方向上的力的作用时，它的某些表面上出现电荷。

逆压电效应：当石英晶体受到电场的作用时，它的某些方向出现形变。

石英晶体正压电效应实际上是由机械能变化引起电能变化；逆压电效应是由电能变化引起机械能变化，如图 12-4 所示。

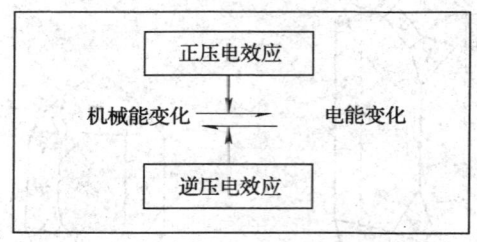

图 12-4　压电效应的能量变化

实际上，我们若给"XY"切型石英晶片在 X 方向施加压力，或在 Y 方向施加拉力，则在垂直于 X 轴的两个晶片表面上将产生电荷，如图 12-5 所示。

若对石英晶片在 X 方向施加相反的拉力，或在 Y 方向施加相反的压力，则在垂直于 X 轴的两个晶体表面上出现与上述情况方向相反的电荷，如图 12-6 所示。

上述机械能变化引起电能变化的现象即为正压电效应。由此产生的电场 E 的大小与机械压力或拉力产生的机械形变 S 成正比：

$$E = k_1 S$$

式中，k_1 为常数。

反之，在石英晶片的两面之间加一个电场 E，根据电场方向的不同，石英晶片将沿 X 轴或 Y 轴伸长或缩短。伸长量或缩短量与电场强度成正比：

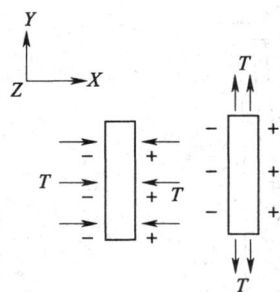

图 12-5 正压电效应之一

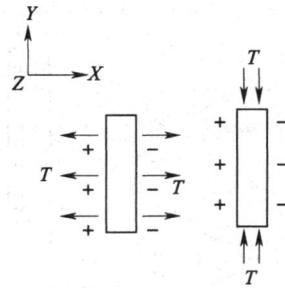

图 12-6 正压电效应之二

$$S = k_2 E$$

式中，k_2 为常量；

S 为伸缩量。

上述电能变化引起机械能变化的现象即为逆压电效应，如图 12-7 所示。

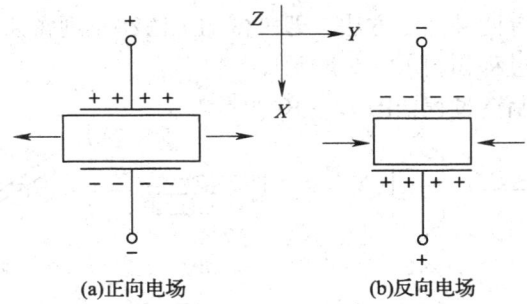

图 12-7 石英晶体逆压电效应示意图

不难看出，石英晶体的正、逆压电效应是可以互相转化的。若将石英晶体置于交变的电场内，则在交变电场的作用下，晶体将有伸长和缩短的变化，形成机械振动（振动频率与所加交变电场的频率相等）；反过来，晶体振动时，在它的两面上产生交变的电荷，在外电路可出现交变的电流。

第三节　石英谐振器的制造过程

石英谐振器常用的有圆片型、棒型、音叉型。

音叉型石英谐振器体积小，抗冲击性能好、频率低，其谐振频率为 32.768kHz，适于用在石英手表中。近来，不少石英钟也采用了这种低频石英谐振器。

圆片型为高频石英谐振器，其谐振频率为 4.194304MHz，它大多为石英钟采用。

棒状石英谐振器由于其抗冲击性能较差、体积也较大，因而不能适应小型化的石英手表需要。

目前，大量生产的是音叉型石英谐振器，石英音叉的振动属于弯曲振动模式。叉臂一端固定，一端自由地弯曲振动，其频率是两端自由弯曲振动的 0.16 倍，图 12-8 是 +5°X 石英音叉的逆压电振动变形原理。

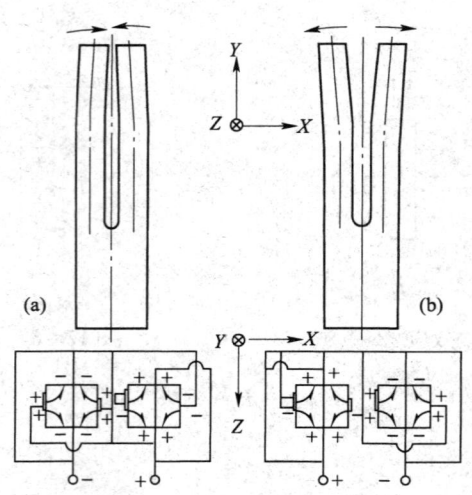

图 12-8 +5°X 石英音叉逆压电振动变形原理

音叉型石英谐振器有两种加工方法，即机械加工法和光刻腐蚀法。我国目前大多采用机械加工法，它的制造过程如图 12-9 所示。

圆片型石英谐振器制造过程如图 12-10 所示。

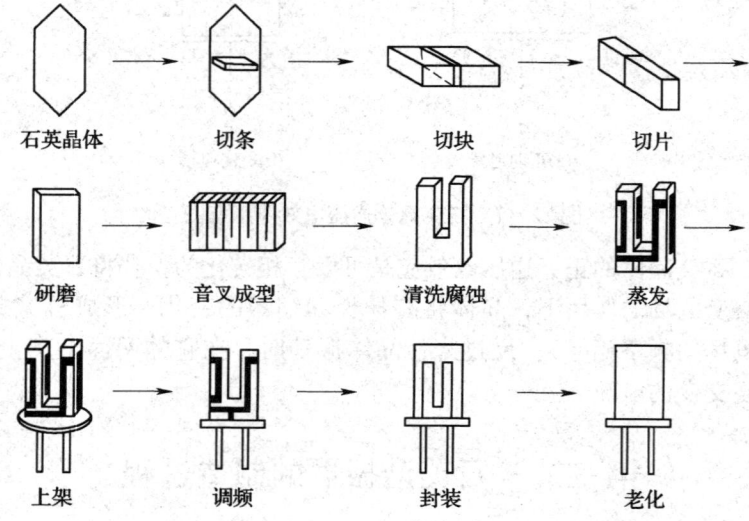

图 12-9 音叉型石英谐振器制造过程示意图

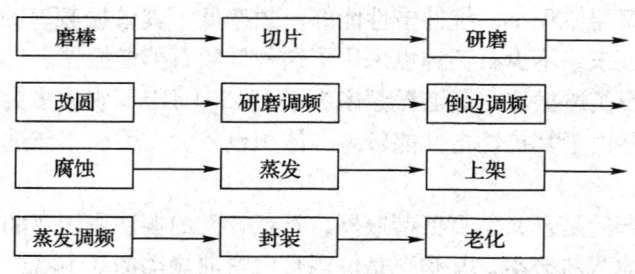

图 12-10 圆片型石英谐振器制造过程

1. 石英晶体的切割

自然形式的原始石英晶体在电子电路上是无用的，必须将其切割成不同尺寸和形状的晶体片，使其具有特殊的压电性质。采用不同的切角还可获得不同的温度特性。现在对石英晶片的切割已形成标准切型，这些标准切型符号有两种表示方法：一种是 IRE 标准规定的符号表示法，另一种是石英晶体所特有的习惯符号表示法。如 AT、BT、CT、NT、MT 等。它们分别表示了在晶体坐标系中，石英晶片沿某种轴和某个方位切割的方法。

当石英原料选定后，就将石英原料切割成所需要的切型。但在切割前必须知道石英结晶轴的位置，人造石英的外形如 R、r、m 面等，比较自然明显。寻找其结晶轴并不困难，有了结晶轴就可以切割正、负切角。一般，先将晶体切割成条、块，再切割成晶体片。石英晶体的切割机有多种，如旋转式切割机、多刃切割机等。前者多用作切割晶体块，后者多用作切割晶体片，其优点是效率高、用料省和晶片切割质量好。

2. 研磨

研磨是对石英晶片毛坯的厚度和外形尺寸采用不同粒度的磨料进行粗、中、细、精一系列研磨，使石英晶片的厚度、外形尺寸、精度、表面粗糙度达到设计的技术要求。此外，还必须完全除去上道工序留在晶体片上的应力破坏层。研磨压力应不大于 20kPa，若超过此值，应对研磨机进行调整。

常用的磨料是碳化硅、白刚玉、碳化硼和金刚石。其中，白刚玉硬度最低，适于细磨和精磨。使用时可加适当比例的水和油。

常用设备有游星式双面研磨机和偏心式双面研磨机等，对"AT 切"圆形晶片改圆工序可用外圆磨床和无心磨床。

音叉外形较为特殊，一般采用研磨方法是不能加工成型的，所以音叉加工成型大多采用高精度的多刃切割机或线锯机。在这种设备上加工后的音叉型晶片表面，已经达到了音叉外形精度和表面精度，不必再进行研磨。

"AT 切"圆片在研磨时能起到调频作用，所以，在研磨时一定要严格控制其频率变化。

3. 清洗、腐蚀

研磨工序送交腐蚀工序的石英晶片应对最终尺寸留有加工余量，尤其是音叉型晶片的厚度，一般要有 0.01 ~ 0.03mm 的余量，作为腐蚀量。

清洗是先将晶片去蜡、脱脂或除去粘结剂。再用重铬酸钾硫酸溶液加热清洗，去掉有机物，然后用纯水冲洗。

清洗后进行腐蚀，腐蚀是去掉由磨料和石英微粒构成的破坏层，晶片腐蚀一般用氢氟酸、氟化氨。腐蚀应严格控制腐蚀液浓度、温度和时间。

腐蚀后须用碱水、纯水清洗及无水乙醇超声清洗，最后用氮气吹干，或放入真空烘箱烘干，并放在密闭干燥容器中。

4. 蒸发（被电极）

石英晶片蒸发电极一般采用蒸银或蒸金，也有采用多层金属膜蒸发。先蒸铬，再蒸银，可增加金属层和晶片之间的结合强度，还可直接焊接上架，与管座引脚直接焊接在一起。

蒸发时，需用掩膜板将需要镀膜部分镂空，不镀部分掩住。由于电极形状复杂，相对掩膜板精度要求也很高。制造也很困难，一般也可用光刻腐蚀法来加工。

"AT 切"圆片晶片电极采用圆形，掩膜板也较简单。

5. 上架

音叉晶片上架可直接焊接在管座支架上,因而对金属膜蒸发要求更高。焊锡一般采用银锡合金,其优点是可提高焊锡温度,增加机械强度,另一方面提高导电性能。

"AT切"上架需用弹簧圈式电极引线。

6. 调频

调频分粗调和精调,音叉型主要由两臂的长度和宽度决定频率,由于改变音叉臂的宽度较难,所以,目前一般都采用调整音叉叉臂长度尺寸来调频。

7. 封装

封装是将上架和调频后的晶体装入外壳,对于音叉谐振器采用冷挤压密封。为了使振动阻尼大大减小,使动态电阻降低,一般选用抽真空金属膜冷挤压封装。

"AT切"圆片高频石英谐振器也是采用金属封装。也有一些是采用金属锡焊封装。

第四节 石英谐振器的特性

一、石英谐振器的等效电路

石英谐振器可以用一个由电感线圈、电容器和电阻所构成的振荡电路来等效,如图12-11所示。图中等效电感 L_1 等效电容 C_1 由石英晶体的切型、尺寸和电极的尺寸和形状来确定;等效电阻 R_1 与本身结构和外界因素有关;C_0 是等效静态电容;它与晶体的尺寸、金属镀膜和支架引线的电容有关。

二、石英谐振器的阻抗频率特性

在图12-11等效电路中,L_1、C_1、R_1 组成串联谐振回路,由于 R_1 很小,忽略其对谐振频率的影响,串联电路的谐振频率为:

$$f_s = \frac{1}{2\pi\sqrt{L_1 C_1}} \tag{12-1}$$

式中 f_s——串联谐振频率。

L_1、C_1 又与 C_0 组成并联谐振电路,谐振频率为:

$$f_p = \frac{1}{2\pi\sqrt{L_1 \dfrac{C_0 \cdot C_1}{C_0 + C_1}}} \tag{12-2}$$

式中 f_p——并联谐振频率。

等效电阻 R_1 很小,可以忽略它的影响,石英谐振器的阻抗频率特性可用图12-12的 $Z-f$ 曲线表示。

图中,Z 为阻抗,f_s 为串联谐振点,f_p 为并联谐振点。由曲线可见,两段曲线阻抗都随频率 f 的增加而上升。

当工作频率 $f<f_s$ 时,阻抗 Z 是负值,呈容性;当工作频率在 f_s 和 f_p 之间,阻抗 Z 是正值,呈感性,当 $f>f_p$,阻抗是负值又呈容性。

由于石英谐振器的 $C_0 \gg C_1$,所以,串联谐振点 f_s 与并联谐振点 f_p 非常接近。串联谐振频率与并联谐振频率之间的频带宽度 Δf_{ps} 很小。

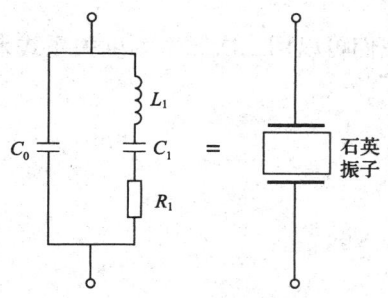 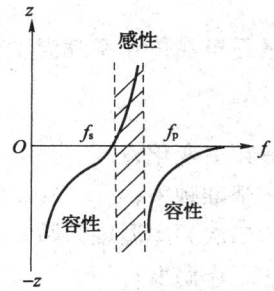

图 12-11 石英谐振器等效电路 　　图 12-12 石英谐振器的阻抗频率特性

$$\Delta f_{ps} = \frac{C_1}{2C_0} f_s \tag{12-3}$$

例：某指针式石英电子手表中的石英谐振器，其 $C_1 = 2 \times 10^{-9} \mu F$，$C_0 = 2.5 \times 10^{-6} \mu F$，则当 $f_s = 32768 Hz$ 时，求频带宽 Δf_{ps}。

解：$\Delta f_{ps} = \frac{C_1}{2C_0} \cdot f_s = \frac{2 \times 10^{-9}}{2 \times 2.5 \times 10^{-6}} \times 32768 = 13.1$（Hz）

石英谐振器一般都工作在 $f_s \sim f_p$ 范围内。在这一非常窄小范围内，石英谐振器呈现的感性很大，它的感抗随频率变化而增大。因此，当石英谐振器的内部参数变化不满足振荡条件时，频率只要有一个很小的变化 Δf，就能产生一个很大的阻抗，以补偿由于内部参数变化引起的阻抗的变化，使石英振荡器重新进入平衡状态，达到稳定振荡。这就是石英振荡器比一般 LC 振荡器稳定的根本原因。

三、石英谐振器的品质因数

石英谐振器的品质因数——Q 值，是一个很重要的参数，对石英谐振器的频率特性的稳定性有着极其重要的作用。随品质因数的提高，频率的稳定性也随之提高。

石英谐振器品质因数表达式：

$$Q = 2\pi \times \frac{\text{内部储存能量}}{\text{每周期内消耗能量}} \tag{12-4}$$

或

$$Q = 2\pi \frac{fL_1}{R_1} \tag{12-5}$$

从式中可以看出，石英谐振器内部储存能量越高，消耗能量越小，则 Q 值越大，频率的稳定性越高。石英电子钟表用石英谐振器的 Q 值比一般机械表要高出一百多倍，它的数量级约为几万到几百万。例如，石英手表中常用的石英谐振器 $L_1 = 1.079 \times 10^4 H$，$R_1 = 21 k\Omega$。在使用频率为 $f = 32768 Hz$ 时，

$$Q = 2\pi \frac{fL_1}{R_1} = \frac{2\pi \times 32768 \times 1.079 \times 10^4}{21 \times 10^3} = 1.05 \times 10^5$$

由于石英谐振器品质因数高，因而其频率稳定度也较好。一般，石英谐振器的频率稳定度至少在 10^{-4} 以上，最高能达 10^{-11}。中等精度的石英谐振器为 10^{-6} 的数量级，石英电子手表中多数采用中等精度的石英谐振器，它能使日差保持在 0.5s 以内，月误差在 15s 以内。

四、石英晶体的频率温度特性

石英谐振器虽是一个精确而稳定的电子元件，但它的谐振频率也要受温度的影响而发

生改变。

为了衡量石英晶体频率随温度变化的程度，我们可以用二次频率温度关系式来表达：

$$\frac{\Delta f}{f} = C(T - T_0)^2 \qquad (12-6)$$

式中　　Δf——频率变化；

　　　　f——基准频率；

　　　　C——二次频率温度系数；

　　　　T——工作温度；

　　　　T_0——拐点温度。

不同切型的二次频率温度特性曲线如图 12-13 所示。

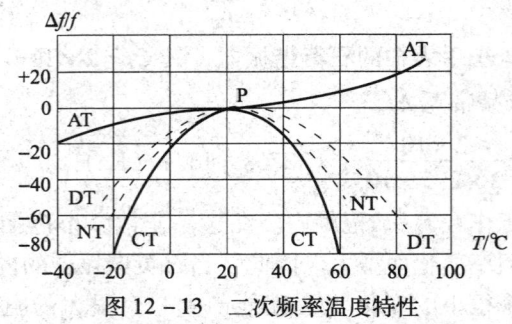

图 12-13　二次频率温度特性

图中，横坐标为温度的变化，纵坐标为频率的相对变化，由图可见，每条曲线各点的斜率是不同的。曲线在某一点的斜率大，说明在这个温度附近频率的温度稳定性差。反之，某一点的斜率小，则频率的温度稳定性好。图中 CT、NT（包括 BT、+5°X）、DT 的曲线"顶点"P，及 AT 在"顶点"P 附近的这一段曲线的斜率均为零。我们称它为零频率温度系数点。零频率温度系数点大约在 25℃ 左右。在这一温度附近频率的温度稳定性最好，即在 25℃ 附近，石英晶体的频率变化 $\Delta f = 0$。若在 25℃ 室温下调整石英振荡器，则应使振荡频率调高些。因为除了"AT 切"之外，一旦温度变化，晶体频率都要降低，手表走慢。如预先调高输出频率，一旦温度变化，便可得到补偿，提高走时精度。

第五节　石英谐振器的结构与特性参数

一、石英谐振器的结构

石英电子钟表用石英谐振器有圆柱式、扁平式和圆平式，圆柱式用于音叉状石英晶体片，扁平式用于棒状石英晶体片、圆平式用于圆片状石英晶体片。如图 12-14 所示。金属外壳起密封和保护作用，底座起密封和支承石英晶体片的作用。图 12-15 所示为圆柱式石英谐振器的结构示意图，图 12-16 所示为扁平式石英谐振器的结构示意图，图 12-17 所示为圆平式石英谐振器的结构示意图。

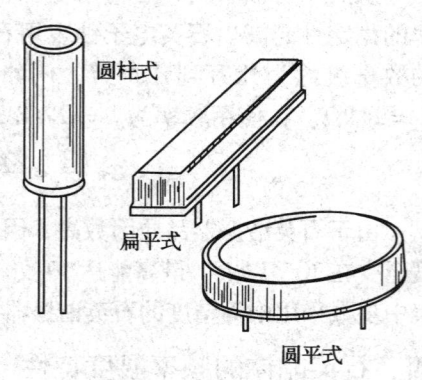

图 12-14　石英谐振器的外形

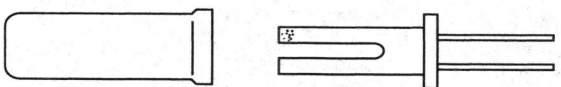

图 12-15　圆柱式石英谐振器的结构示意图

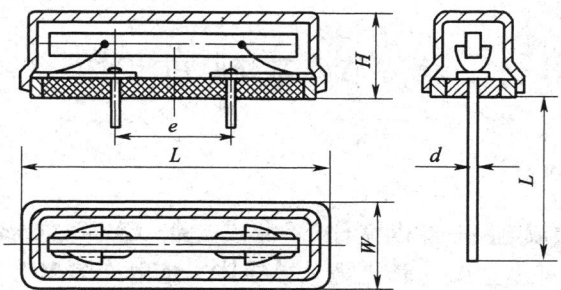

图 12-16　扁平式石英谐振器结构示意图

图 12-17　圆平式石英谐振器结构示意图

二、石英谐振器的特性

+5°X 音叉型、NT 音叉型和 AT 圆片型石英谐振器特性如表 12-1 所示。

表 12-1　　　　　　　　　几种石英谐振器的特性

序号	特性	符号	单位	标 准 值		
				+5°X 音叉	NT 音叉	AT 圆片
1	标准频率	f	Hz	32768	32768	4194304
2	等效电感	L_1	H	8700	118000	0.38
3	等效电阻	R_1	kΩ	35	350	40
4	等效电容	C_1	PF	0.0027	0.0002	0.0038
5	静态电容	C_0	PF	1.7	0.2	3
6	负载电容	C_1	PF	13	2	21
7	激励电平	P	μW	1	0.2	200
8	品质因数	Q	-	75000	7000	>250000
9	零频率温度	T_0	℃	25°±5°	25°±5°	
10	工作温度范围	-	℃		-10～+60	
11	贮存温度范围	-	℃		-30～+70	
12	绝缘电阻	-	MΩ		≥100	

第十三章 集 成 电 路

第一节 基 础 知 识

一、MOS 晶体管

石英电子钟表的集成电路一般也称 CMOS 集成电路。CMOS（Complementary Metel Oxide-Semiconductor）即为互补型金属 – 氧化物 – 半导体，是由许多 MOS 晶体管在一块面积为 $3 \sim 4 mm^2$ 的硅片上集成的电路。MOS 晶体管分为 NMOS 晶体管（如图 13 – 1 所示）和 PMOS 晶体管（如图 13 – 2 所示）。

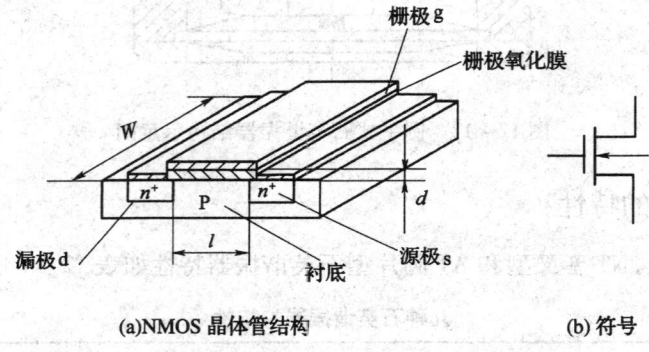

图 13 – 1　NMOS 晶体管结构及符号

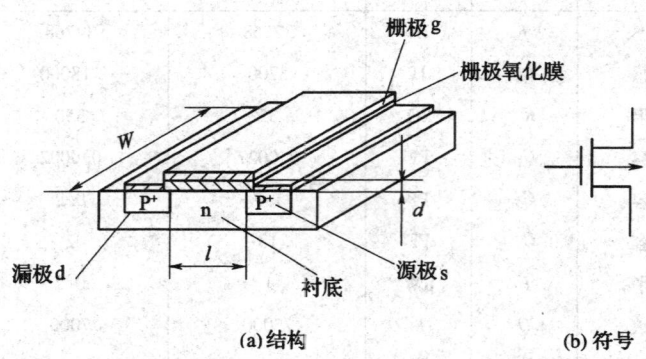

图 13 – 2　PMOS 晶体管结构及符号

NMOS 晶体管是用 P 型半导体硅作衬底，在硅表面制成两个高掺杂的 N 离子扩散区，分别叫"源"扩散区和"漏"扩散区，并引出两电极引线，称为源极和漏极，分别用 s 和 d 表示。在两个扩散区之间的硅表面上，有一层薄的绝缘氧化膜，在这层氧化膜上还覆盖着一层金属电极，称为栅极，用 g 表示。图 13 – 1（a）是结构示意图，图 13 – 1（b）是 NMOS 晶体管的符号，中间箭头向里指。

当栅极没有附加电压时，从 N 型源极到 N 型漏极之间隔着 P 型区。这时，不论在源极和漏极之间加上极性如何的电压，因源极和漏极之间电阻很大，它们之间都不导通。

当栅极有较小正电压 U_{gsn} 时，在栅极下面产生了一个电场。在这个电场作用下，P 型半导体中的空穴受到排斥，从而源极和漏极之间的半导体表面上组成一个空间电荷区，这时源极和漏极之间仍然是不导通的。

在栅极正电压 U_{gsn} 进一步增强的情况下，栅极下面的电场增强。在这个强电场作用下，源区的负电荷——自由电子被诱导到栅极下面的半导体表面，形成一个 N 型半导体层，把源区和漏区连接起来。这时当漏极和源极之间加上一定电压时，就会有电流流过。

从上面的分析可以看出，漏极和源极之间是否导电，取决于栅极电压，并且栅极电压要达到一定的数值。刚刚能形成导电沟道的栅极电压的数值，叫做开启电压，用 U_{Tn} 表示。

PMOS 晶体管与 NMOS 晶体管在结构、工作原理和特性方面都相似，所不同的是 PMOS 晶体管的源极和漏极的材料是 P 型半导体，衬底是 N 型半导体，栅极加正电压时截止，加负电压时导通。其开启电压用 U_{TP} 表示。PMOS 晶体管结构示意图如图 13-2（a）所示，图 13-2（b）为其符号，中间箭头向外指。

二、逻辑代数基础

1. 逻辑状态的表示方法

我们把对立的逻辑状态用"0"和"1"来表示。在这里 0 与 1 并不表示通常数字中的数量大小，而只是作为一种符号。表示电路电位的高与低，脉冲的有与无，开关的开与合等。而在电路中，通常用 1 表示高电位，用 0 表示低电位。

2. 基本运算

最基本的逻辑关系有"与"、"或"和"非"三种。基本逻辑运算有逻辑乘，逻辑加和逻辑非。在运算过程中，常令 A、B、C、D 等字母为逻辑变量，其取值只能是 0 或 1。

逻辑乘表达式：$L = A \cdot B$，式中，L 为逻辑函数，是变量 A 和 B 进行逻辑乘运算的结果。只有当 A 和 B 都为 1 时，L 才为 1，A 和 B 有一个为 0 时 $L = 0$。

逻辑加表达式：$L = A + B$，只要 A 和 B 中有一个为 1 时，则 L 就为 1，A 和 B 全为 0 时，L 才为 0。

逻辑非表达式：$L = \bar{A}$，当 $A = 1$ 时，$L = \bar{A} = 0$；当 $A = 0$ 时，$L = \bar{A} = 1$。逻辑非又称反运算。

第二节 单元电路

一、CMOS 反相器

CMOS 反相器是互补型 MOS 反相器，由一个 NMOS 晶体管和一个 PMOS 晶体管串联构成，如图 13-3（a）所示。BG_1 和 BG_2 的栅极接在一起作为反相器的输入端，漏极连在一起作为输出端，工作时 BG_1 的源极接电源的正端 $+U_{DD}$，BG_2 的源极接电源的负端 $-U_{SS}$。一般取 $U_{DD} > |U_{TP}| + U_{Tn}$（$U_{Tn} > 0$，$U_{TP} < 0$）。

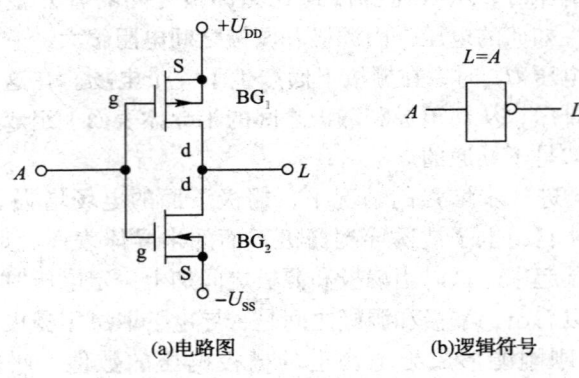

(a)电路图　　　　　　(b)逻辑符号

图 13-3　CMOS 反相器

当输入为低电位，即 $A=0$ 时，NMOS 晶体管（BG_2）截止，PMOS 晶体管（BG_1）导通，输出是高电位，即 $L=1$。

当输入为高电位，即 $A=1$ 时，NMOS 晶体管导通，PMOS 晶体管截止，输出是低电位，即 $L=0$。

CMOS 反相器逻辑符号如图 13-3（b）所示。

CMOS 反相器的逻辑表达式为：

$$L = \bar{A}$$

CMOS 反相器的真值表（正确描述输入、输出之间逻辑关系的表格）如下：

输入	输出
A	L
1	0
0	1

二、CMOS 与非门

CMOS 与非门可以看成由两个反相器构成的。反相器的两个 PMOS 管并联，两个 NMOS 管串联，两个反相器的栅极分别是两个输入端 A 和 B。NMOS 管和 PMOS 管相接处为输出端 L，如图 13-4（a）所示。

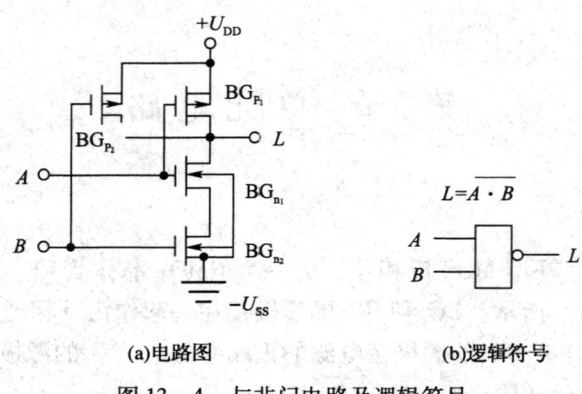

(a)电路图　　　　　　(b)逻辑符号

图 13-4　与非门电路及逻辑符号

两个 PMOS 管并联，只要其中一个输入端是低电位 0，就有一个 PMOS 管导通，而输出端为高电位 1；只有两个输入端是高电位 1 时，输出端才是低电位 0，而两个 NMOS 管是串联，只要其中一个输入端是低电位 0，就有一个 NMOS 管截止，输出为高电位 1。

CMOS 与非门逻辑符号如图 13-4（b）所示。

CMOS 与非门的逻辑表达式为：

$$L = \overline{A \cdot B}$$

CMOS 与非门的真值表如下：

输入		输出
A	B	L
1	1	0
0	1	1
1	0	1
0	0	1

三、CMOS 或非门

CMOS 或非门也是由两个反相器构成，两个 NMOS 管并联，两个 PMOS 管串联。每两个栅极联在一起为两个输入端 A 和 B。NMOS 管和 PMOS 管相接处为输出端 L，如图 13-5（a）所示。

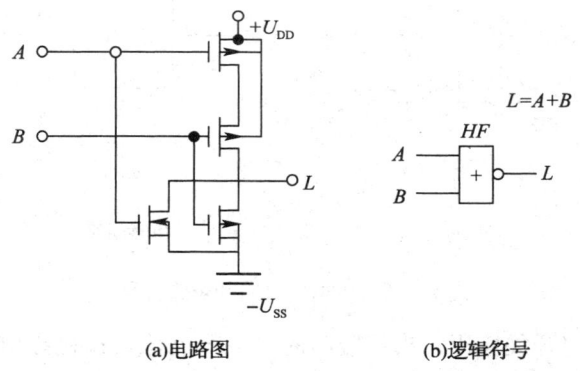

(a)电路图　　　　　(b)逻辑符号

图 13-5　CMOS 或非门电路和逻辑符号

两个 PMOS 管串联，只要其中一个输入端是高电位 1，就有一个 PMOS 管截止，一个 NMOS 管导通。输出是低电位 0。只有在两个输入端全是低电位 0 时，PMOS 管全导通，而 NMOS 管全截止，输出端为高电位 1。

CMOS 或非门逻辑符号如图 13-5（b）所示。

CMOS 或非门的逻辑表达式为：

$$L = \overline{A + B}$$

CMOS 或非门的真值表如下：

输入		输出
A	B	L
1	1	0
0	1	0
1	0	0
0	0	1

四、CMOS 传输门

CMOS 传输门电路是由一个 NMOS 晶体管和一个 PMOS 晶体管并联构成的，NMOS 管和 PMOS 管的源极 s 相接，作输入端 B；NMOS 管和 PMOS 管的漏极 d 相接，作输出端 L，而 NMOS 管和 PMOS 管的两个栅极 G 上分别作用一对互为反相的电压，作为控制端。NMOS 晶体管的衬底接电源电压的负极 $-U_{ss}$，PMOS 晶体管的衬底接电源电压的正极 $+U_{DD}$。

传输门的电路与逻辑符号如图 13 – 6 所示。

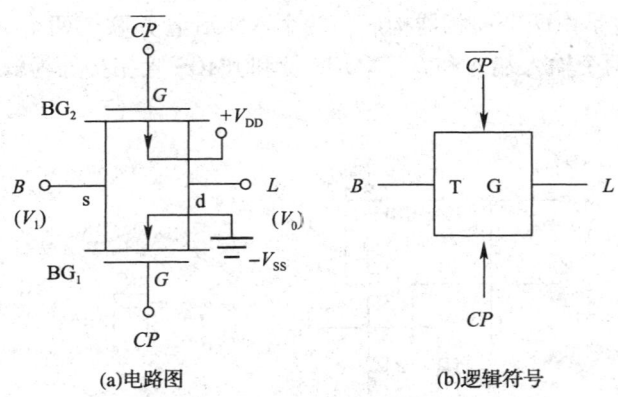

(a)电路图　　　　　　　　(b)逻辑符号

图 13 – 6　传输门电路和逻辑符号

传输门在电路中起开关作用，当传输门的 NMOS 晶体管栅极接电源负电压，PMOS 晶体管栅极接电源负电压时，传输门导通，输入电压等于输出电压。如输入为 B，输出为 L，则 L = B。当 B = 1 时，L = 1；B = 0 时，L = 0。当传输门的 NMOS 晶体管栅极接电源负电压，PMOS 晶体管栅极接电源正电压时，传输门闭锁，输入信号传不到输出端。

传输门的逻辑表达式为：

$$L = B$$

传输门的控制端为两个互为反相的电压，它由一个反相器提供。因此，传输门需要和一个反相器结合，构成开关电路，如图 13 – 7 所示。

由于 MOS 晶体管结构对称，源极和漏极可以对换，因此，CMOS 传输门具有双向特性，通常也称为双向开关。

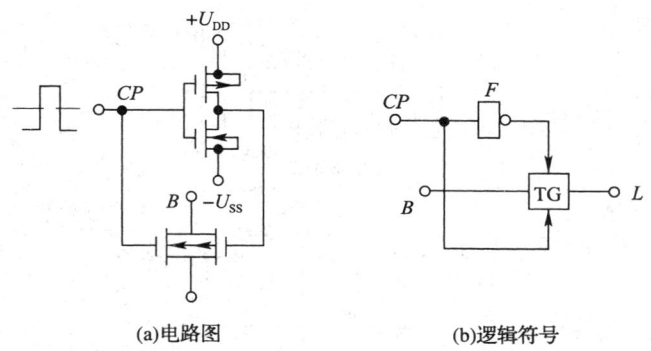

(a)电路图 (b)逻辑符号

图 13 – 7 传输门和反相器构成的开关电路

五、D 触发器

D 触发器是由 CMOS 传输门和 CMOS 反相器两个电路组合而成,如图 13 – 8 所示。传输门 TG_1 和 TG_2,反相器 F_1 和 F_2 为主触发器,传输门 TG_3 和 TG_4,反相器 F_3 和 F_4 为从触发器。主从触发器的结构相同,Q 和 $\overline{Q}$ 是 D 触发器输出端,输入端则为 CP 和 $\overline{CP}$。CP 是时钟脉冲输入端,经过反相器后产生 $\overline{CP}$,共同作用于四个传输门的控制端。

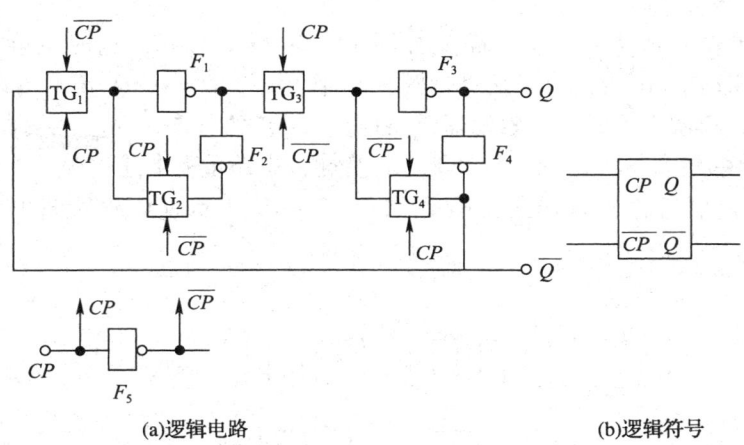

(a)逻辑电路 (b)逻辑符号

图 13 – 8 D 触发器

CP 和 $\overline{CP}$ 波形如图 13 – 9(a)所示。

D 触发器工作原理如图 13 – 9 所示。

(1) 在 $CP=1$ 时,输出端 $Q=1$,此时,TG_1、TG_4 导通,TG_2、TG_3 截止。简化电路如图 13 – 9(b)所示。此时,$Q=1$,$\overline{Q}=0$,$F_1=1$,$F_2=0$。

(2) 在 $CP=0$ 时,TG_1、TG_4 截止,TG_2、TG_3 导通,简化电路如图 13 – 9(c)所示。此时主触发器保持前面(1)的状态,从触发器在 $F_1=1$ 作用下,$Q=0$,$\overline{Q}=1$。

(3) 在 CP 又为 1 时,电路仍简化为图 13 – 9(b),从触发器保持前面(2)的状态,即 $Q=0$,$\overline{Q}=1$;主触发器在 $\overline{Q}=1$ 作用下使 $F_1=0$,$F_2=1$。

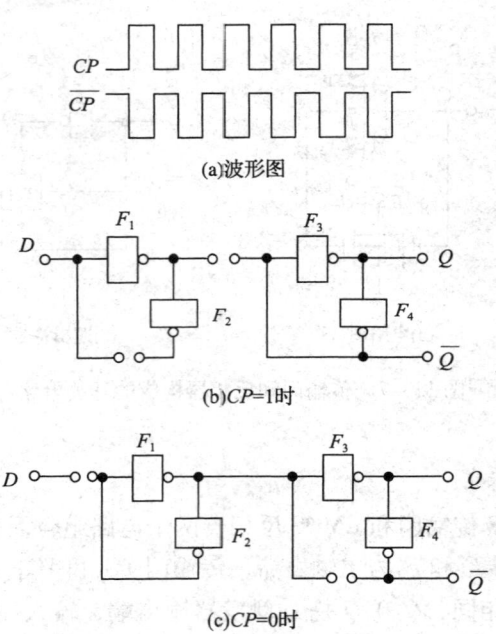

图 13－9　D 触发器工作原理

(4) 在 CP 又一次为 0 时，电路又如图 13－9（c）所示。这时主触发器保持前面 (3) 的状态，即 $F_1=0$，$F_2=1$。从触发器在 F_1 作用下，$Q=1$，$\overline{Q}=0$。

(5) 在 CP 再次为 1 时，从触发器维持前面 (4) 的状态，而主触发器 $F_1=1$，$F_2=0$。这时，电路的状态与 (1) 完全相同。CP 变化，电路重复上述过程。

经过 D 触发器后输入输出波形变化如图 13－10 所示。从波形图中可以得出如下结论：

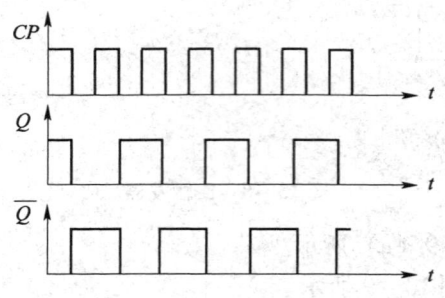

图 13－10　输入输出波形的变化

(1) 输出 Q 和 $\overline{Q}$ 总是反相的。

(2) 触发器有两个状态，$Q=1$ 叫触发器 1 状态；$Q=0$ 叫触发器 0 状态。

(3) 在相同时间中，输入信号变化两次，输出信号则变化一次，即输出信号的频率比输入信号降低一半。因此，D 触发器能用来做分频电路。一个 D 触发器构成二分频电路，两个 D 触发器串联就构成四分频电路。

第三节　指针式石英电子钟表的集成电路

指针式石英电子钟表基本电路由石英振荡电路、分频电路、窄脉冲形成电路和桥式驱动放大电路 4 部分组成。下面就各个电路分别进行讲述。

一、石英振荡电路

石英电子钟表中的 CMOS 石英振荡电路由反相器 F_1、偏置电阻 R_f、振荡电容 C_d、微调电容 C_g 和石英谐振器组成。如图 13 – 11 所示。

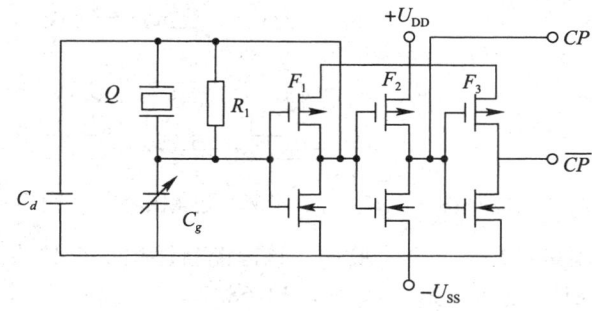

图 13 – 11　石英振荡电路

反相器 F_1 是振荡信号放大元件，它有较高的输入阻扰、较低的功耗、较稳定的温度特性和较高的增益。偏置电阻 R_f 作用使反相器 F_1 工作在放大区。石英谐振器作为感性元件和振荡电容 C_d、微调电容 C_g 组成一个振荡及反馈回路，并决定石英振荡电路的振荡频率。微调电容的作用是调整振荡电路的振荡频率。而振荡电容 C_d 可以适当地选择它的解质，达到温度补偿的目的。F_2、F_3 组成缓冲器，输入端接石英振荡器，输出端接分频电路。它的作用是把分频器和振荡电路分离，防止分频电路的变化影响石英振荡电路而使石英振荡器频率的稳定度提高。振荡过程是这样的：当电源接通后，电路噪声中某个幅值足够大的频率成分经 F_1 放大，并被反馈到反相器 F_1 的输入端，与输入信号同相，被反相器 F_1 进一步放大。这样，连续循环使振荡幅度不断增大，最后受到反相器 F_1 非线性限制，振荡幅度自动稳定，获得一起振幅的等幅振荡。此时，反馈信号的幅值等于输入信号的幅值。

在集成电路中，已把反相器 F_1 缓冲器 F_2、F_3、固定电容 C_d、偏置电阻 R_f 和分频电路等设计在它里面。而石英谐振器、微调电容作为分立元件安装在机芯电路板上。

二、分频电路

石英电子钟表中，石英振荡器的振荡频率高达 32768Hz，有的甚至高达 4.19MHz，而步进电机的驱动信号却是秒信号，对集成电路中由振荡电路产生的高频率信号，必须运用分频电路来加以分频，以获得所需要的秒信号。

指针式石英电子钟表集成电路中采用 16 个 D 触发器组成十六级二分频电路（指采用

32768Hz 石英振荡器的电路），如图 13-12 所示。分频电路将石英振荡电路输出的 32768Hz 的频率改变成频率是 0.5Hz 的最末级输出信号。

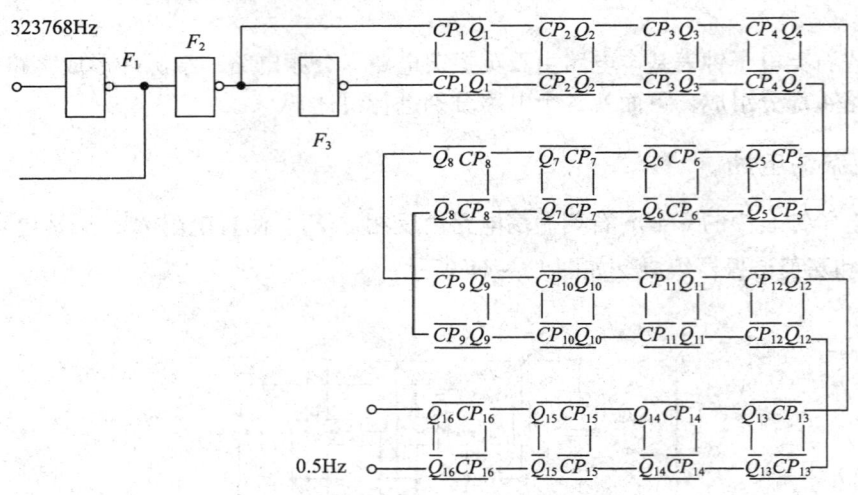

图 13-12 十六分频总逻辑图

二分频电路的作用是：每输入 2 个脉冲，该电路就输出一个脉冲，这样逐级使频率降低。以谐振频率 32768Hz 为例，第一级 $f_1 = 32768/2 = 16384$Hz；第二级 $f_2 = 16384/2 = 8192$Hz；以此类推，最后一级 $f_{16} = 32768/2^{16} = 0.5$Hz，其他各级输出频率和周期见表 13-1 所示。

表 13-1　　　　　　　　　　分频电路各级输出频率与周期

分频器级数	输出频率/Hz	输出周期/ms
第一级	16384	0.016
第二级	8192	0.122
第三级	4096	0.244
第四级	2048	0.488
第五级	1024	0.977
第六级	512	1.950
第七级	256	3900
第八级	128	7800
第九级	64	15625
第十级	32	31250
第十一级	16	62500
第十二级	8	125000
第十三级	4	250000
第十四级	2	500000
第十五级	1	1000000
第十六级	0.5	2000000

逐级分频波形如图 13-13 所示。

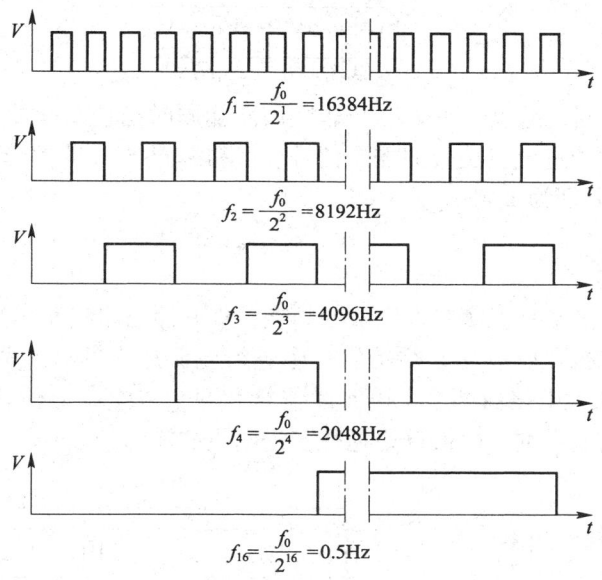

图 13-13 逐级分频波形示意图

三、窄脉冲形成电路

经过分频后得到的频率波形是信号占空比为 1/2 的低频方波，这样的信号不仅不能直接驱动步进电机，而且也很不经济，还可能引起电机工作不稳定。因此，为了降低功耗，提高电机工作的稳定性，可利用窄脉冲形成电路，把驱动脉冲信号转换成电机能正常工作的窄脉冲。

窄脉冲形成电路由两个八输入端与非门电路组成，如图 13-14 所示。两个与非门电路中的七个输入端相互连接后，并分别与分频电路中第九至第十五级输出端 $\overline{Q}_9 \sim \overline{Q}_{15}$ 相连接，另外两个输入端则分别与分频电路中输出端 Q_{16} 和 $\overline{Q}_{16}$ 相连接。两个与非门输出端 L_1、L_2 输出一个间隔 1s、脉宽为 7.8ms 的脉冲信号。在石英钟电路中，则采用 31.25ms 脉宽的脉冲信号。

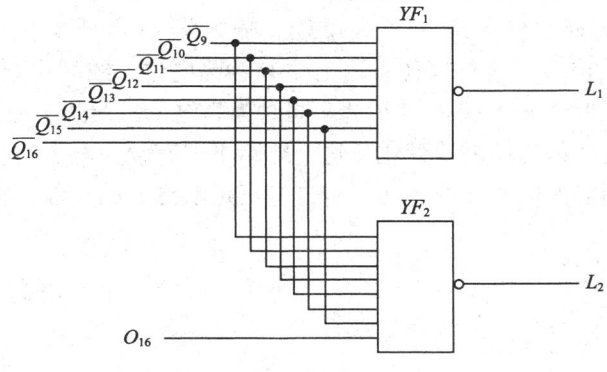

图 13-14 窄脉冲形成电路

YF_1 和 YF_2 的输出端 L_1 和 L_2 的逻辑表达式为：

$$L_1 = \overline{\overline{Q_{16}}\,\overline{Q_{15}}\,\overline{Q_{14}}\,\overline{Q_{13}}\,\overline{Q_{12}}\,\overline{Q_{11}}\,\overline{Q_{10}}\,\overline{Q_9}}$$

$$L_2 = \overline{Q_{16}\,\overline{Q_{15}}\,\overline{Q_{14}}\,\overline{Q_{13}}\,\overline{Q_{12}}\,\overline{Q_{11}}\,\overline{Q_{10}}\,\overline{Q_9}}$$

因为 Q_{16} 和 $\overline{Q_{16}}$ 反相，所以，两个"与非"门不能同时出现窄脉冲，它们之间相隔 1s。L_1 和 L_2 的信号是驱动步进电机旋转的控制信号。L_1 和 L_2 的窄脉冲波形图见图 13–15（b）所示。图中 U_A、U_B 分别为 L_1 和 L_2。

四、驱动放大电路

窄脉冲形成电路虽然降低了步进电机的功耗，但其输出阻抗相当高，且提供的电流有限，不能直接驱动电机。所以还必须提供一个进行电流放大的桥式驱动放大电路，如图 13–15 所示。驱动放大电路由两个 PMOS 晶体管和两个 NMOS 晶体管组成，A 和 B 是连接窄脉冲形成电路的输入端，C 和 D 是通往步进电机的输出端。

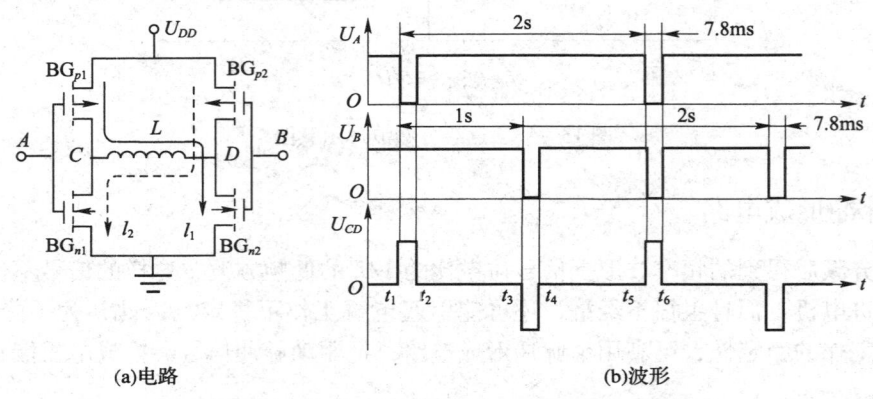

(a)电路　　　　　　　　　　　　(b)波形

图 13–15　步进电机桥式驱动电路

桥式驱动电路工作原理：

（1）当 $t_1 \leq t < t_2$ 时，输入端 A 为低电位，输入端 B 为高电位，BG_{n1} 和 BG_{p2} 截止，BG_{p1} 和 BG_{n2} 导通，输出端 C 为高电位，输出端 D 为低电位，线圈中电流方向为 $C \rightarrow D$。

（2）当 $t_2 \leq t < t_3$ 时，输入端 A 和 B 同为高电位，BG_{p1} 和 BG_{p2} 截止，BG_{h1} 和 BG_{h2} 导通，输出端 C 和 D 同为低电位线圈中无电流通过。

（3）当 $t_3 \leq t < t_4$ 时，输入端 A 为高电位，输入端 B 为低电位，BG_{n2} 和 BG_{p2} 导通，BG_{p1} 和 BG_{n2} 截止，输出端 C 为低电位，输出端 D 为高电位，线圈中电流方向为 $D \rightarrow C$。

（4）当 $t_4 \leq t < t_5$ 时，输入端 A 和 B 端又同时为高电位，线圈中便无电流通过。

通过输入端电位，信号不断地变化，这一电路不但有较大电流的功能，还可以改变电流通过步进电机线圈的流向，亦即改变了步进电机定子磁场的极性，从而便能使电机保持不断的运转。

第十四章 步进电机

第一节 石英钟表用步进电机

步进电机的种类很多,常见石英钟表用步进电机如图 14-1 所示。

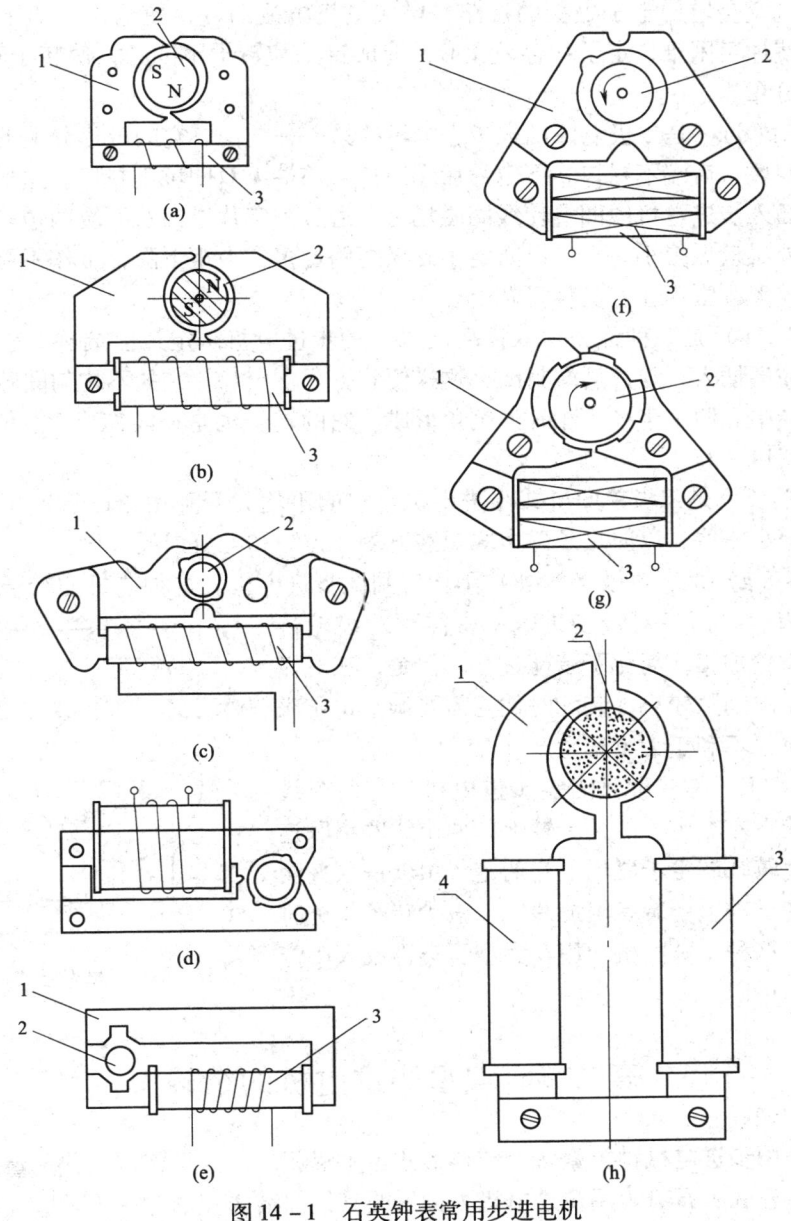

图 14-1 石英钟表常用步进电机
1—定子片 2—转子 3、4—线圈

图14-1（a）为二极双偏心式步进电机，是石英表常用步进电机之一。定子片左右分离，由位钉精确定位，依靠偏心产生的不均匀间隙使转子按照一定旋向，可靠地运转。转子用永磁钢制造，并径向充成N、S两极。由于定片左右断开，线圈通电时，定子磁场不会产生短路，电机损耗少，转向稳定、工作可靠。

图14-1（b）也是二极双偏心式步进电机。结构稍有不同，特点基本相似。

图14-1（c）为二极双凹坑式步进电机，也是石英表常用步进电机。它由定片上冲出的一对凹坑产生不均匀间隙，使转子按照一定旋向运转。左右两片定子通过磁桥连接成为一体，由冲床一次冲出，加工方便，结构简单，易于装配。但要求定片的连接处不能过宽或过窄。过宽会增加定子磁极的短路，增大电机电流消耗，使输出力矩下降，效率降低；过窄会使加工困难，定子片容易变形，造成定子和转子不同心，使转子转向不稳定，电机工作不可靠。

图14-1（d），是二极双凹坑式步进电机的另一种结构。它的定片分上下两层，上定片前端有双凹坑，后端不封口；下定片后端封口。前端无双凹坑不封口。这样，上下两片定子可相对插入步进电机线圈，使线圈磁场可以通过下定片导入双凹坑两边。但同样要求上定片磁桥处尽量做得小一点，以防定子磁极短路过多，力矩下降，工作不可靠。这种结构形式体积较大，常用在石英钟机芯上。

图14-1（e）是一种称为"双径裂极式"的步进电机。定片前端裂口较大，以便于电机线圈由前端插入，定片后端封闭，这样便省去了下定片。它的不均匀间隙实际上是由距离转子旋转中心两个半径不相等的倒角形成。它的转子也是径向充成N、S两极。其局部示意图见图14-2。

图14-1（f）是二极单凹坑式步进电机。它的不均匀间隙由单凹坑产生，磁桥处也应尽量制作得小一些，以防定子磁力线短路太多，力矩和电流损耗太大。

图14-1（g）是三对极（六极）不均匀间隙步进电机。这种电机的转子到秒轴的传动只需一对齿轮，而一对极步进电机常需两对齿轮传动，减少了齿轮加工，简化了装配过程。但是，三对极步进电机转子的间隙较小，装配时往往需要调节定子磁极的偏心大小，不利于大批量生产。

图14-1（h）是一种大力矩步进电机。有两个线圈，分别插装在左右定子的两个臂上，两个线圈串联连接、能够产生较强的定子磁场。它的定子由软铁层叠而成，在它的转子轴上还装有阻尼片，以减少转子步进时指针的抖动。这种步进电机常用在大型石英钟或太阳能石英钟的机芯里。

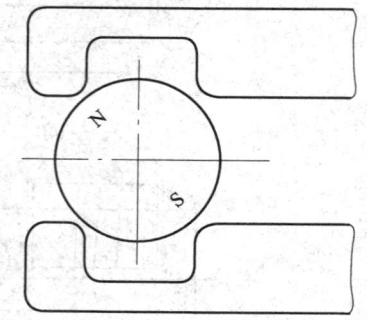

图14-2 双径裂极式局部示意图

第二节 典型步进电机的结构

石英钟表用步进电机种类繁多，结构形式也不尽相同。这里仅以当代产量最大的二极双凹式、径向充磁、石英表用步进电机为例说明其细部结构。图14-3是这种电机的俯视图。它由定子片、转子部件、线圈部件组成。图14-4是它的装配位置示意图。定子和线圈部件均以孔和主夹板上的位钉管配合定位，转子部件的上、下轴榫则是以主夹板和上夹板上的轴承孔为支承。

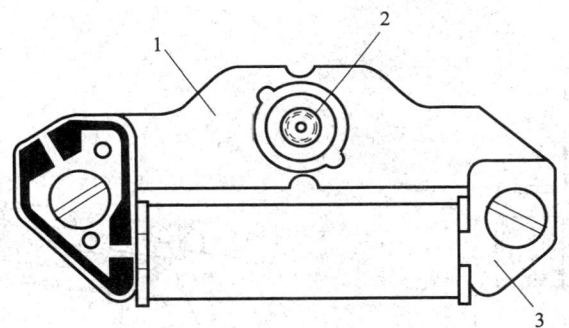

图 14-3　径向磁路双凹坑式一对极电机结构俯视图
1—定子　2—转子　3—线圈部件

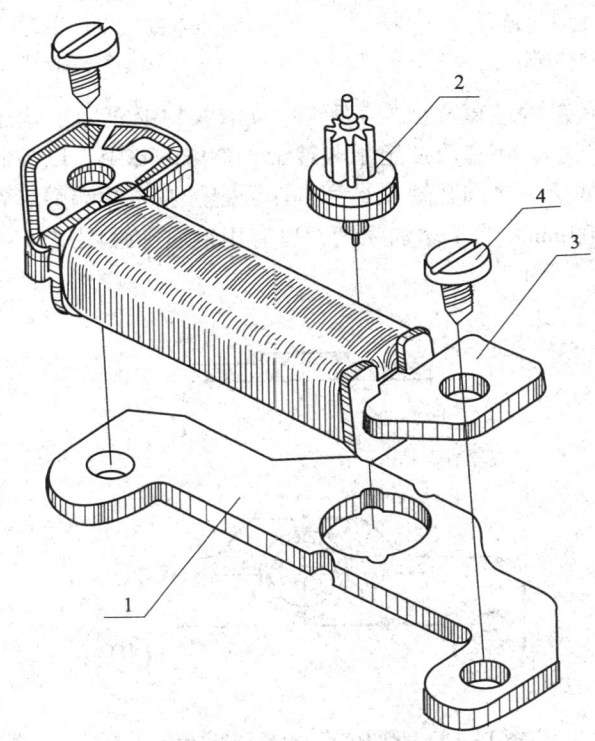

图 14-4　径向磁路双凹坑式一对极电机零部件装配位置图
1—定子片　2—转子部件　3—线圈部件　4—螺钉

转子部件由转子齿轴、转子磁钢和磁钢套三部分组成，如图 14-5 所示。转子磁钢由钐铬（S_mCO_5）永磁合金制作。磁钢套大多为铜或铝等非导磁的金属。磁钢和磁钢套之间用环氧黏结剂粘接。

线圈部件由线圈架、线圈、接线板和挡片组成，如图 14-6 所示。线圈架用坡莫合金冲压而成。在线圈绕制前先在线圈架上涂上绝缘层。挡片由塑料片制成，主要防止线圈塌边。线圈采用高强度漆包线，$\phi 0.02mm$ 左右，圈数在 11000 匝左右，电阻值在 3kΩ 左右。

线圈接线板由单面线路板制成,厚度为 0.40mm,与线圈架的结合采用铆合,也可以用环氧黏结剂粘合。接线板作用是焊接线圈的两个线头,与电路板两个输出端导通。

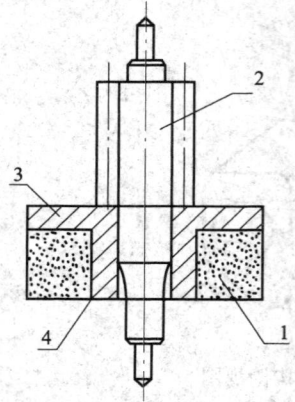 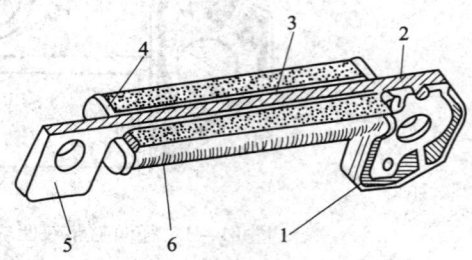

图 14-5　转子部件结构图　　　　　图 14-6　线圈部件立体剖视图
1—转子磁钢　2—转子齿轴　　　　1—接线板　2—线头焊点　3—绝缘层
3—磁钢套　4—黏结剂　　　　　　4—挡片　5—线圈架　6—线圈

定子采用含镍量较高的坡莫合金加工而成,如图 14-7 所示。定子与转子同心,定子孔内两个对称的半圆凹坑,用来改变定子和转子气隙中的磁阻,以控制转子的定位位置和旋转方向。定子外部的两个半圆孔缺口是为了保证定子左右两端感应磁场的极性。两极连接处的实际宽度仅 0.09mm,为了增加强度,也有用铜质加强圈来改善定子磁桥处的薄弱环节。

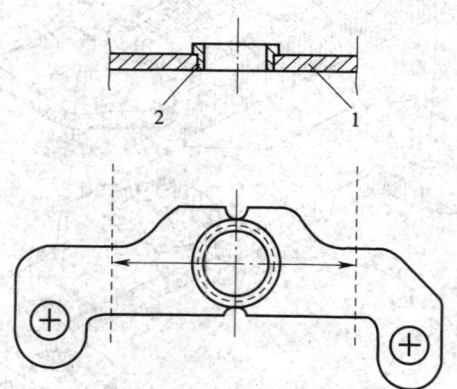

图 14-7　双凹坑式一对极电机定子结构
1—定子片　2—加强圈

第三节　步进电机的磁性材料

一、磁铁和磁场

两个互不接触的磁铁之间存在着吸引力和排斥力,这种力常称为磁力。磁铁周围有磁力作用的空间称为磁场。通常，磁场用磁力线来描述。图14-8是用磁力线表示的两种常见的磁铁的磁场。

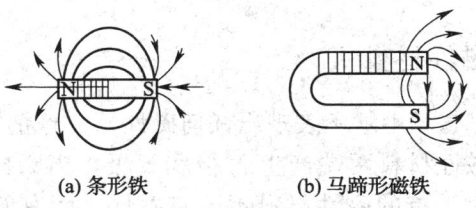

(a) 条形铁　　　(b) 马蹄形磁铁

图14-8　用磁力线表示的磁场

磁铁的磁力线有以下特性：
（1）在磁铁外部，磁力线从N极到S极；在磁铁内部，磁力线从S极到N极，形成连续不断的闭合回路；
（2）磁力线有走最短距离的倾向；
（3）同方向磁力线相排斥，异方向磁力线相吸引；
（4）磁力线易通过软磁性物质。

二、电流、磁场和导磁率

通电线圈也会产生磁场。磁场方向由线圈中电流方向所决定，它们之间的关系可以用安培定则来判断。磁场的强弱除了与线圈的匝数、电流的大小有关，还取决于线圈中放入的磁介质，若放入导磁良好的材料，磁场强度将大大增强。图14-9显示了两种情况下通电线圈的磁场。

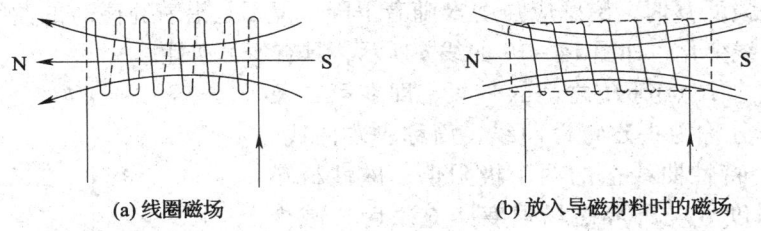

(a) 线圈磁场　　　(b) 放入导磁材料时的磁场

图14-9　通电线圈的磁场

若线圈产生的磁场，在未放入磁介质时某一点的磁感应强度为 B_0，而放入磁介质后的磁感应强度为 B，则 B 与 B_0 的比值，称为导磁率，用字母 μ 表示：

$$\mu = \frac{B}{B_0}$$

由实验知道，不同磁介质放入磁场中对磁场的影响是不同的，亦即 μ 的数值不同。
铜、金、银、汞等作为磁介质放入磁场后，μ 值略小于1，这类物质称为抗磁质。铬、锰、铂、氮、氧等作为磁介质放入磁场后，μ 值略大于1，这类物质称顺磁质。大多数抗磁质与顺磁质的导磁率都接近1。

另有一类物质如铁、镍、钴及这些金属的合金，当把它们放入磁场后，磁场强度会显著增加，μ值高达几百至几千，这种物质称为磁性材料。磁性材料分为软磁性材料和硬磁性材料两种。

三、软磁性材料和硬磁性材料

磁性材料不处于外界磁场中就不表现出任何磁性。一旦把它们放入通电线圈内，将出现很强的磁性，并在磁性材料两端产生N极和S极。当断掉线圈中的电流后，线圈中的磁场将消失。但此时，有的磁性材料不再有磁性，而有的磁性材料仍然带有很强的磁性。

当外界磁场消失后自身的磁性也消失的磁性材料，称为软磁材料；当外界磁场消失后自身仍保持很强的磁性的材料，称为硬磁材料。

步进电机的定子片及线圈骨架（手表用）就是软磁性材料制成。它具有磁阻低、易于磁化和退磁的特性。当线圈磁场去掉以后，基本上能复原。常用的软磁材料有坡莫合金、软铁等。其他如用于变压器的硅钢片，也属于软磁性材料。

步进电机的转子是用硬磁性材料制成，它具有磁阻高、不易退磁并能较长时间保持其磁场强度几乎不变的特性。常用的硬磁材料有钐钴磁钢、铝镍钴磁钢等。

四、磁性材料的充磁和去磁曲线

图14-10是充磁及去磁特性曲线，它表明磁性材料内的磁感应强度与外界原因所造成的充磁及去磁场强之间的关系。H表示外界磁场作用在磁性材料内的磁场强度，B表示同一磁性材料内的磁感应强度。当磁性材料充磁时，B随H的增大而增大，当H增大到一定程度后，B的上升趋势将趋于平缓，如图14-10曲线a所示。充磁到一定程度后，减小外界磁场强度H时，磁感应强度B随着下降，但不是沿着充磁时的曲线下降，而是沿另外一条曲线变化，如图14-10曲线b所示，具有不可逆性。

去磁曲线中B_r点到H_c之间的一段，即在第二象限内的这一部分称为去磁特性曲线，简称去磁曲线。B_r和H_c是这个特性曲线上的两个极限值，磁性材料内的磁感应强度B_r与外界磁场强度（充磁后）减少到零时相对应，称为剩磁感应强度，简称剩磁。H_c表示磁性材料充磁后，要使磁性材料的磁感应强度降到零所需的外界去磁场强度，称为矫顽力。

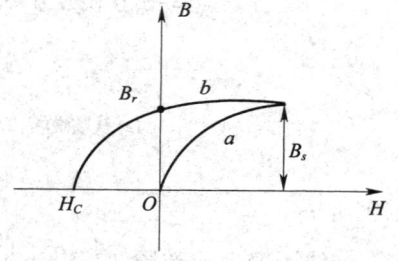

图14-10 充磁与去磁特性曲线

软磁材料和硬磁材料的充磁及去磁曲线有所不同，图14-11为两种材料的充磁及去磁曲线。其中，图14-11（a）是软磁性材料的曲线，图14-11（b）是硬磁性材料的曲线。软磁性材料的充磁及去磁曲线较窄，B_r和H_c都很小，因此，充磁、去磁比较容易。硬磁性材料的充磁及去磁曲线较宽，B_r和H_c都很高。硬磁性材料的充磁及去磁特性曲线在H增大到一定程度后，B上升非常缓慢，以致没有多大的变化，此时的磁感应强度称为饱和磁感应强度，用B_s表示。

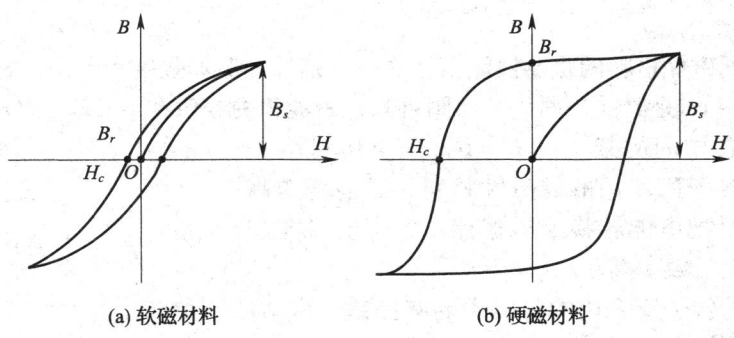

(a) 软磁材料　　　　　(b) 硬磁材料

图 14-11　两种材料的充磁及去磁曲线

五、步进电机磁性材料的选择及饱和充磁条件

在步进电机的工作中，定子片所产生的磁场是随电流方向的不断改变而改变的。电流变化所需要的时间很短，因此，要求定子片磁场也要迅速地改变，这就决定了定子片的材料应选择充磁及去磁曲线较窄的软磁性材料，并且要有较高的 μ 值，以提高电机的工作效率。目前，手表中常用的坡莫合金就是一种效果较好的软磁性材料。

步进电机转子的磁场是不变的，显然是越稳定、越高越好。这样，在选择转子的材料时，应考虑用硬磁性材料。钐钴磁钢能满足这一要求，因为钐钴磁钢在做成电机转子前，对外是不显磁性的，只有经过加工充磁稳磁后才产生较稳定的磁场。电机工作时，定子片的磁场对转子有一定的影响，但作用时间很短，影响不是很大。尽管如此，我们还是希望转子在去磁特性曲线上的工作点高一些。为了达到这个目的，一方面，要用磁性能较稳定。磁能积较高的硬磁材料，另一方面，也要使磁钢充磁时能达到饱和充磁条件。

一般地讲，磁性材料的去磁特性曲线并不是单一的，它与充磁情况有关。如果在充磁时，外加的磁场没有使磁钢达到足够饱和的 B_s 值，而只是达到较低的 B'_s 值。在减小外界磁场强度时，磁感应强度的数值将沿着图 14-12 所示的曲线 b' 变化。这时所得到的去磁特性曲线 B'_r、H'_c 比起前面所讲的去磁曲线 B_r、H_c 要低，磁钢也就不能获得应有的效能。

要达到饱和充磁，其条件为：

$$H_{充} \geq (4 \sim 5)H_c$$

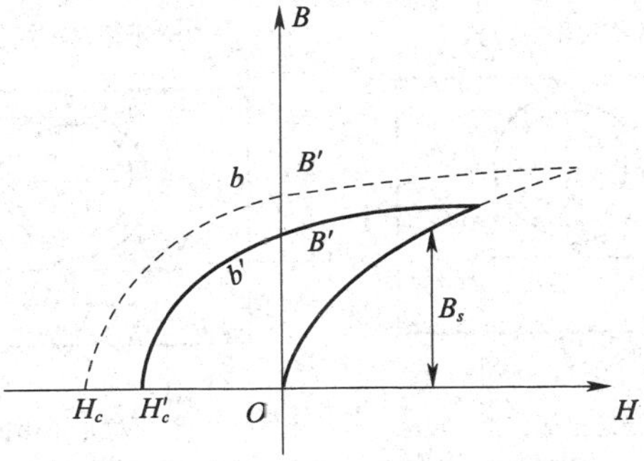

图 14-12　饱和与非饱和充磁与去磁曲线

六、磁能积

磁能积是硬磁性材料的主要性能指标之一，是外加磁场强度和硬磁性材料磁感应强度的乘积。图 14-13 是磁能积曲线。由图可知，磁能积的数值在 $B = B_r$、$H = 0$ 或 $B = 0$、$H = H_c$ 时为零，在中间的某一点 $B = B_0$、$H = H_0$ 处为最大。对于电机转子所使用的硬磁性材料，磁能积越高越好，因为电机把电能转换成机械能，转子的磁能积高说明能量转换的效率高。

手表电机的转子所采用的材料主要有钐钴、错钴、错钐钴和混合稀土钴等几种材料，这些材料的磁能积都是很高的。

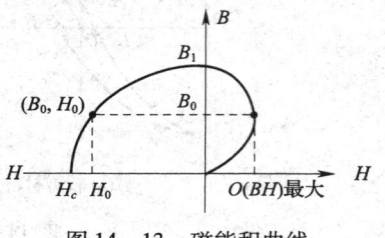

图 14-13　磁能积曲线

第四节　步进电机的工作原理

为了使单相步进电机能正常起动、定位和具有固定的旋转方向，必须具备两个力矩作用于步进电机的转子。一是转子的定位力矩，即在线圈不通电时，仅由转子磁钢与定子片间产生的力矩。当线圈中无电流时，转子磁钢将会停留在与定子片间隙最小的地方，如图 14-14 所示。图 14-14（a）、（c）所示称为稳定平衡位置，图 14-14（b）、（d）所示称为不稳定平衡位置。转子在稳定平衡位置时，若受外力影响而离开稳定平衡位置时，能自己返回到原稳定平衡位置；但转子在不稳定平衡位置时，若受到外力影响而离开不稳定平衡位置时，则能转到稳定平衡位置上去。这些都是因为受到定子片和转子间的定位力矩的作用的结果。二是转子和定子线圈产生的磁场之间的电磁力矩。这是由于电机定子线圈通电后，定子片产生的磁场与转子磁钢的磁场相互作用产生的力矩，称为电磁力矩。

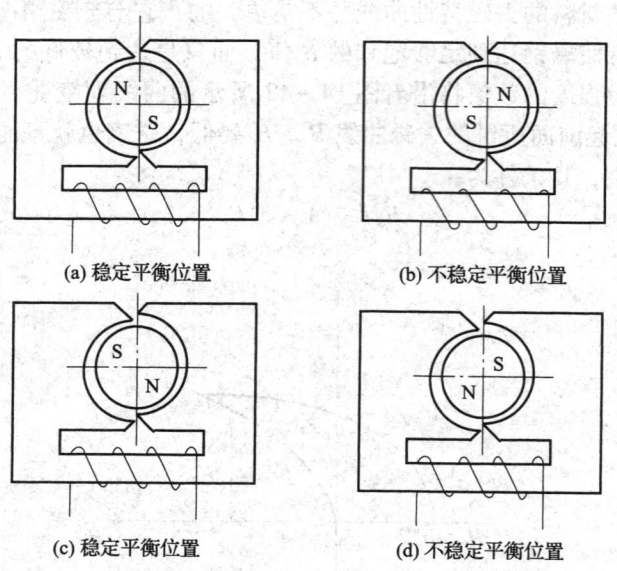

图 14-14　线圈不通电时转子可能停留位置

一、二极双偏心步进电机的工作原理

步进电机在石英电子钟表中都是由集成电路输出的脉冲电流驱动的。具体工作过程可用图 14-15 所示来加以说明。图中以一对极径向磁路偏心式结构的步进电机为例。

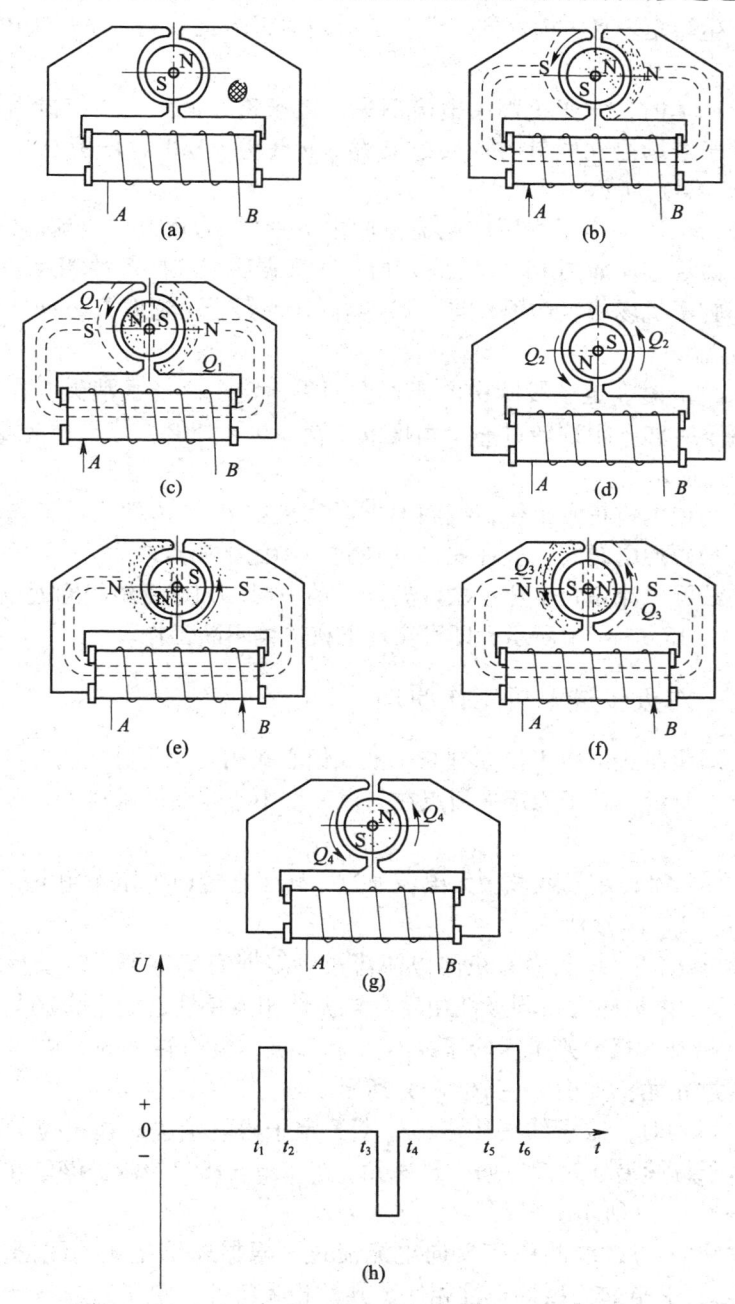

图 14-15 二极双偏心式步进电机工作原理

(1) 当 $0 \leqslant t < t_1$ 时,定子线圈中无电流通过,转子在定力矩的作用下,停留在稳定平衡位置。如图 14-15 (a) 所示。

(2) 当 $t_1 \leq t \leq t_2$ 时，定子线圈电流方向由 $A \rightarrow B$，设此时电流通过方向为正方向。线圈就相当于一个普通的通电螺线管，它产生的磁场方向可用安培定则判断。如图 14-15 (b) 所示，根据同极性相斥、异极性相吸的特性，定子的 N 极推斥转子的 N 极、吸引转子的 S 极；定子的 S 极推斥转子的 S 极、吸引转子的 N 极。转子受上述两个推力和两个吸引力的作用产生转矩，且方向相同，使转子沿逆时针方向转过 θ_1 角。如图 14-15 (c) 所示。

(3) 当 $t_2 < t < t_3$ 时，定子线圈中电流消失，定子磁场消失，在定位力矩和转子惯性力的作用下，转子继续沿逆时针方向转过 θ_2 角，$\theta_1 + \theta_2 = 180°$，停留在新的稳定平衡位置，如图 14-15 (d) 所示。

(4) 当 $t_3 \geq t \geq t_4$ 时，定子线圈的电流方向由 $B \rightarrow A$，为负方向电流。线圈产生磁场，根据安培定则，磁场方向如图 14-15 (e) 所示。又据磁力线同极性相斥、异极性相吸特性，定子磁场与转子磁场相互作用，与 (2) 类同，使转子沿逆时针方向转过 θ_3 角，如图 14-15 (f) 所示。

(5) 当 $t_4 < t < t_5$ 时，定子线圈中电流再次消失，定子磁场也消失，在定位力矩和转子惯性力的作用下，转子很快转过一个角度 θ_4，$\theta_3 + \theta_4 = 180°$，停在原先稳定平衡位置。如图 14-15 (g) 所示。

应当指出，为使电机正常工作，线圈通电时间应在 θ_1 和 θ_3 到达转子磁轴与定子磁轴重合前结束。而最短通电时间，应在 θ_1 和 θ_3 越过不稳定平衡点之后。

综上所述，线圈电流正负变化一次，转子转动一周，如连续给线圈通以正负交替变化的电流，如图 14-15 (h) 中所示，即可实现电机连续不断工作。

二、双凹坑式一对极步进电机工作原理

双凹坑式一对极步进电机工作原理与二极双偏心式相类似。其线圈脉冲信号输入波形如图 14-16 (h) 所示。转子稳定平衡点在与双凹坑中心连线的垂线上。

工作原理：

(1) 当 $0 \leq t < t_1$ 时，定子线圈中无电流通过，转子在定位力矩作用下，停留在稳定平衡位置。如图 14-16 (a) 所示。

(2) 当 $t_1 \leq t \leq t_2$ 时，线圈中有正向电流流过。根据安培定则，定子片产生磁场如图 14-16 (b) 所示。根据磁力线同极性相斥、异极性相吸特性，定子磁场与转子磁场相互作用。定子的 N 极和 S 极分别推斥转子的 N 极和 S 极，吸引转子的 S 极和 N 极，使转子沿逆时针方向转过 θ_1 角。如图 14-16 (c) 所示。

(3) 当 $t_2 < t < t_3$ 时，定子线圈中电流中断，定子磁场消失。在定位力矩和转子惯性力矩作用下，转子继续沿逆时针方向转过 θ_2 角，$\theta_1 + \theta_2 = 180°$。转子停留在新的稳定平衡位置。如图 14-1 (d) 所示。

(4) 当 $t_3 \leq t \leq t_4$ 时，线圈中有反向电流流过。根据安培定则，线圈产生磁场如图 14-16 (e) 所示。又据磁力线同极性相斥、异性相吸特性，定子磁场与转子磁场相互作用，使转子继续沿逆时针方向转过 θ_3 角。如图 14-16 (f) 所示。

(5) 当 $t_4 < t_5$ 时，线圈电流再次中断，定子磁场消失，转子在定位力矩和惯性力矩作用下，转子转过 θ_4 角，$\theta_3 + \theta_4 = 180°$。停在原先稳定平衡位置。如图 14-16 (g) 所示。

只要如图 14-16（h）所示线圈输入脉冲信号不断，双凹坑式步进电机将按一定方向连续不断步进工作。

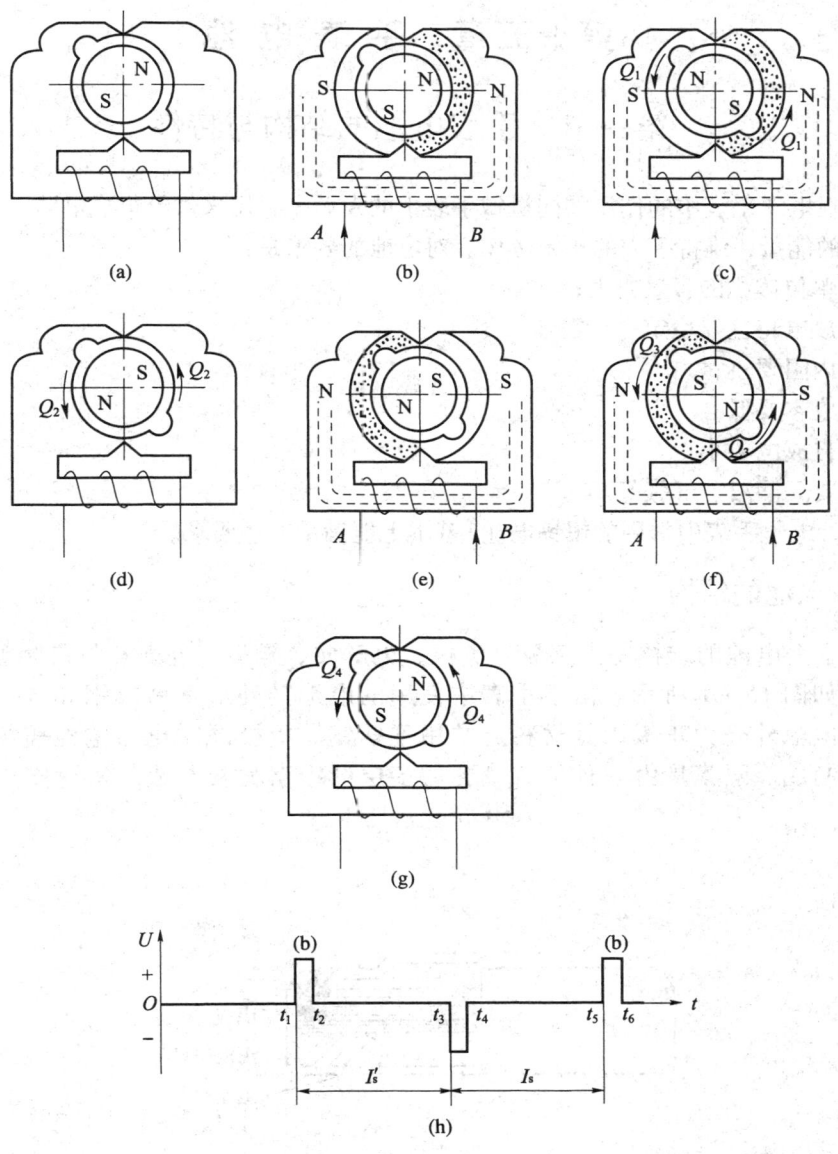

图 14-16 二极双凹式步进电机工作原理

第十五章 手表电池

第一节 手表电池的结构与特性

电池在电子手表中的作用如同机械手表中的发条。它用来供给集成电路、步进电机和显示器件的能量,维持手表的正常工作。对电池的要求是:
(1) 单位体积的容量要大;
(2) 放电特性要稳定;
(3) 内阻要小;
(4) 成本要低;
(5) 自放电要小;
(6) 要无漏液、气胀等。

现在,电子手表中常用的银锌电池①基本上能满足上述要求。

一、银锌电池的结构

银锌手表电池的结构是由正极、负极、电解质、隔板、外壳和封口圈等 6 个部分组成的,如图 15-1 所示。由于手表中使用的电池其外形常做成钢扣式,故也称扣式电池。电池外壳为正极,其材料通常用不锈钢。负极同时也为电池盖板,一般用铜镍合金制成。隔膜是由一种带有微孔的多层纤维素材料制成。密封圈用尼龙注塑成型。

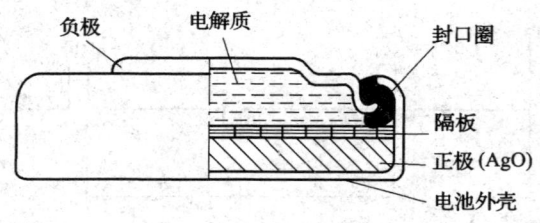

图 15-1 扣式银锌手表电池结构

隔膜把正负极物质严格分开,在隔膜上方填有负极物质和电解液。负极物质由高纯度的锌粉、防蚀剂及胶凝剂混合而成。电解液是氢氧化钠或氢氧化钾溶液。在隔膜的下方填有正极物质,正极物质由氧化银加入 5% 以上的碳,再加粘合剂加压成型。隔膜能让带电离子 $(OH)^-$ 通过,而阻止活性物质 Ag 通过。

---

① 氧化银电池常简称银锌电池。

密封圈的作用是将正、负电极绝缘，排放化学作用产生的气体，并阻止碱液外泄。

二、手表电池的性能特点

1. 手表电池的放电特性

图 15-2 所示为几种不同电池的放电特性曲线，从图中可以看出，银锌电池的放电电压曲线变化是很平稳的。在通常情况下，对于 32768Hz 频率的石英电子手表，如果电池放电电压变化 0.1V，可以引起手表走时误差 0.2s/d 左右。在手表整个使用过程中，电池电压的变化量只有 0.2~0.3V，故该电池电压的变化对石英手表走时精度的影响并不大。

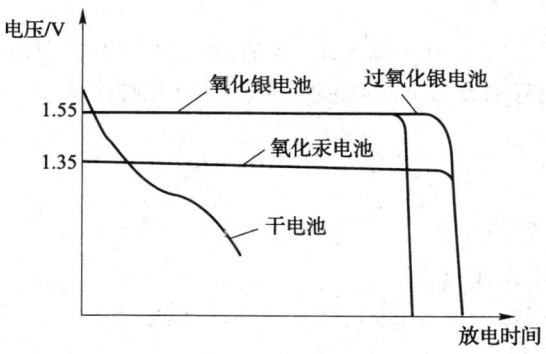

图 15-2 电池放电曲线图

2. 手表电池的温度特性

图 15-3 所示为银锌电池的内阻和温度的关系。

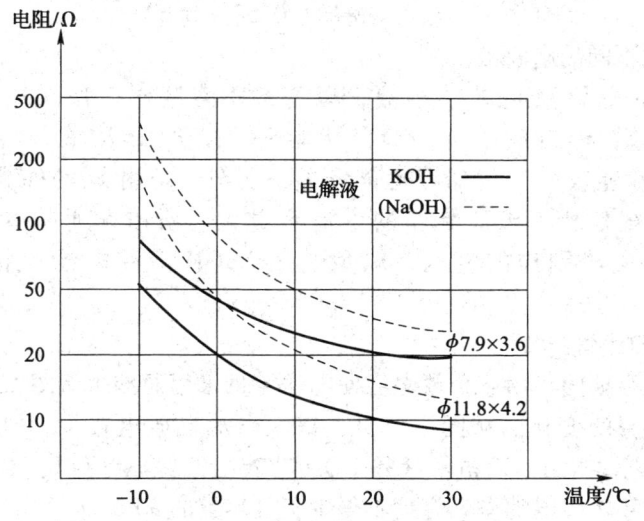

图 15-3 银锌电池的内阻和温度的关系

从图中可以看出，银锌电池的低温特性不好，电池的内阻随温度的下降增加很快。在放电时，电池内阻增大，将引起电池内部压降的增加，进而导致电池负载电压降低；甚至影响电子手表的正常工作。

第二节　手表电池的使用与保管

1. 手表电池的使用

选用电池首先要注意合适的尺寸。

我国已制定了手表电池的标准。在标准中，直径的档次有：11.6mm、9.5mm、7.9mm、6.8mm等；厚度的档次有：5.4mm、4.2mm、3.6mm、3.1mm、2.6mm、2.1mm、1.6mm等。表15-1为部分银锌电池的规格型号。

其次要注意容量的大小。

手表电池的容量用毫安小时，即 mA·h 表示。电子手表在电流消耗一定的情况下，电池容量越大，则使用寿命越长。电池使用寿命可用下式计算：

$$L = \frac{Q}{8760(I_{自} + I_{耗})}$$

式中　L——电池使用寿命（Y）；

　　　Q——电池容量（mA·h）；

　　　$I_{自}$——电池自放电电流（μA）；

　　　$I_{耗}$——电子表总耗损电流（μA）；

　　　8760——年小时数。

例：某银锌电池容量为100mAh，允许每年自放电量为5%，指针式石英表总耗损电流3.5μA。求该电池使用寿命。

解：
$$I_{自} = 100 \cdot \frac{5}{100} = \frac{5}{8760} = 0.57（μA）$$

$$L = \frac{Q}{8760(I_{自} + I_{耗})} = \frac{100}{8760(0.57 + 3.5)} = 2.8（Y）$$

最后还要考虑不同的电解液。

银锌电池中的电解液是碱性溶液，以 NaOH 溶液作电解液的电池，其内阻较大，低温性能较差，但自放电小，储存性能好。以 KOH 溶液作电解液的电池，其内阻较小，低温性能较好，但储存性能较差。另外，在相同的外壳尺寸条件下，以 KOH 制作的电池容量比 NaOH 制作的电池容量大。所以，对带有照明的数字式石英表要选用 KOH 溶液制作的电池，以免选用 NaOH 溶液电池（特别是在低温下）工作不正常。

2. 手表电池的保管

手表电池在贮存期间，由于自放电会使电池容量未用而减少。图15-4所示为在常温下贮存电池剩余容量的变化。从图中可见，锌汞电池自放电较少，电池容量损失较小，NaOH 溶液的银锌电池次之。而电解液是 KOH 溶液的银锌电池则较差些。对电池的要求是在常温下贮存一年之内电池剩余容量不得少于其容量的90%。

3. 手表电池的更换

使用电子手表，一旦发现手表中电池电压低于极限电压，应及时更换电池。因为此时有些手表虽然已停走，但表中电池却仍在继续放电，如不及时更换，则会造成电池的过放电，使电池漏出碱液。具有电池更换警报装置的电子手表，例如，指针式石英电子手表，当秒针一次跳动的刻度为 2s 时，数字式液晶显示手表，在字码闪烁时，则表示电池已快用完，需及时更换电池。

在更换电池时，应注意电池的正、负极在手表机芯中的位置，并将电池牢固地紧固在手表的机芯中。在拿取电池时，绝对不应将电池的正、负极短路或造成污染。

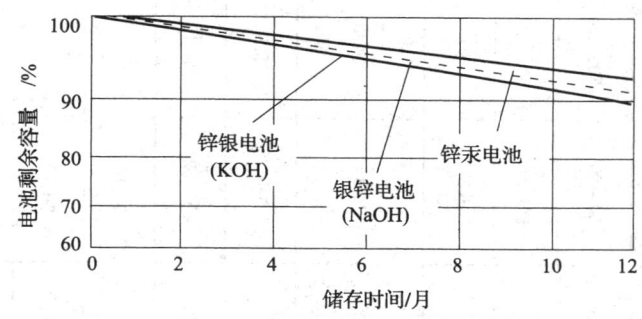

图 15-4 手表电池的自放电

第三节 其他类型电池

除了以上所述的银锌电池外，近来，石英电子手表中已开始使用锂锰电池、过氧化银电池和太阳能电池等。

（1）锂锰电池 具有电压高（3V）、自放电小，单位重量容量大，耐漏液性能强，放电特性好，储存性能好等特点。但须改变电路设计，且内阻较大。

（2）过氧化银 电池容量比氧化银电池增加 50%，但自放电较大，不稳定。

（3）碱锰电池 成本低，内阻小，可适用于较大电流的放电，如带照明灯廉价液晶显示电子表，低温特性较好。但放电电压曲线的平稳性差，容量小。

（4）太阳能电池 利用太阳能转换成电能的电池，备有蓄电池。当太阳能电池受到足够的光照时，可以向蓄电池充电，并向石英电子手表机芯供电；在无光照时，依靠蓄电池使手表正常工作。

表 15-1　银锌手表电池规格型号

规格							
外形尺寸/mm	D	7.9	7.9	11.6	11.6	11.6	11.6
	H	2.1	3.6	2.1	3.1	3.6	4.2
公称容量/mA·h		15~20	35~45	40~55	60~80	80~100	100~140
国产电池	UCC	363	Y736N / Y736		Y1131	Y1142N	Y1142
	ESB		384 / 392	391	389	344	301 / 386
	Varta	RW310	RW17 / RW37 / RW27 / RW47	RW30	RW49	RW14 / RW34 / RW36	RW24 / RW44
	Mallory	532	527 / 547	533	534	528 / 529	548
国外电池	National		10L125	10L130	10L122		10L131
	Toshiba		WSI / WS10	WIS	WL10	WS11 / WS12	WL11
	JIS		WG3 / WL1		WG10	WS11	WG1
	ANSI		SR41 / SR41S			SR42S	SR43
	IEC		SR41 / WS4			SR42 / SR42S	SR43 / WS10

第十六章 指针式石英表的结构与装配

第一节 指针式石英表的结构

构成指针式石英表的主要电子元器件和机械零部件有：石英谐振器、微调电容、集成电路、印刷电路板、定子片、线圈、转子、传动轮系、指针机构、停秒复位杆、夹板、电池和外观件等。

1. 石英谐振器

石英谐振器又称石英振子，它是产生计时标准频率（32768Hz）的主要元件。关于它的特性，前面章节已有叙述。其外形结构如图16-1（a）所示，内部结构如图16-1（b）所示。它由壳体、音叉型石英晶体、底座和电极引线组成，并经过真空封装，石英谐振器还经过老化和防振试验。虽然如此，我们在装配、维修和使用过程中也不宜接触过高的温度变化和强烈的撞击。

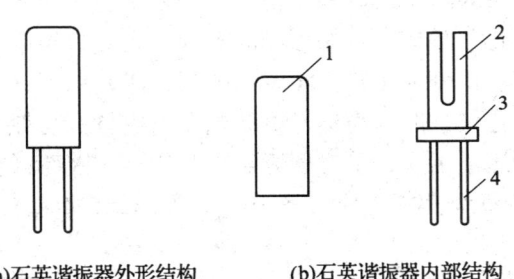

(a)石英谐振器外形结构　　(b)石英谐振器内部结构

图16-1　石英谐振器结构
1—外壳　2—音叉型石英晶体　3—底座　4—电极引线

2. 微调电容

其结构如图16-2所示，它主要由动片、定片和调整钉组成，图16-3为动片转角与电容量（走时快慢）的对应关系：位置A，动片未转，定片与动片互不重合，电容量最小，表机走快。位置C，定片与动片完全重合，电容量最大，表机走慢。位置E，动片旋转了360°，回复到A的位置。B位置和D位置各旋转了90°和270°，动片与定片都有$\frac{1}{4}$圆部分重合，快慢介于A和C之间。

手表常用微调电容为5~25pF，可调整走时日差范围为±5s左右。但需注意的是，微调电容并未标出快慢旋转方向，而且±5s的调整范围也很微小，所以，在装配、维修过程中，应借助于石英表校表仪来调整走时日差。不能盲目动手，造成事与愿违。

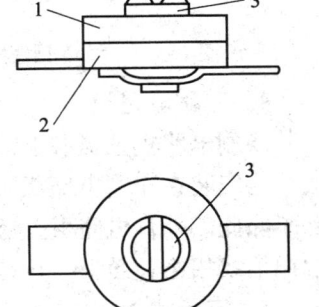

图16-2　微调电容结构图
1—动片　2—定片　3—调整钉

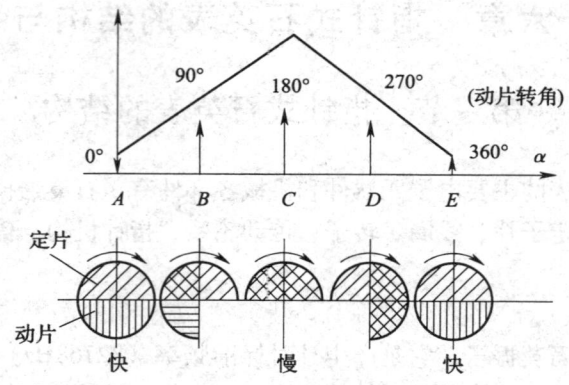

图 16-3 动片转角与电容量、走时快慢的对应关系

3. 集成电路

集成电路包含了石英振荡器、缓冲程、分频器、窄脉冲形成器和驱动放大器电路。如果用单立元件制作,石英表将不能戴在手上,只好像闹钟一样放在桌子上。现代化的微电子技术将上述电路微型化,集成在一块很小的芯片上,制成集成电路,石英表采用的集成电路是 CMOS 集成电路,C 表示互补,M 表示金属,O 表示氧化物,S 表示半导体,即互补-金属-氧化物-半导体电路,简称 CMOS 电路,它具有功耗低、开关速度快、稳定性好、可靠性高、可在低压下工作、受温度影响小等优点。因而,在石英电子钟表中得到广泛应用,图 16-4 是 5565 型集成电路。图 16-5 是 STP1541 型集成电路。

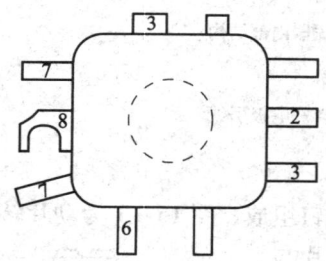

图 16-4　5565 型集成电路　　　　　图 16-5　STP1541 型集成电路

4. 印刷电路板

印刷电路板上覆有铜箔线,多为双面都有,也有单面的。石英谐振器、微调电容和集成电路安装在印刷电路板上,并通过铜箔线将各个电子元器件连接起来,成为完整的电路。除此以外,电路板上还有测试孔、复位柱和电池负极簧。与步进电机的线圈也有输出端铜箔线相连。图 16-6 是几种常见的印刷电路板。

5. 定子片

定子片由坡莫合金软磁性材料制成,具有磁阻低、容易磁化也容易退磁的特性。图 16-7 是几种石英表定子片的外形结构。

第十六章 指针式石英表的结构与装配　179

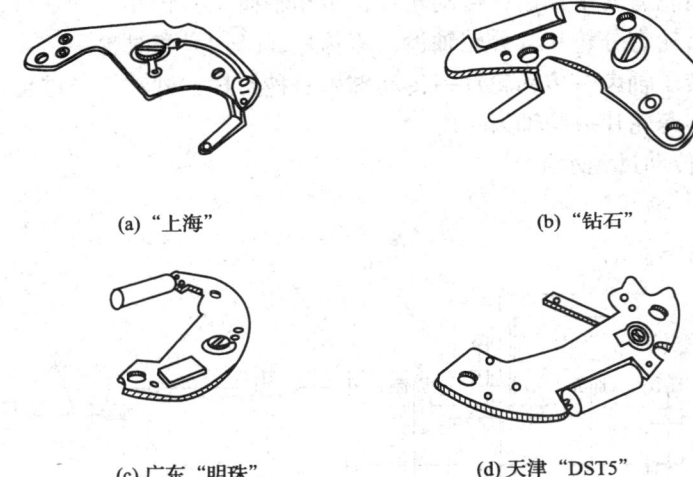

(a) "上海"　　　　　　　　(b) "钻石"

(c) 广东"明珠"　　　　　　(d) 天津"DST5"

图 16-6　印刷电路板

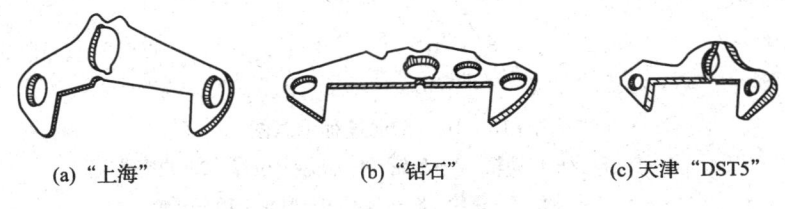

(a) "上海"　　　　(b) "钻石"　　　　(c) 天津"DST5"

图 16-7　定子片

6. 转子

转子由钐钴磁钢等硬磁性材料制成，具有磁阻高、不易退磁、并能较长时间保持磁感应强度的特性。图 16-8 是石英表转子部件。

7. 线圈

步进电机的线圈是由高强度漆包线在专用的绕线机上绕制而成。线圈的骨架（铁芯）也应是磁阻低的软磁性材料。具有容易磁化、容易退磁的特性，图 16-9 是几种线圈的外形结构。

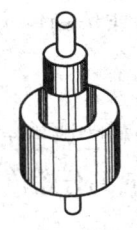

图 16-8　转子部件

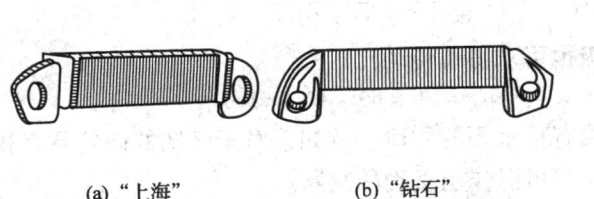

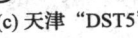
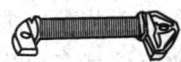

(a) "上海"　　　　(b) "钻石"　　　(c) 天津"DST5"

(d) 广东"明珠"

图 16-9　线圈外形结构

8. 传动轮系与指针机构

传动轮系的齿轮有转子轴齿，传动轮片、传动轴齿、秒轮片、秒轴齿、过轮片和过轴齿。指针机构的齿轮有分轮片，分轮轴齿，跨轮片，跨轴齿和时轮。

传动过程：转子轴齿→传动轮片→传动轴齿→秒轮片→秒轴齿→过轮片→过轴齿→分轮片→分轮轴齿→跨轮片→跨轴齿→时轮。

图 16-10 为传动过程示意图。

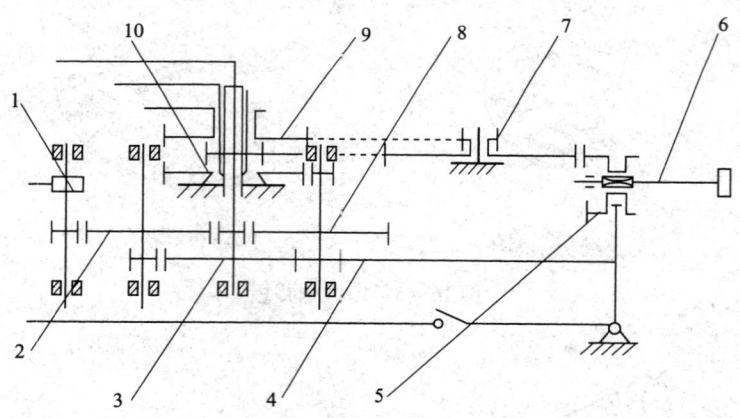

图 16-10　传动过程示意图
1—转子　2—传动轮　3—秒轮　4—止秒复位杆　5—离合轮
6—自来柄　7—跨轮　8—过轮　9—时轮　10—分轮

转子每 2s 转一圈，时轮每 12h 转一圈，所以，从转子到时轮的传动过程为降速传动，设总降速传动比为 $i_总$，转子转速为 $n_转$，时轮转速为 $n_时$。则

$$i_总 = \frac{n_转}{n_时} = \frac{1}{2} \bigg/ \frac{1}{12 \times 60 \times 60} = 21600$$

又因为秒轮转速 $n_秒$ 为每分钟一圈，分轮转速 $n_分$ 为每小时一圈，设转子到秒轮传动比为 i_1，秒轮到分轮传动比为 i_2，分轮到时轮传动比为 i_3 则

$$i_1 = \frac{n_转}{n_秒} = \frac{1}{2} \bigg/ \frac{1}{60} = 30$$

$$i_2 = \frac{n_秒}{n_分} = \frac{1}{60} \bigg/ \frac{1}{60 \times 60} = 60$$

$$i_3 = \frac{n_分}{n_时} = \frac{1}{60 \times 60} \bigg/ \frac{1}{12 \times 60 \times 60} = 12$$

同样，从秒、分、时三级也可求得总传动比：

$$i_总 = i_1 i_2 i_3 = 30 \times 60 \times 12 = 21600$$

知道传动比，对于装配、维修有很重要的用途，例如，对于已知的齿轮是否相配，或是损缺的齿轮齿数应该是多少等，都可以作出正确的判断。

9. 停秒复位杆

停秒复位杆有电停秒档和机停秒档。当自来柄拉出后生效。电停秒档与复位柱相接触，使分频电路复零，步进电机线圈无驱动电流流过，手表停走。当手表不用时，用此方法便可大大节省能源。机停秒档在自来柄拉出便与秒轮片外圆靠上，达到制动作用。在拨针时可防止秒针飞转，起到保护作用，图16-11是不同机芯的停秒复位杆。

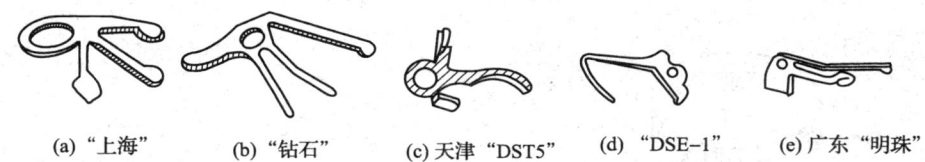

(a)"上海"　　(b)"钻石"　　(c)天津"DST5"　　(d)"DSE-1"　　(e)广东"明珠"

图16-11　停秒复位杆

10. 夹板

夹板是石英表机芯的骨架，依靠它来支承和固定零部件，并保证它们的相对位置以及齿轮的轴向和径向间隙。图16-12是几种型号的主夹板，图16-13是几种型号的上夹板。

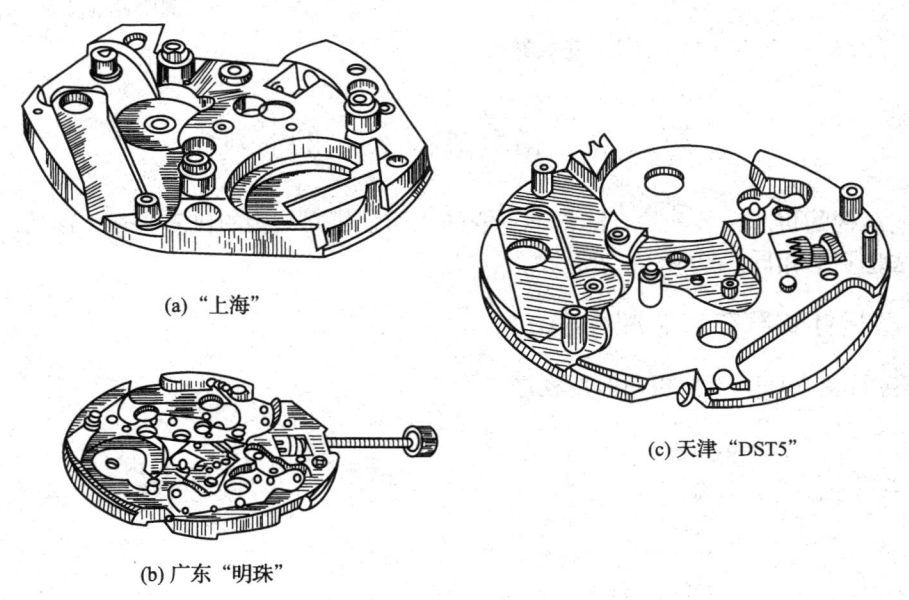

(a)"上海"

(b)广东"明珠"

(c)天津"DST5"

图16-12　主夹板

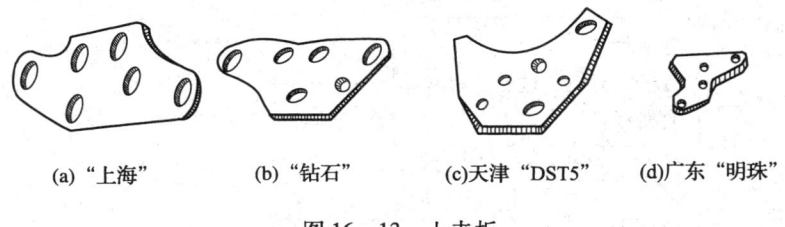

(a)"上海"　　(b)"钻石"　　(c)天津"DST5"　　(d)广东"明珠"

图16-13　上夹板

11. 电池

石英表使用的电池是银锌扣式电池。如图 16－14 所示。

12. 正极簧

正极簧有两种，其一为直压式，如图 16－15 所示，另一种为侧压式，如图 16－16 所示。

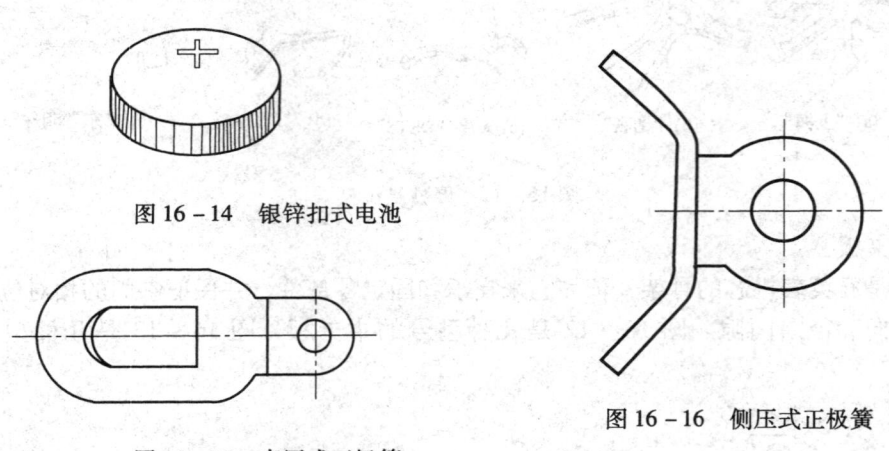

图 16－14　银锌扣式电池

图 16－15　直压式正极簧

图 16－16　侧压式正极簧

第二节　指针式石英表的装配

不同结构的机芯，装配的方法是不一样的。而且相同结构的机芯，在不同的厂家，其装配方法也不尽相同。

一、典型指针式石英表装配程序

1. 宝石花（DSE3B）机芯装配程序

装分轮——→ [中夹板
分轮
主夹板] ——→

装拨针系——→ [离合杆、拉挡、压簧
拨针轮、跨轮、压片
离合轮、自来柄] ——→

装轮系——→ [定子片
转子、五轮、过轮、秒轮
上夹板] ——→

装线圈——→ [线圈
防护罩] ——→

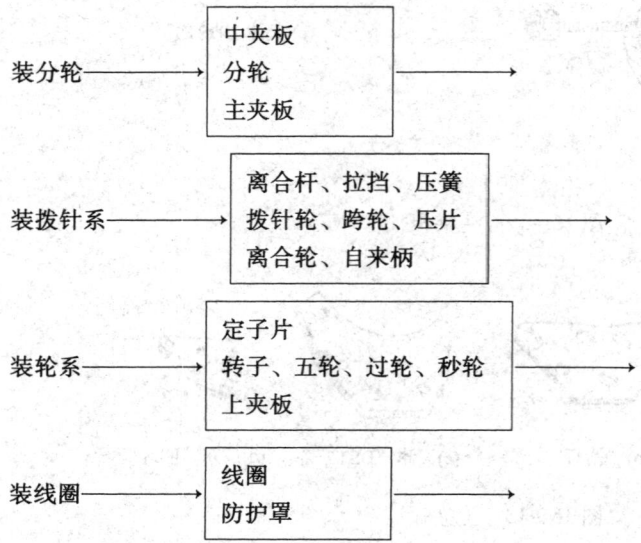

装线路板 → 止秒杆 / 线路板 / 绝缘片、电池

2. 钻石（DS2Z）机芯装配程序

装拨针系 → 拨针轮、跨轮 / 分轮 →

装传动轮系 → 定片、套管 / 转子、传动轮、过轮、秒轮 →

装线路板 → 塑料垫块 / 线圈 / 线路板、线路板螺钉 →

装自来柄 → 拨针簧、拨针簧螺钉、自来柄 →

装电池 → 绝缘片、电池、正极簧、螺钉 →

3. 上海（DSH14）机芯装配程序

装拨针系 → 离合杆、拉挡、压簧 / 离合轮、自来柄 →

装分轮 → 分轮、跨轮、压片 →

装传动轮系 → 定片 / 转子、传动轮、过轮、秒轮 →

禁止秒件 → 止秒复位杆、螺钉 →

装线路板 → 线圈 / 电路板 / 防磁罩 →

装电池 → 绝缘垫片、电池、压片

二、装配注意事项

1. 装拨针系统

与机械手表比较，指针式石英表的离合轮没有斜齿部分，只有与拨针轮啮合的直齿。拨针系统要求推拉柄轴灵活、不脱落，拨针时平稳、活络，停秒动作可靠。

2. 装分轮组件

分轮组件套装在中心节管上，要求转动灵活，轴向间隙一般在 $50\mu m$ 左右，用镊子钳检验时，手感灵活即可。

3. 装跨轮、拨针轮

首先检查轮齿端面无毛刺，装入柱轴后应转动灵活，盖上压片不能压得太紧，应有一定轴向间隙。

4. 装定子片

定子片是步进电机的重要组成部分，它最薄弱的环节是在磁桥处。稍有不小心，便可使定子片变形，从而影响步进电机的正常工作。在钳取定子片时，要求钳在位钉孔处，切不可钳在磁桥上，并应轻轻放在主夹板位钉管上，待二定位孔对准位钉管后，再轻压定位孔处，使定子片平稳入位。

5. 装传动轮系

传动轮系装配是重要的装配环节，一块上夹板，要同时装入4个齿轮，即转子、传动轮（有的厂家称为五轮或二轮）、过轮和秒轮。装配时应注意。

（1）先装转子。由于磁钢材料性脆，因此不能用镊子钳钳在磁钢上，以防止磁钢崩裂，应使用钛合金或铜质镊子钳，装配时对准下轴承孔，使下榫正确入位。

（2）次装传动轮。对准下轴承孔，使下榫正确入位。

（3）再装过轮。对准下轴承孔，使下榫正确入位。

（4）最后装秒轮。注意先在秒葫芦处加注9010表油。

以上装配次序是基于一般石英表的传动轮轴齿在轮片的上面，秒轮轴齿在轮片的下面而形成的。若轴齿与轮片配置位置变动，装配次序亦应视实际情况而变动。

（5）装上夹板，使上夹板两定位孔对准主夹板两位钉管，并平行、轻轻放下上夹板。一般来讲，在熟练的基础上，只要手势正确，秒轮、过轮和传动轮的上轴榫可同时一次进入上夹板轴承孔，而转子轴榫由于难免的磁力倾侧，需用镊子钳稍微拨动，即可使转子上轴榫顺利进入上夹板轴承孔。此时，上夹板位钉孔与主夹板位钉管也将完全合拢，最后再旋入上夹板螺钉。

（6）检验传动轮系是否转动灵活、轴向间隙是否适宜。

① 转动灵活　可用镊子钳轻拨秒轮幅，凭经验判定，但要注意，拨动时谨防轮齿损伤或产生毛刺。

② 轴向间隙　对于各种不同牌号的手表，其轴向间隙有不同的具体数值，对于装配或维修人员来说，可用镊子钳轻拎各齿轮的"锋头"（上下蹿动），凭手感和经验来判定轴向间隙是否合适。

6. 装停秒复位杆

前面已经讲过，不同型号的机芯有不同形状的停秒复位杆。但不管哪种形状的停秒复位杆，它必定包括有电停秒杆、机械停秒杆和控制杆。

（1）电停秒杆（或称电停秒档） 装配时应注意，拉出自来柄后，它应与电路板上复位柱相接触，使分频器复零。无驱动电流输出，推进自来柄，它应与复位柱脱离接触，分频器与驱动电路恢复工作。

（2）机械停秒杆（或称机停秒档） 当拉出自来柄时，它的端部应靠上秒轮片外圆，相当于机械刹车，使秒轮停止转动，从而拨针时秒轮不会飞转。当推进自来柄时，它又与秒轮片脱离，秒轮获得正常运动。

（3）控制杆（又称定径杆） 这种控制杆有的直接插入离合轮的槽内，将自来柄的直线运动变成停秒杆的转动，也有通过离合杆上的销钉带动开有槽口的控制杆将自来柄的直线运动变成停秒杆的转动，而DSZ2型机芯则是直接由自来柄的柄轴推动控制杆（定径杆）传递停秒动作。

装停秒复位杆时，必须推拉柄轴，检查各部位工作是否正常。

7. 装线圈组件

钳取线圈时应钳在无引线板的一端，否则，容易碰伤线圈引出线。由于线径很细（0.02mm），在装配过程中，应特别注意防止表起子划伤线圈。

8. 装线路板

线路板上有铜箔线，钳取的时候要当心，防止划破铜箔线，更不要碰损集成块和它的引出脚，也不能钳在石英振子和负极簧上，否则，容易使它们松动，造成接触不良。

线路板放入主夹板位钉管的时候要轻，它与线圈引线板相接触的端，要注意检查接触部分铜箔线清洁无污，紧固螺钉不能松，否则，接触不良，步进电机不转。

9. 装电池

装电池前先要检查绝缘片是否安装正确，若装偏了，电池要短路。若装在负极簧上面，则电路不通，机芯不转。

正极簧螺钉旋转时，表起子不能打滑。否则，易碰伤线圈。也不能旋得过紧，否则容易使螺钉断在主夹板螺孔内。

三、典型指针式石英表装配位置图

图16-17为上海（DSH14）机芯装配位置图，其中（a）为装配面，（b）为表盘面。

天津（DST5）机芯装配位置图见图16-18，其中（a）为装配面，（b）为表盘面。

广东明珠机芯装配位置图见图16-19，其中（a）为装配面，（b）为表盘面。

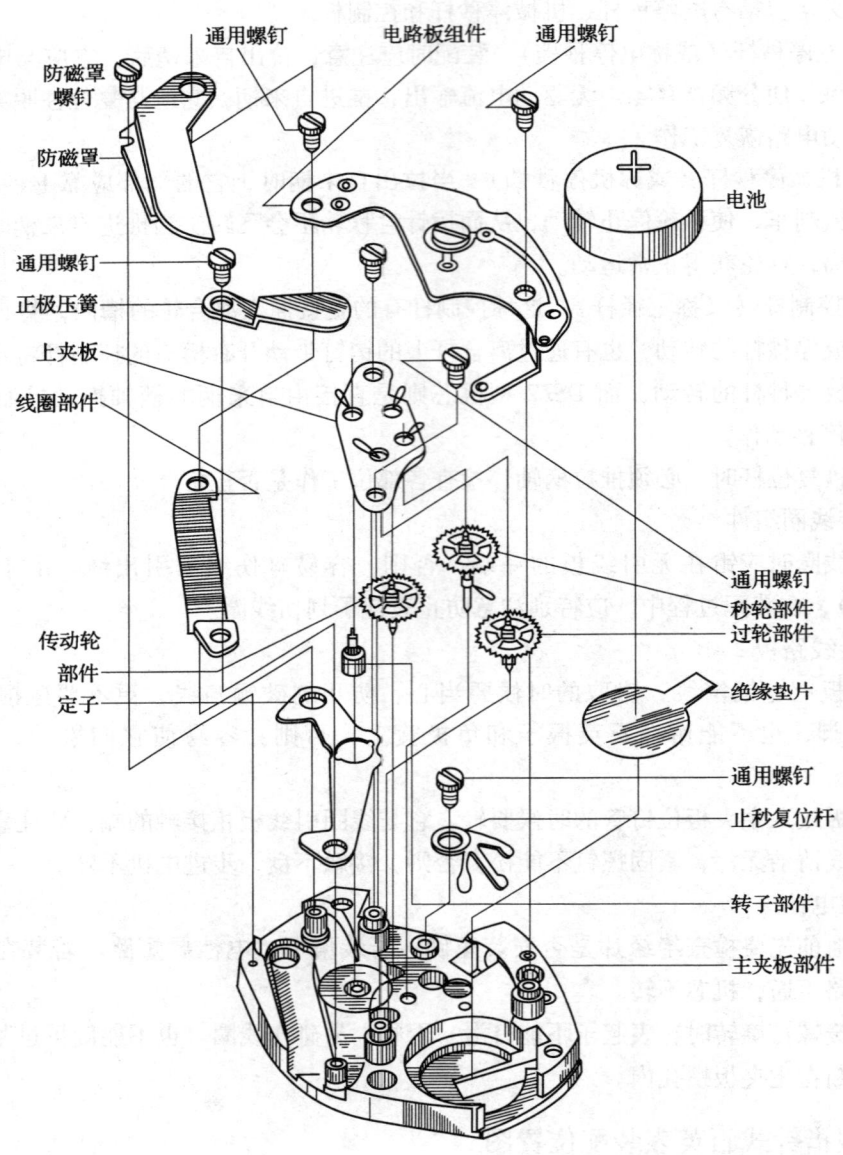

(a) 装配面

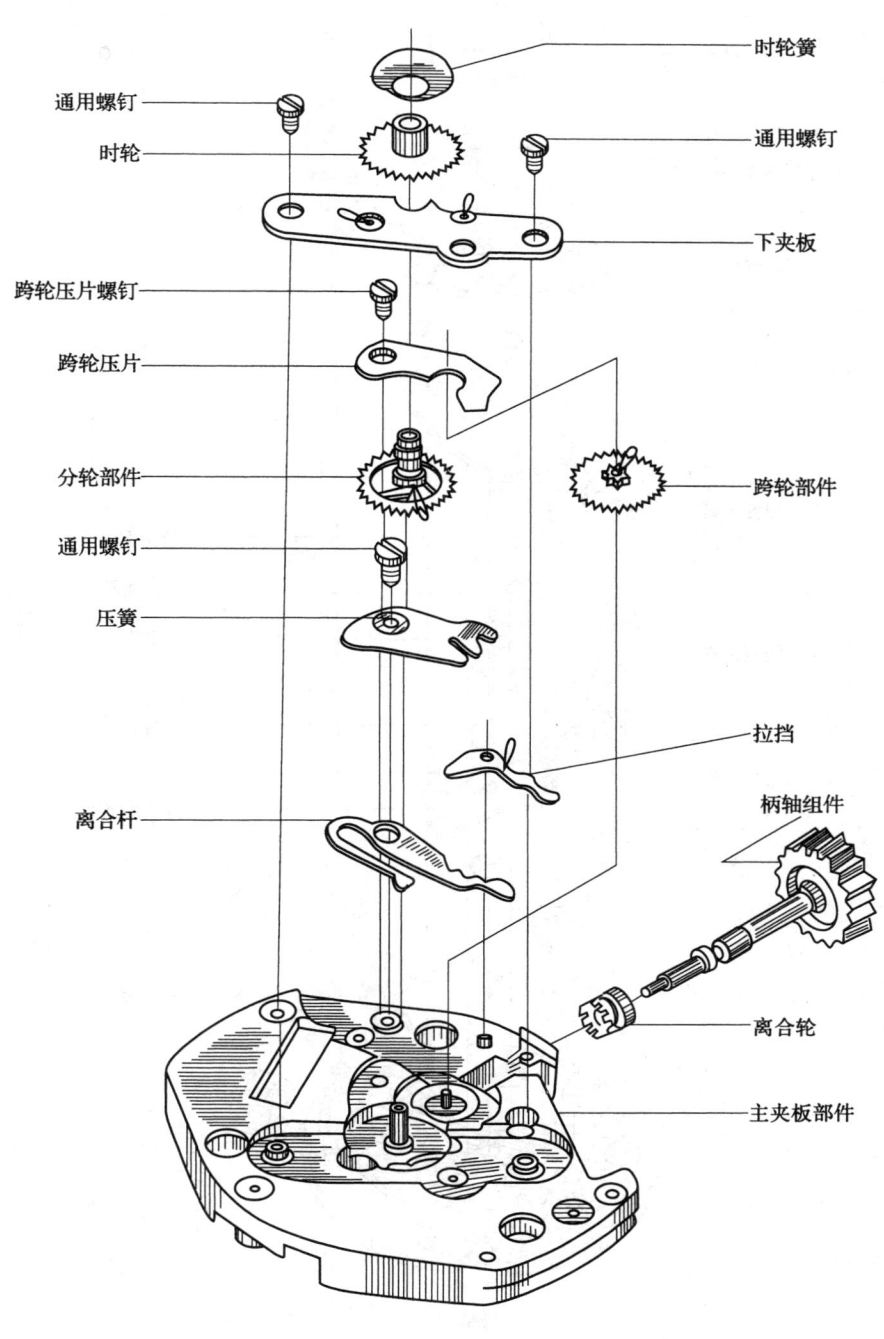

(b) 表盘面

图 16-17 上海 (DSH-14) 机芯装配位置图

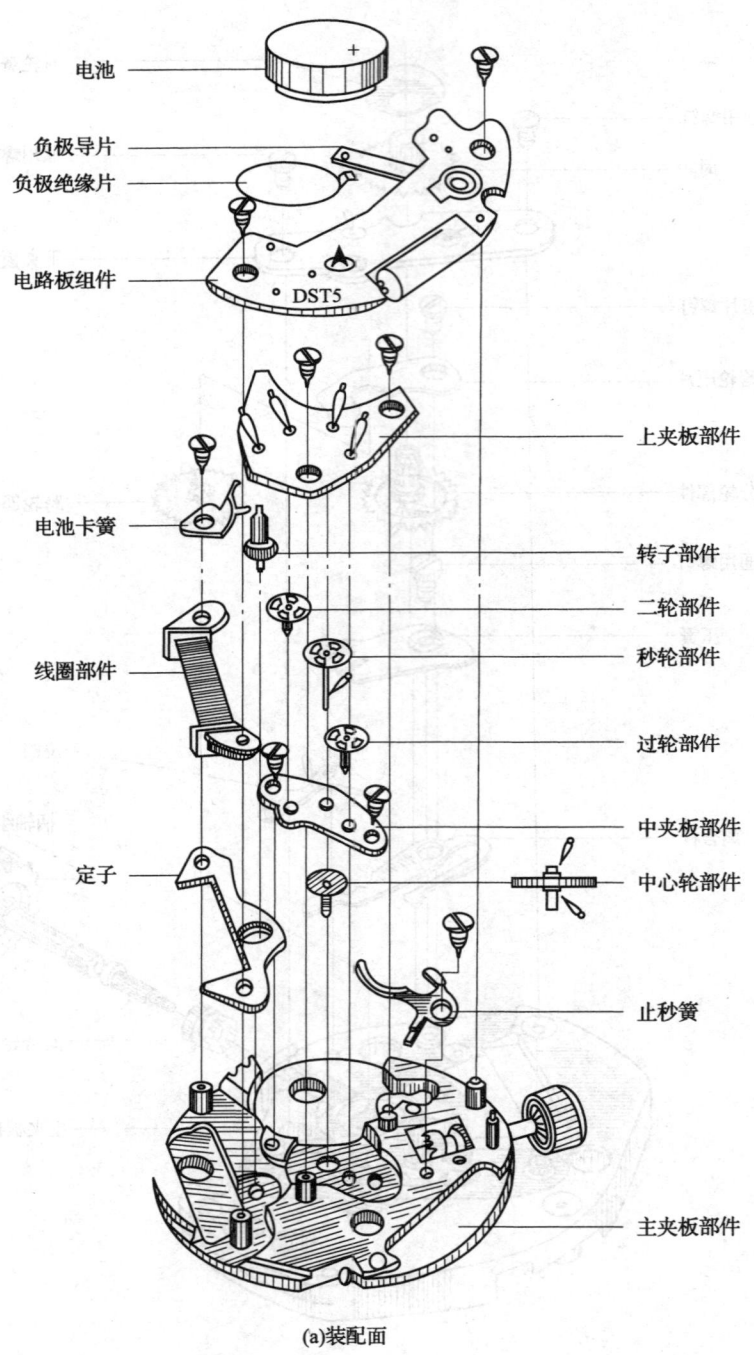

(a)装配面

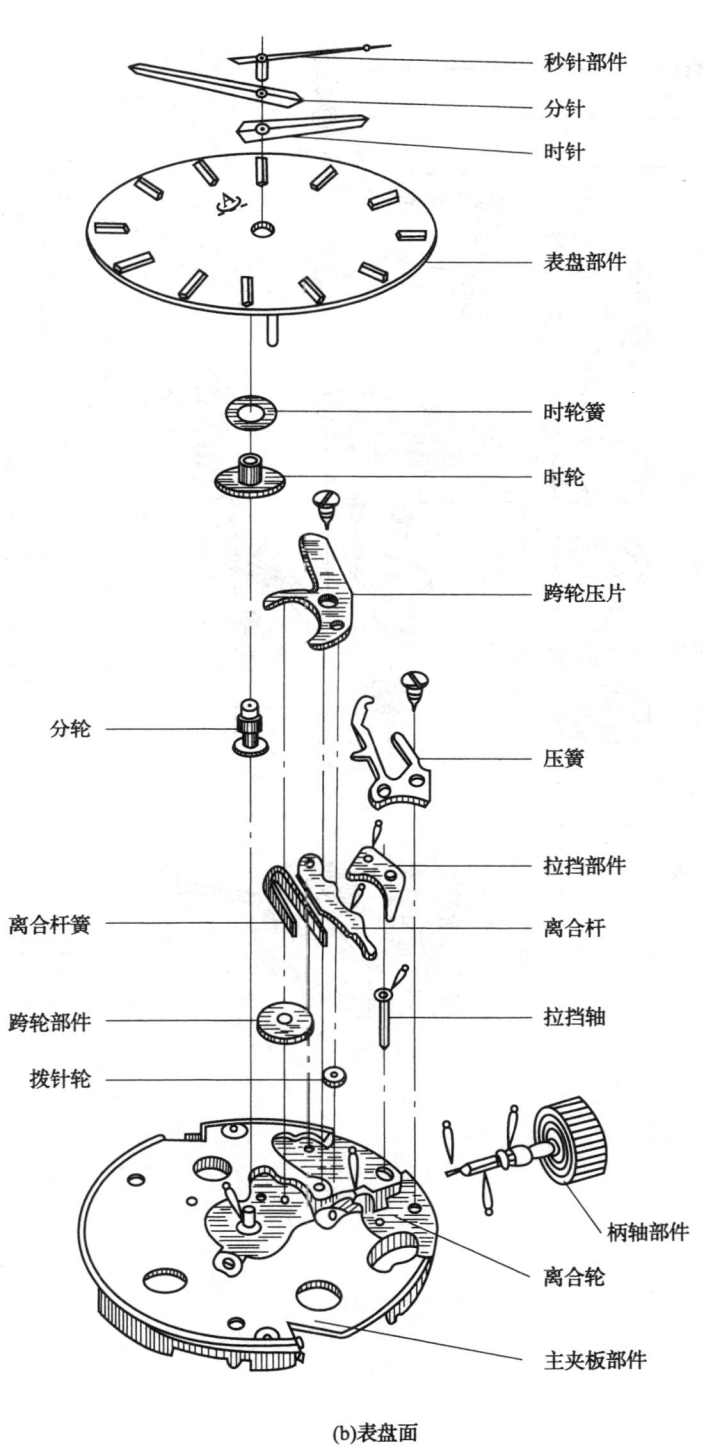

(b)表盘面

图 16-18 天津（DST5）机芯装配位置图

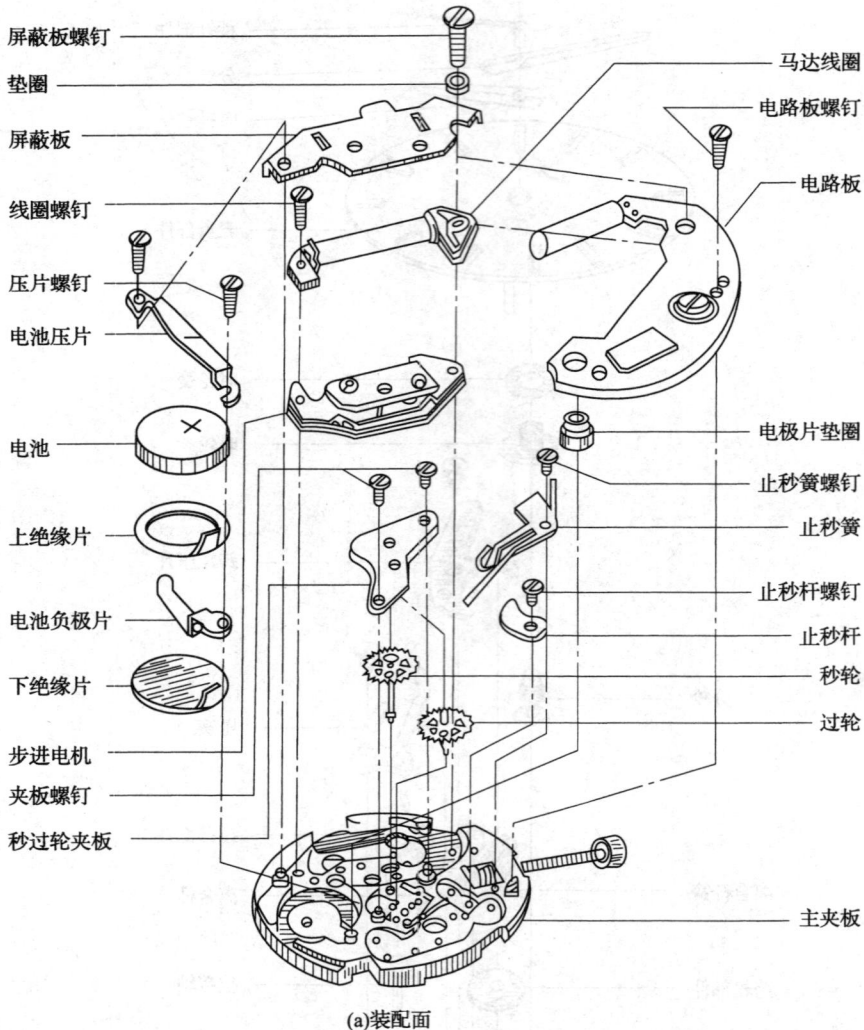

(a)装配面

第十六章　指针式石英表的结构与装配　191

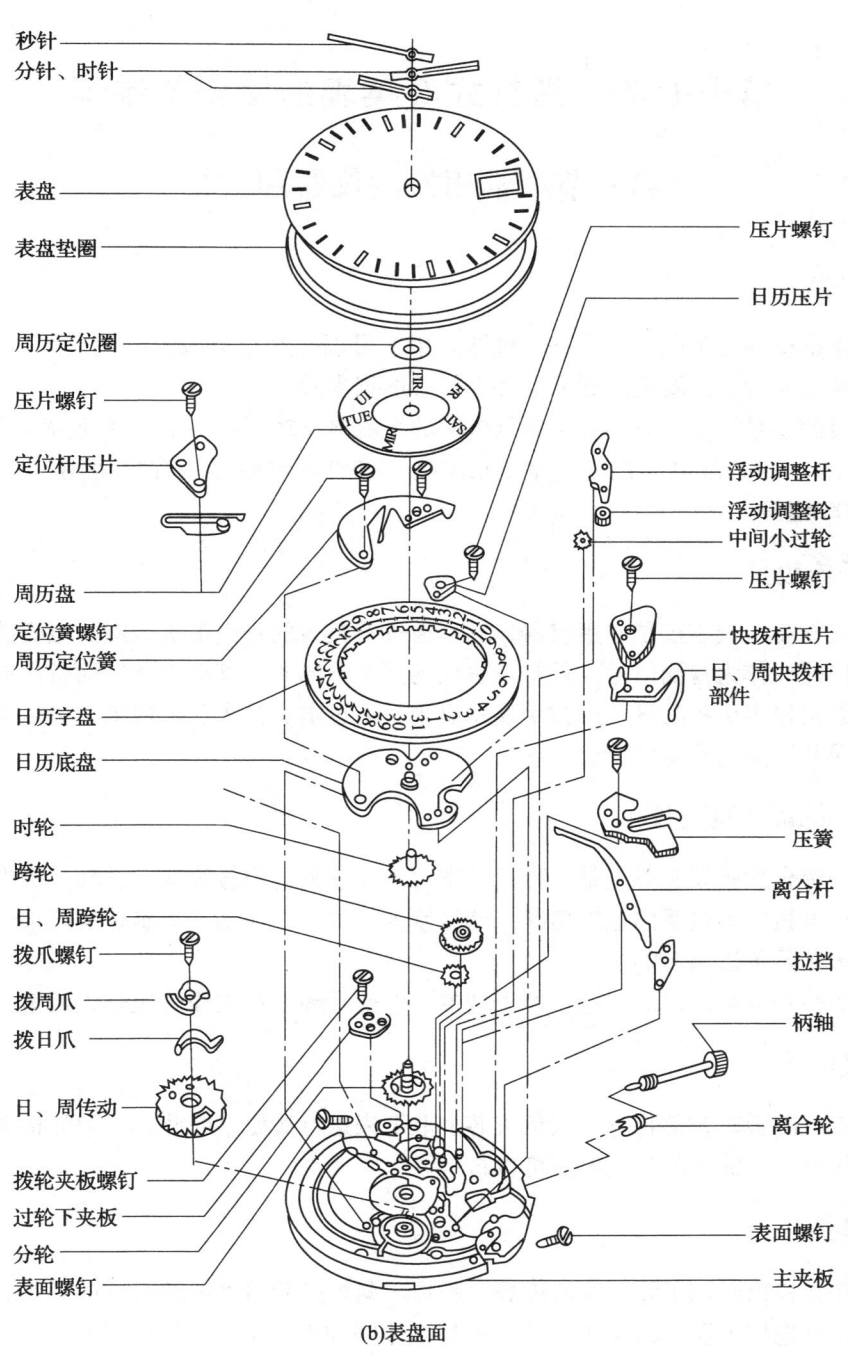

(b)表盘面

图 16-19　广东明珠机芯装配位置图

第十七章　指针式石英表的检测与维修

第一节　常用检测仪器和工具

一、万用表

万用表是检测石英电子表的基本仪器。用它可以检测石英表的电池电压、整机功耗、驱动电路输出信号、线圈电阻和元器件性能等电气参数。

万用表的型号很多，只要有可测低电压的直流电压挡（例如 2~5V 直流电压挡）、可测微安（μA）的直流电流挡（例如 50μA 挡）和常用电阻挡，都可使用。如 MF30 型、368 型、500 型等。

二、电子校表仪

指针式石英表校表仪是专用仪器，它是通过石英表的步进电机线圈的电磁感应信号输送到校表仪内，作为检测信号，再与校表仪内更精确的时间基准相比较而得出的差值，并转换成每天快慢多少秒的日差用数字显示出来。通过电子校表仪的检测，可以将指针式石英表走时误差调整到规定的精度要求。

三、石英表综合检查仪

石英表综合检查仪实际上是一种信号发生器，它将电信号直接输送到步进电机，观察并记录步进电机带动轮系的运转情况，使检修人员可以方便地初步确定故障部位。信号频率和工作电压是可以调节的。

简单的检查仪可以做成笔型，便于携带，但信号频率和工作电压难以调整。

四、外接电源

在检修电路板时，常将电路板从机芯上取下来进行检修。因此，需用外接电源作为电路板的工作电压。简单的外接电源可以自制。

五、电烙铁

电烙铁在检修时用于元器件的虚焊、脱焊、漏焊或元器件损坏需要调换时。

电烙铁宜选用恒温、20W 内热式，且烙铁头需加工成锥形，以便于使用。

六、示波器

条件允许时，可备示波器。通过示波器的检测，可直接观察电路是否起振以及振荡波形、输出波形的好坏，这些是万用表无法检测到的。

七、不磁化镊子钳

因为转子有磁性,即使普通不锈钢镊子钳也常会被磁化。检修石英电子表需用不会被磁化的钛合金或铜质镊子钳。

第二节　指针式石英表电气参数的检测方法

一、电池电压检测

检测目的:判别电池电压是否在使用范围内。

1. 电池在机芯内检测

选用万用表直流电压档。

量程:2.5V(或3V、5V)。

表棒接法:红棒接电池正极;黑棒接电路板负极。

读数与判断:1.4~1.55V 为使用范围,1.4V 以下应调换。

2. 单只电池测量

万用表档次、量程、读数与判断同上。

表棒接法:红棒接电池正极,黑棒接电池负极。

如图 17-1 所示。

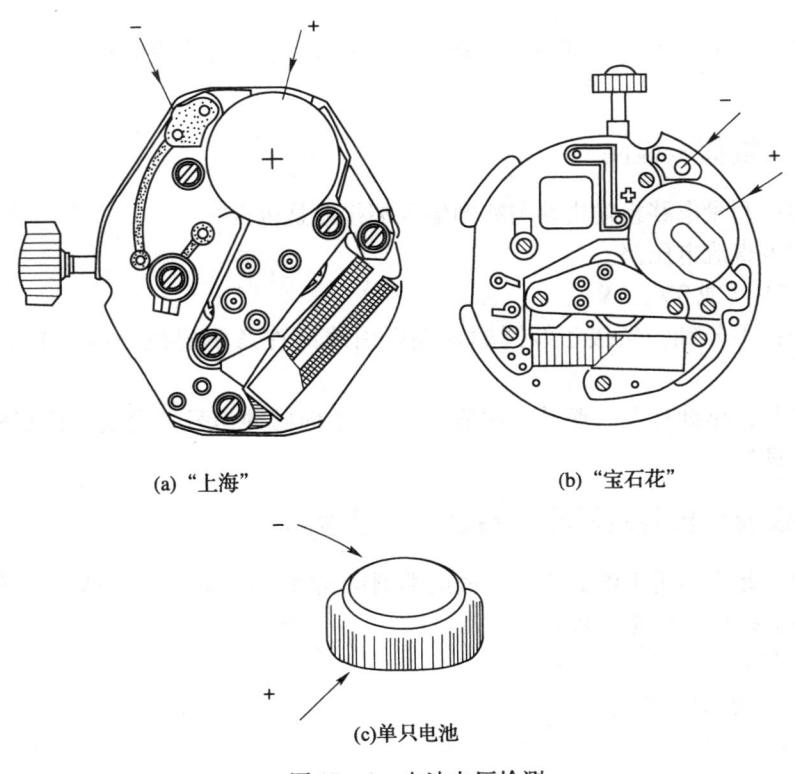

(a)"上海"　　(b)"宝石花"

(c)单只电池

图 17-1　电池电压检测

二、驱动电路输出信号检测

检测目的：检查集成电路是否工作正常。

选用万用表直流电压档。

量程：2.5V（或3V、5V）

表棒接法：表棒不分红、黑，分别接于电路板输出测量孔。如图17-2所示。

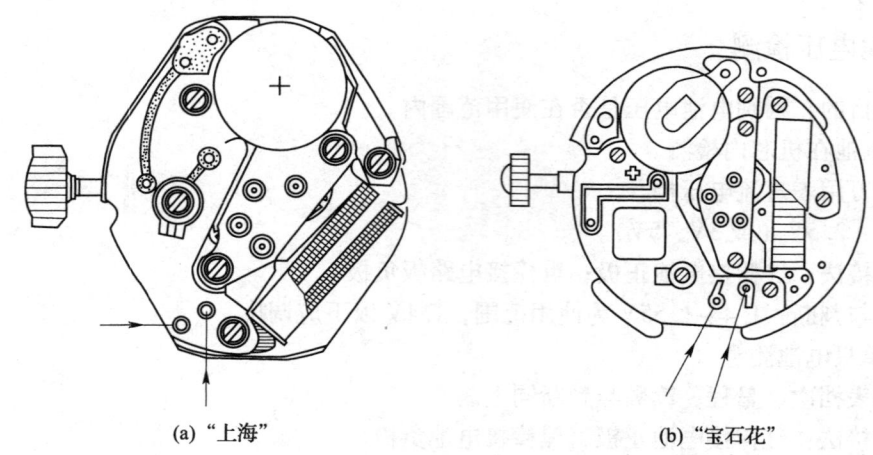

(a) "上海"　　　　　　　　　　　　(b) "宝石花"

图 17-2　输出信号检测

读数与判断：万用表指针有左右摆动、间隔各1s的双向脉冲信号，表明集成电路工作正常。

三、线圈输入端信号检测

检测目的：测量电路板输出端与线圈输入端接触是否良好。

选用万用表直流电压挡。

量程：2.5V（或3V、5V）。

表棒接法：不分红、黑接于线圈输入端两引线（注意不要碰断线头），如图17-3所示。

读数与判断：指针有左右摆动、间隔各1s的双向脉冲信号，表明电路板输出端与线圈输入端接触良好。

四、电池正极或负极与线圈输入端之间信号检测

检测目的：此检测用于电路板上无输出端测量孔时，可判断驱动电路有无输出信号和电路板与线圈引线板接触是否良好。

选万用表直流电压挡。

量程2.5V（或3V、5V）。

表棒接法：

(1) 红棒接电池正极，黑棒接线圈任一头（图17-4）。

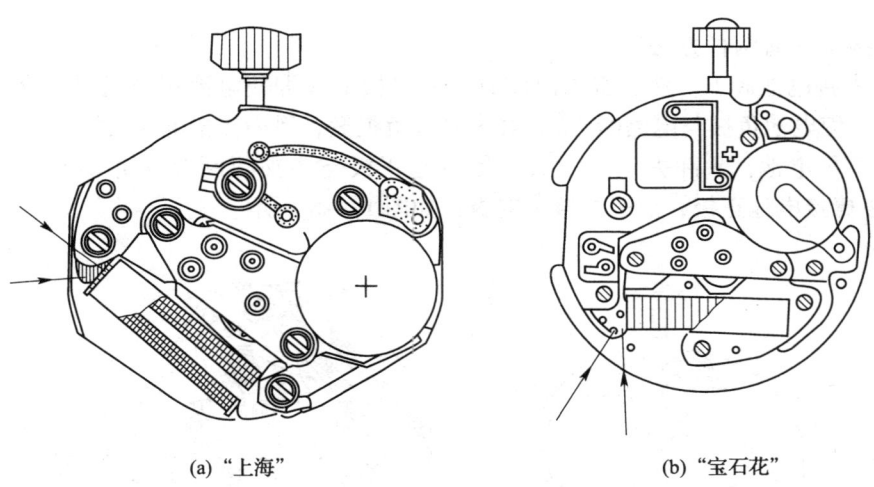

(a) "上海" (b) "宝石花"

图 17-3 线圈输入端信号检测

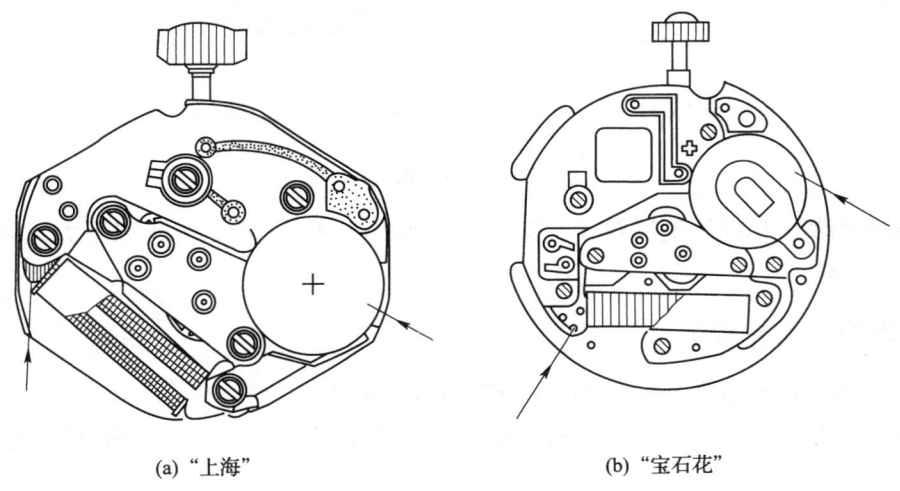

(a) "上海" (b) "宝石花"

图 17-4 电池正极或负极与线圈输入端之间信号检测

（2）红棒接线圈任一头，黑棒接电路板负极。

读数与判断：

（1）在 0V 处有向右摆动的、间隔为 2s 的单向脉冲信号，表明电路正常、接触良好。

（2）在 1.5V 处有向左摆动的、间隔为 2s 的单向脉冲信号，表明电路正常、接触良好。

五、整机动态功耗检测

检测目的：检查整机电流消耗的大小。

选用万用表直流电流挡。

量程：50μA。在万用表接线柱两端并联 220μF 电解电容（电容正极接万用表

"+")。

表棒接法（有两种方法）：

（1）先将电池卸下，然后将电池反放在上夹板上（即使电池正极通过主夹板与电路正极相连，使电池负极与电路断开），红表棒接负极簧，黑表棒接电池负极。

（2）不拆电池，只卸去正极压簧。使电池正极与主夹板断开（亦即与电路正极断开），红表棒接电池正极，黑表棒接主夹板，如图17-5所示。

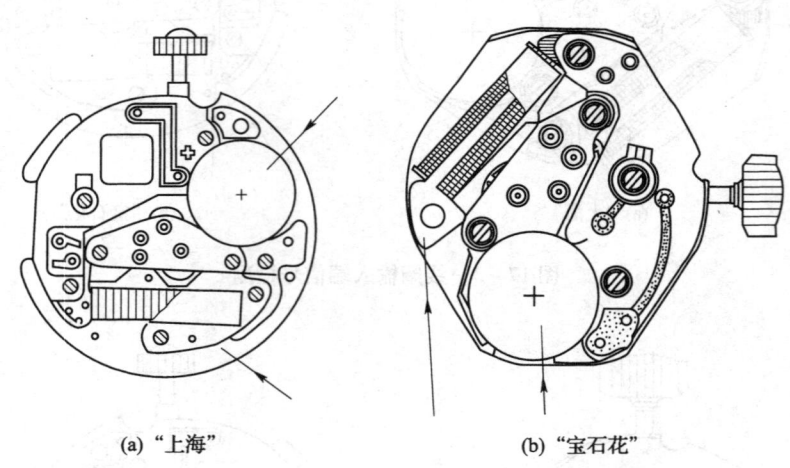

(a) "上海"　　　　(b) "宝石花"

图 17-5　动态功耗检测

读数与判断：稍等片刻读数。若指针摆动则取峰值的一半，6μA 以下为正常，但一般都小于 3μA。

六、整机静态功耗检测

检测目的：检查步进电机不转的情况下的整机功耗。

万用表挡别、量程、表棒接法同前。但必须先将自来柄拉出，使表机处于停秒状态。

读数与判断：0.5μA 以下为正常。

七、检测线圈电阻值

检测目的：检查线圈好坏。

选万用表电阻挡（Ω 挡）。

量程：R×100 或 R×1k

表棒接法：不分红、黑，接线圈两端。如图17-6所示。

读数与判断：宝石花（DSE-3B）为 3kΩ 左右。

上海（DSH-14）为 2.4kΩ 左右。

八、检测止秒复位杆功能

检测目的：检查止秒复位杆动作是否可靠。

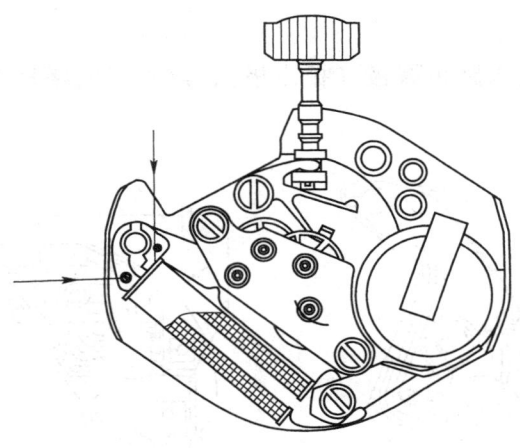

图 17-6 线圈阻值检测

选万用表电阻挡（Ω挡）。

量程：R×10

表棒接法与判断：

(1) 首先拉出自来柄，并卸去电池，表棒不分红、黑，一端接主夹板，另一端接复位测量孔，万用表指针到0Ω为正常。

(2) 推进自来柄，表棒接法同上，读数应为无穷大。如图17-7所示。

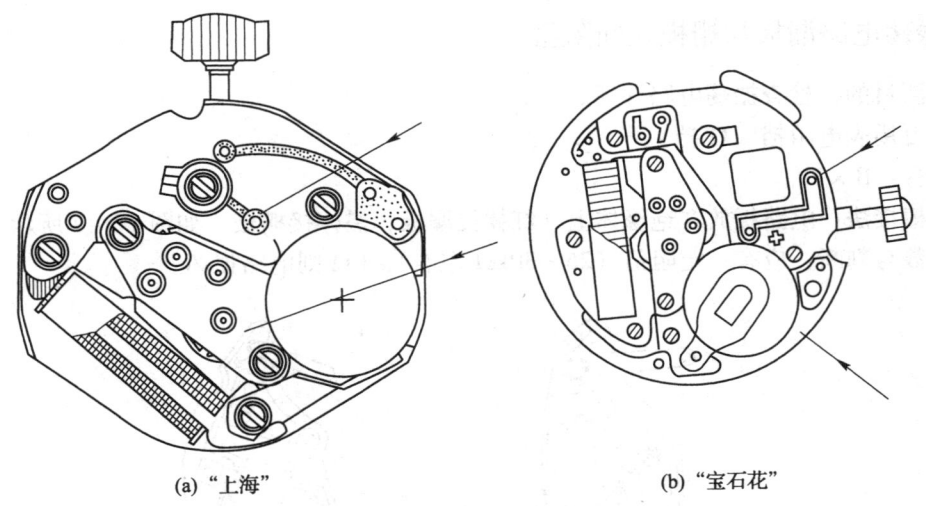

(a) "上海"　　　　　　　　(b) "宝石花"

图 17-7 止秒复位功能检测

九、检测振荡信号

检测目的：检查振荡电路是否工作。

取下电路板，接上外接电源，若有示波器检查则最佳。若无示波器，则选用万用表检测。

挡别：直流电压挡。

量程：1V（或2.5V）。

表棒接法：红棒接电路板漏极（振出极），黑棒接电路板电源负极。如图17-8所示。

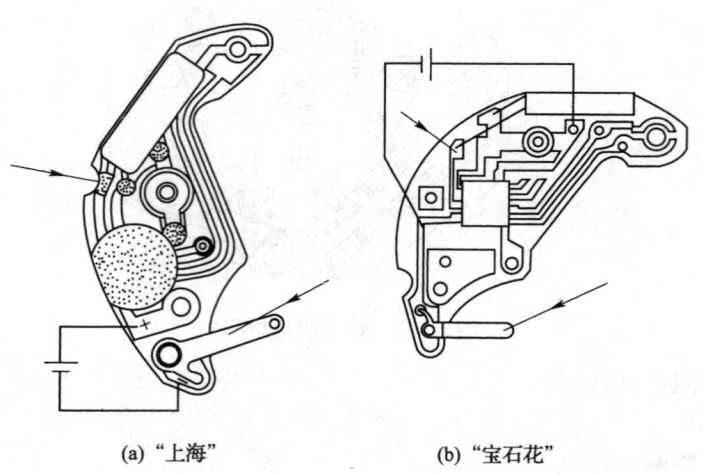

(a)"上海"　　　(b)"宝石花"

图17-8　振荡信号检测

读数与判断：应有0.3V电压，并再用红棒测电路栅极无电压值，则振荡工作正常。若用示波器则可见正弦波振荡波形。

十、振荡电路漏极与栅极之间阻值

检测目的：检查振荡电路好坏。

选万用表电阻挡（Ω挡）。

量程：R×1k。

表棒接法：电路板放在绝缘体上，红棒接漏极，黑棒接栅极。如图17-9所示。

读数与判断：应有一定阻值（26~30kΩ左右）。0Ω则电路损坏。

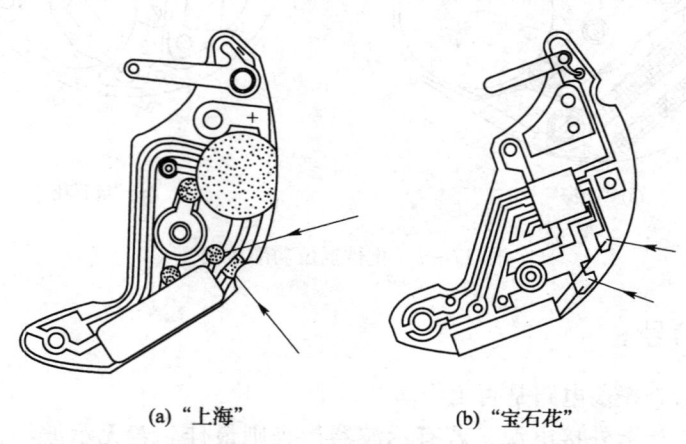

(a)"上海"　　　(b)"宝石花"

图17-9　漏极与栅极之间阻值检测

十一、检测集成电路是否短路

检测目的：检查集成电路好坏。

选万用表电阻挡（Ω挡）。

量程：R×100 或 R×1k。

表棒接法与判断：

（1）红棒接电路板正极，黑棒接电路板负极。

有一定阻值，万用表指针到0Ω则为短路，损坏。

（2）红棒接电路板负极，黑棒接电路板正极。

阻值应为∞，若有较小阻值则电路损坏。

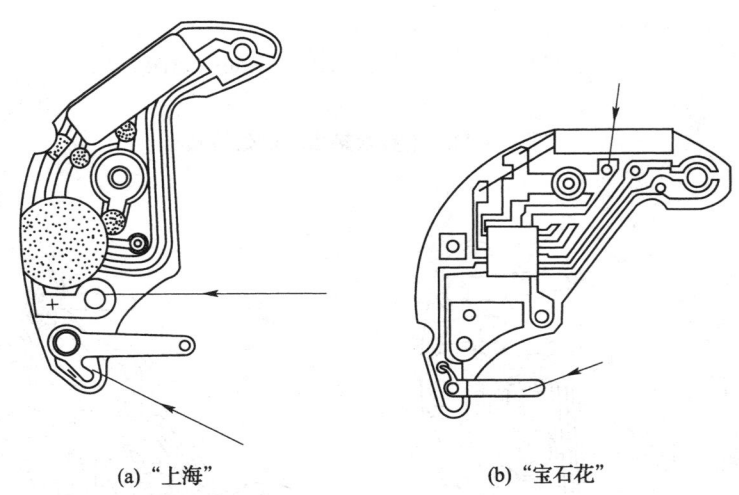

(a) "上海" (b) "宝石花"

图 17-10 集成电路检测

十二、检测电路板输出两端电阻

检测目的：检查电路板输出端的好坏。

选万用表电阻挡（Ω挡）。

量程：R×1k。

表棒接法：表棒不分红、黑，测输出两端。如图 17-11 所示。

读数与判断：有一定阻值（12~20kΩ左右），指针为0或∞，均为不好。

十三、检测电路板输出端与复位端之间电阻

检测目的：检查输出端与复位端是否短路。

选万用表电阻挡（Ω挡）。

量程：R×100 或 R×1k。

表棒接法：黑棒接复位柱，红棒轮流测输出两端。如图 17-12 所示。

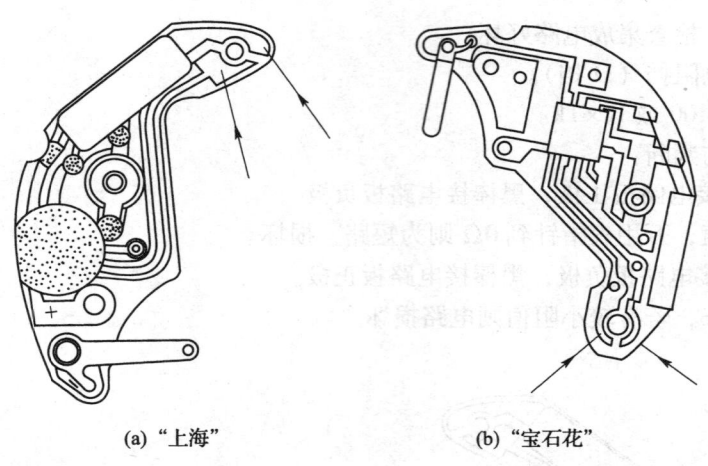

(a) "上海"　　　(b) "宝石花"

图 17–11　电路板输出端电阻检测

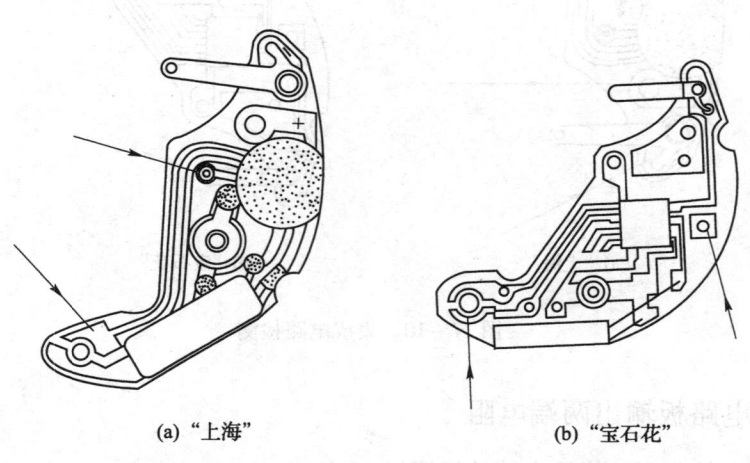

(a) "上海"　　　(b) "宝石花"

图 17–12　输出端与复位端之间阻值检测

读数与判断：应有一定阻值（无规定值），若阻值为零，则短路，表明电路板有故障。

十四、检测微调电容

检测目的：检查微调电容好坏。

选万用表电阻挡（Ω挡）。

量程：$R\times100$ 或 $R\times1k$。

表棒接法：表棒不分红、黑，测微调电容引脚两端。如图 17–13 所示。

读数与判断：单只电容，读数应为∞，但在电路板上，则有一定阻值，若指针到达 0Ω，则表明电容损坏。

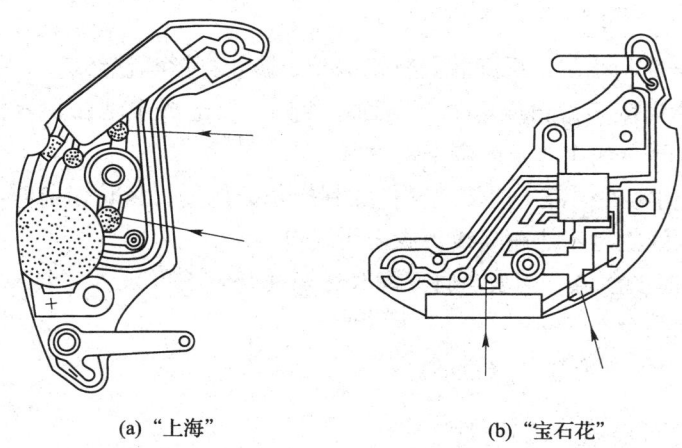

(a) "上海"　　　　　　(b) "宝石花"

图 17-13　微调电容检测

十五、检测石英振子

检测目的：检查石英振子是否短路。

选万用表电阻挡（Ω 挡）。

量程：R×100。

表棒接法：取下石英振子，表棒不分红、黑，测量石英振子两引出脚。如图 17-14 所示。

读数与判断：若指针到达 0Ω，则表明石英振子短路损坏（注意：切不可用 R×1k 或 R×10k，以防石英振子击穿）。

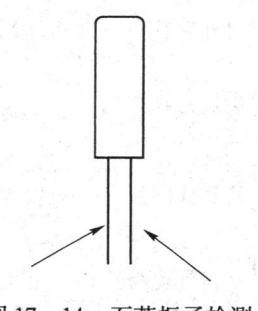

图 17-14　石英振子检测

第三节　指针式石英表的拆卸

一、拆卸注意要点

拆卸指针式石英表是维修工作者首先要掌握的技术。虽然指针式石英表型号很多，结构各异，但各种型号石英表都应遵循以下拆卸要点。

（1）拆卸程序必须是由外到里，先拆紧固件，后卸被紧固件，即由外到里，先拆后卸。

（2）型号繁多，拆卸零件要记取特征，循序渐进，有条不紊。

（3）机械零件和电器元件要互相分开，防止清洗时，要求不同，互相混拢。

（4）大小零件要分开，防止互相碰擦。

（5）工具要合适，使用时方能得心应手。

（6）手势要正确，动作要规范。

（7）对于配合较紧的零件，不能乱撬，而应用镊子钳或表起子在位钉管旁边着力。

（8）对于定子片和线圈，拆卸后要特别保护，防止变形和损伤。

（9）不能用金属镊子钳钳取电池上下面，否则，要造成电池短路，使电池能量大量耗损。应钳电池外缘，或用非金属镊子钳钳取。

（10）钳取任何零件，都不应使该零件受到损伤。例如，齿轮钳取时不能使齿形或轴颈受到损伤，钳取线圈时不能碰断线头或损伤线包。

（11）取表盘时要注意，两表盘脚要同时逐渐撬开，不可只撬一个脚，以免表盘单向受力，使脚弯曲，甚至断落。

（12）取表针时，当心碰伤表盘面。

二、典型指针式石英表拆卸程序

1. 钻石（DSZ2）机芯石英表拆卸程序

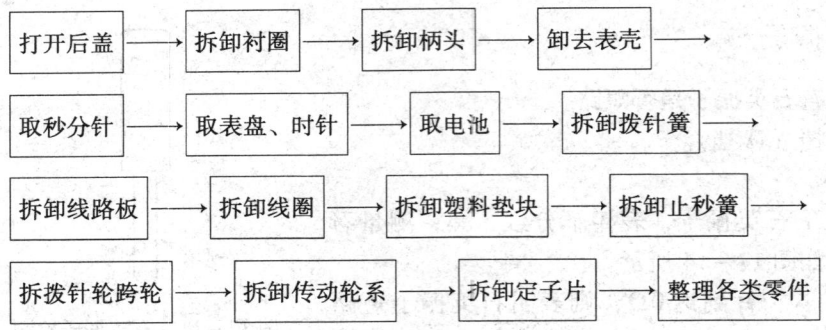

2. 上海（DSH14）机芯石英表拆卸程序

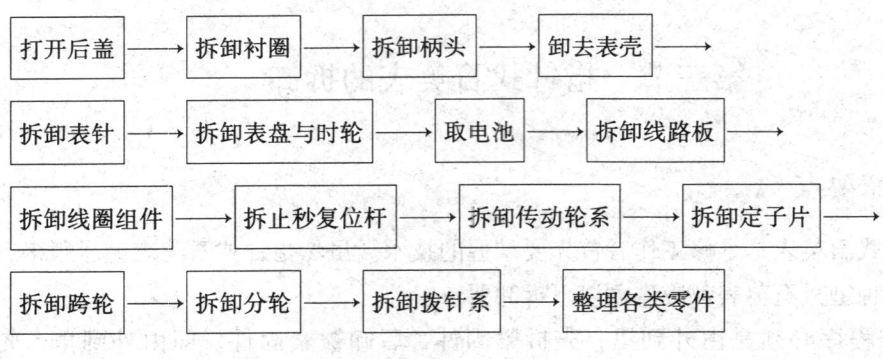

3. 精达（DSQ）机芯石英表拆卸程序

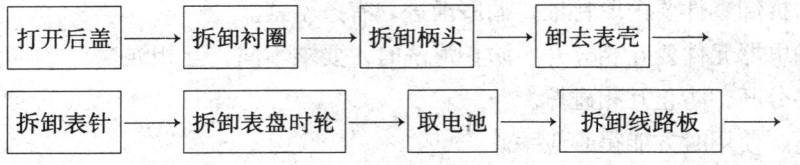

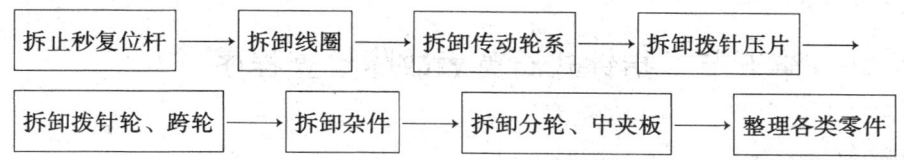

第四节　指针式石英表的清洗

指针式石英电子表的清洗加油分两大类，其一是机械零部件的清洗，这和机械手表的清洗相类似，这里不再重复。另一类则是电子元器件的清洗。下面分别加以叙述。

一、电路板清洗

电路板是由集成电路、石英振子、微调电容和印刷电路板所组成。清洗时，宜用工业用99%的无水酒精（无水乙醇）。清洗方法有两种，一种是放入容器内（时间不能太长）用毛刷轻轻洗刷干净，然后取出用气球吹干或低温烘干；另一种方法是用酒精棉球擦洗铜箔线，除去污物即可。用此种方法清洗时，不影响其他部分，因此更具优越性。

二、线圈清洗

线圈清洗主要是指线圈引线板上铜箔线的清洗。清洗方法，可用酒精棉球擦洗引线板上铜箔线，但要当心别碰断线圈引线。至于线圈本身，是不能放到酒精里去清洗的。

三、转子清洗

转子是用胶水胶合的，不能放到清洗液中清洗，而应用专用橡皮泥粘去转子表面污物，或用柳木条剔除，再用毛刷处理干净。

四、定子清洗

定子装配在主夹板上，与它配合的位钉管，其间采用的是较紧的动配合。若撬下，则定子易变形。所以，一般定子片可与主夹板一起用汽油清洗。但应注意，切莫放到超声波内清洗，因为那样可能影响定片的导磁率。

五、电池清洗

电池不能放到汽油或酒精中清洗，若有污物，用绒布或绸布擦净即可。

第五节　指针式石英表故障检查程序

一、停表故障检查程序

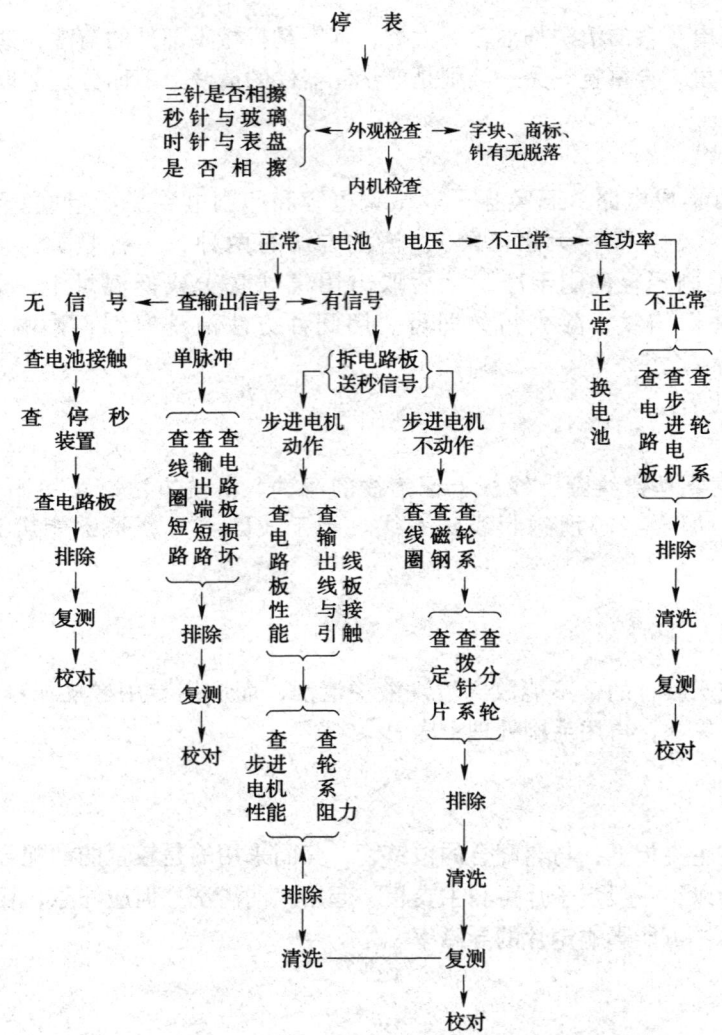

二、走时误差大及秒针抖动检查程序

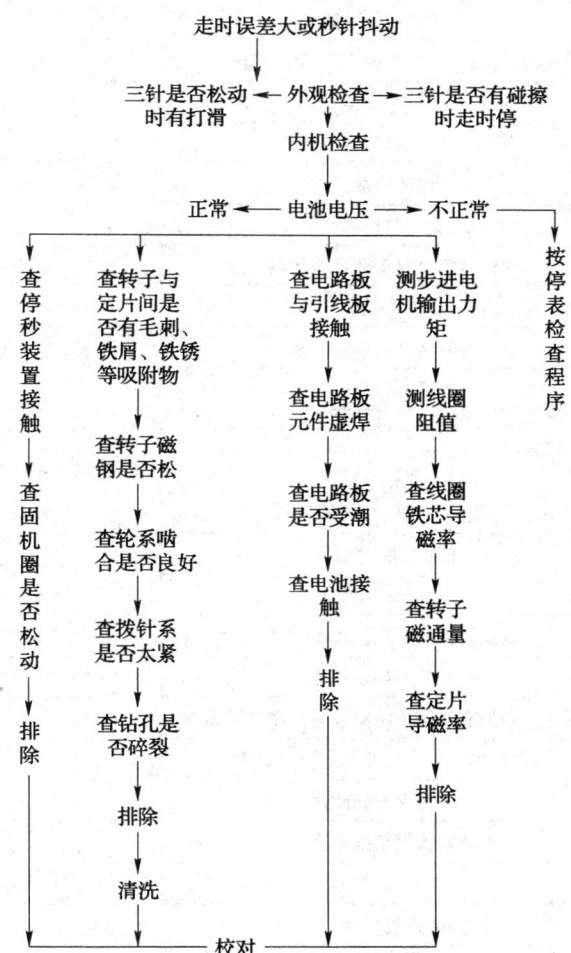

第六节 指针式石英表常见故障及维修方法

指针式石英表常见故障及维修方法见表 17-1。

表 17-1

	故 障 原 因	维 修 方 法
一、停表		
外观故障		
1	秒针碰分针	重新调整
2	秒针碰玻璃	调整秒针
3	分针碰时针或字块	重新调整
4	时针碰商标或字块	调整时针

续表

	故 障 原 因	维 修 方 法
5	字块或商标脱落	粘牢
6	表盘脚断，表盘无固定，指针受阻	换表盘

内机故障

	故 障 原 因	维 修 方 法
1	电池电压低	换电池
2	电池漏液	换新电池
3	电池压簧有氧化物或污物	擦净
4	电池负极簧有氧化物或污物	擦净
5	负极簧脱铆	重新铆牢
6	负极簧装歪，碰主夹板	校正负极簧
7	线圈外线头断	用烙铁修复
8	线圈内线头断	换线圈
9	线圈与铁芯短路	换线圈
10	线圈外框压在铁芯下	松螺钉取出被压外框
11	线圈内部分短路	换线圈
12	线圈外层划伤	修复或换线圈
13	线圈阻值与规定值相差太多	换线圈
14	线圈铁芯导磁率低	换线圈
15	线圈引线板有污物或电路板输出端有污物	擦净
16	电路板输出端与线圈引线板未旋紧	重新旋紧
17	电路板铜箔线断路	用烙铁修复
18	电路板铜箔线短路	用刀片划分开
19	电路板坏或老化	换电路板
20	电路板受潮	烘干
21	电路板与主夹板短路	查明短路点，排除
22	石英振子焊接处两脚短路	用烙铁或刀片排除
23	石英振子漏气	换石英振子
24	石英振子晶体断	换石英振子
25	石英振子引脚虚焊、脱焊	用烙铁修复
26	石英振子引脚碰主夹板	校正石英振子引脚
27	微调电容短路	用烙铁或刀片清除
28	定子片导磁率低	换定片
29	定子片与主夹板不平	调整或调换
30	定子片变形	换定片
31	定子片有毛刺	去毛刺
32	转子磁钢磁感应强度低	换转子
33	转子磁钢碎损	换转子

续表

	故障原因	维修方法
34	转子磁钢松	用502胶水粘牢
35	转子磁钢吸附铁屑、铁锈及螺钉、杂物等	清除，并用橡皮泥擦净
36	转子轴榫、轴齿不洁	用橡皮泥清除
37	止秒杆工作间隙失调	可稍微弯曲调整或更换
38	止秒杆弯头高，擦电路板铜线	弯头锉低或调换
39	轮系被毛刺或杂物卡死	清除并清洗加油
40	轮系轴榫弯	调换
41	轮系轴向间隙小	调整
42	轮片不平	调整或调换
43	轮齿缺损或弯曲	调换
44	轮系轴向间隙大造成脱啮	调整
45	轮片与齿轴脱铆	重新铆合或压合
46	钻眼碎裂	调换
47	钻眼脱落	重新压配
48	钻眼有污	清洗加油
49	分轮片径跳大，啮合不正常	换分轮
50	分轮不活络	调整
51	跨轮或拨针轮有毛刺	去毛刺
52	跨轮柱或拨针轮柱有毛刺	去毛刺
53	跨轮槽或拨针轮槽有毛刺	去毛刺
54	跨轮或拨针轮间隙太小	调整
55	跨轮或拨针轮油太多	清洗
56	时轮轴向间隙太大	调整

二、走时快

	故障原因	维修方法
1	微调电容断	调换
2	微调电容脱焊	重新焊牢
3	微调电容容量太低	换合适电容
4	微调电容松，不能调节	铆紧或调换
5	集成电路分频故障	换集成电路
6	石英振子频率超标	换石英振子
7	电池电压高于1.55V	调换新电池
8	轮系齿数不配套 （轴齿齿数多，或轮片齿数少）	查出哪个轮子，调换
9	转子磁感应强度高	换转子
10	转子磁钢缺角	换转子
11	定子片变形或弯曲	调换定子片

续表

故 障 原 因	维 修 方 法
三、走时慢	
1 集成电路分频失调	换集成电路
2 石英振子频率低于标准	换石英振子
3 石英振子接触不良,时走时停	用烙铁修复
4 电池负极簧有污,接触不良	擦净
5 电池正极压力太小,时断时续	加大压紧力
6 负极簧松,时断时续	重新铆紧
7 轮系有污物,时走时停	清洗
8 轮片与轴齿配合不牢,有滑动	查出哪个轮子,铆牢
9 轮片有毛刺,时走时停	查出毛刺,去毛刺
10 转子有吸附物	清除
11 分轮片与分轮轴松	调整或调换
12 轮系齿数不配套(轴齿齿数少或轮片齿数多)	查出哪个轮子,调换
13 秒针擦玻璃,时走时停	调整
14 秒针擦分针,时走时停	调整
15 跨轮片与轴齿有滑动	铆紧
16 磁钢与齿轴时有滑动	胶牢
17 电池电压低	换新电池
四、秒针原地抖动(又名"鸡吃米")	
1 电池电压低	换新电池
2 线圈铁芯导磁率低	调换线圈
3 定子片导磁率低	调换定子片
4 转子磁钢磁感应强度低	调换转子
5 线圈阻值与规定值相差太大	调换线圈
6 转子磁钢表面吸附铁屑或杂物	清除
7 转子磁钢松	粘牢
8 转子磁钢碎损	换转子
9 定子片不平或变形	换定子片
10 线圈与主夹板短路	清除短路或换线圈
11 轮系有毛刺或杂物	清除
12 轮系有污	清洗加油
13 轮片不平	调整或调换
14 轮系轴榫微弯	调换
15 轮系轴向间隙小	调整
16 钻眼碎裂	调换
17 钻眼有污	清洗加油

续表

	故 障 原 因	维 修 方 法
18	分轮不活络	调整
19	跨轮或拨针轮有毛刺	去毛刺
20	跨轮柱或跨轮槽有毛刺	去毛刺
21	拨针轮或拨针轮槽有毛刺	去毛刺
22	跨轮或拨针轮压片太紧	调整
23	加油太多,轮片受阻	清洗加油

第十八章　指针式石英钟的结构与装配

第一节　指针式石英钟的结构

指针式石英钟主要由电子元器件、机械零部件和音响附加装置器件构成。

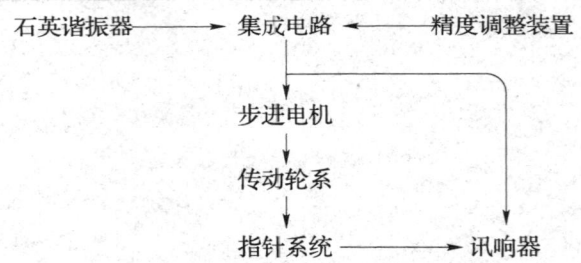

一、钟用石英谐振器

钟用石英谐振器按石英晶体片的形状分为低频音叉型和高频圆薄片型两大类。

音叉型为细圆柱形，外形如图 18-1（a）所示，频率为 32768Hz，常见钟用的尺寸有 $\phi 3 \times 8mm$，$\phi 2 \times 6mm$ 等几种。

圆薄片型为扁长方形外形，其构造、外形如图 18-1（a），（b）所示。

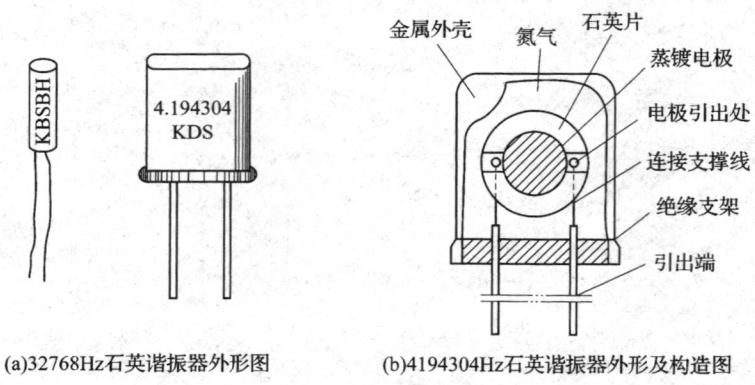

(a)32768Hz石英谐振器外形图　　(b)4194304Hz石英谐振器外形及构造图

图 18-1　石英谐振器外形与构造简图

石英谐振器虽然外形各异、尺寸和频率不尽相同，但结构原理是基本相同的，为了提高石英晶体工作的稳定可靠性，石英谐振器外壳构件经过密封处理，并抽成真空或充入氮气。

高频圆薄片型石英谐振器，由于制作工艺的不同，具有良好频率温度特性、压电特性和频率稳定性，相对优异于低频音叉型石英谐振器，但随着频率的提高，集成电路的功耗和成本都要上升，目前，还是以低频石英谐振器为主流趋向。

二、频率调整装置

（1）微调电容，图 18-2（a），通过旋槽改变动片与定片之间的极片接触面，使电容量发生变化来调整频率。

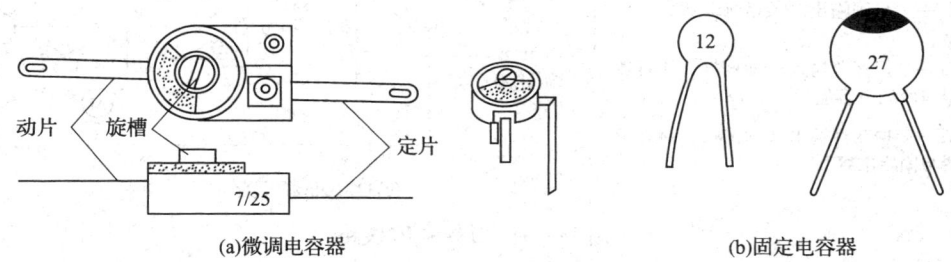

(a)微调电容器　　　　　　　　(b)固定电容器

图 18-2　微调电容器与固定电容器

（2）固定电容，图 18-2（b），通过先对电路测试分档再选配一定量值的固定电容的方法，使频率控制在一定范围内。

（3）磨削电容，通过对陶瓷电容或制作在电路板材上的特殊电容进行磨削或锯割，使电容的容量发生变化以调整频率。

（4）内藏电容，通过调整（断开、接通）集成电路内的多级电容的引出线的方法来调整频率。

（5）逻辑调频，通过对集成电路内的逻辑调频电路的可编程序的控制来调整频率。

三、集成电路

钟用集成电路从功能上可分为走时集成电路、音乐报时集成电路和兼有走时、音乐报时（报刻）功能的大规模集成电路。

1. 走时集成电路

走时集成电路有高频、低频之分，如图 18-3 所示。封装形式有滴封与塑封等几种。如图 18-4 所示，是采用环氧树脂黑胶滴封的封装形式；图 18-5（a）是采用八脚双列直插式的塑封封装形式，塑封集成电路在维修时易于检测和更换，其引出脚排列顺序如图 18-5（b）。相当的塑封集成电路的响闹输入、输出端（AI、AO 端），往往具有不同输出形式的闹信号功能或某种特殊功能的控制，如"置零"、"闹暂停"、"测试"功能控制等。

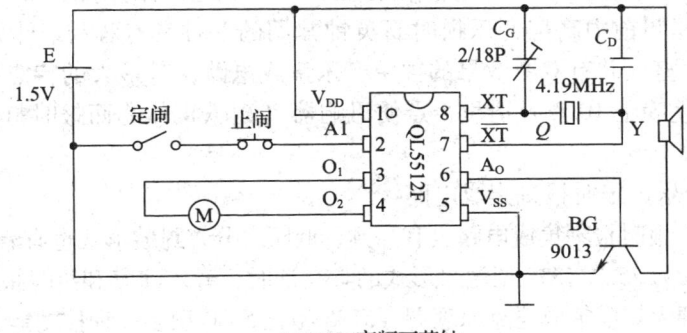

(a)5512F高频石英钟

V_{DD}——电源正极；V_{SS}——电源负极；
O_1——输出1（接步进电机）｝两者
O_2——输出2（接步进电机）｝接线可互换
AI——响闹输入（按闹/定时开关）；
A_O——响闹输出（接讯响器放大三极管基极）；
XT——振荡器输入（即栅极，接石英谐振器与微调电容器）；
$\overline{XT}$——振荡器输出（即漏极，接石英谐振器与固定电容器）。

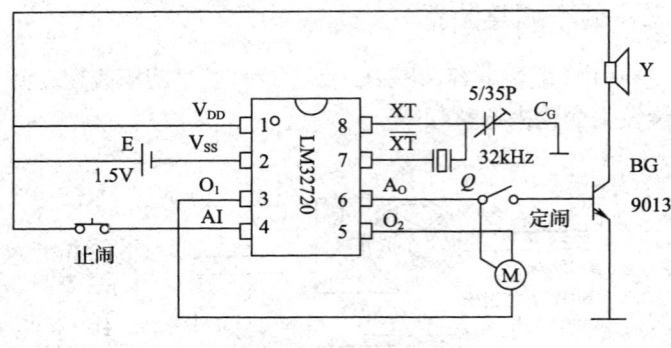

(b) 3272D 低频石英钟

图 18-3 石英钟 IC 线路

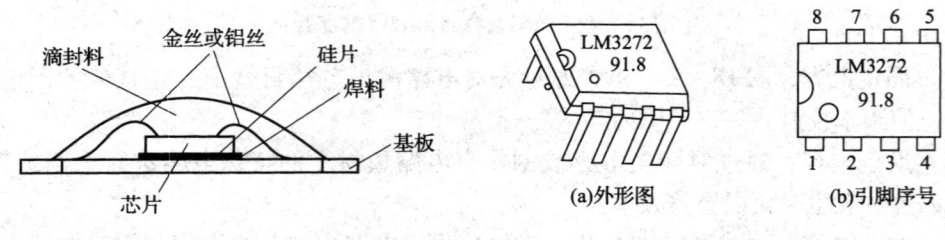

图 18-4 滴封 IC 示意图　　　图 18-5 塑封 IC 外形与引脚

2. 音乐报时集成电路

音乐报时集成电路为石英钟的走时信号所控制，每到一个正点，接受石英钟机芯给发一个触发启动信号，就能按照电路内的逻辑程序演奏乐曲或报时打点。

（1）CW9300（2850、3830）系列音乐集成电路，采用如图 18-6（a）所示的滴封封装形式，电路外接元件少，具有触发一次演奏一首固定乐曲的功能，常用于低档音乐报时石英钟。

（2）KD-482B 十二曲打点音乐集成电路采用如图 18-6（b）所示的滴封封装形式，内贮 12 首世界名曲主旋律，触发一次，演奏一首不同乐曲，每奏完一曲即能分别打点 1~12 下；若将电路"*"处集成电路引出线断开，串接光敏电阻（亮阻 15kΩ、暗阻 2MΩ），即成光控音乐报时石英钟（有光照时鸣响、无光照时休鸣），常用于中低档音乐报时石英钟。

（3）482-FGB 程控、十六曲、双音打点音乐集成电路采用如图 18-6（c）所示的滴封封装形式，是目前中高档音乐报时石英钟常用的一种具有程控、十六曲（或一首西敏寺钟声乐曲）、打点并有双音效果的钟用音乐集成电路，其最大的特点就是具有无需外接敏控元件就能使晚上 10 点及清晨 5 点使讯响器（喇叭）休鸣而报时打点音乐演奏保持同步的程控功能。

3. 走时、音乐、报时报刻集成电路

走时、音乐、报时报刻集成电路也有高频、低频之分，封装形式也有滴封和塑封两种形式。图 18-7 所示为 5530/5535 型塑封形式的具有计时、音乐演奏和报时报刻三项基本功能的高频高档石英钟大规模集成电路原理图（5535 型比 5530 型多一程控功能，其余相同）。

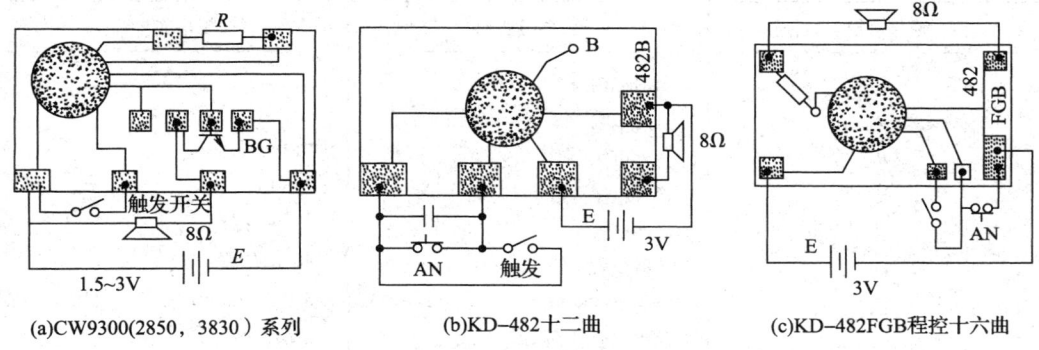

图 18-6 打点音乐集成电路简图

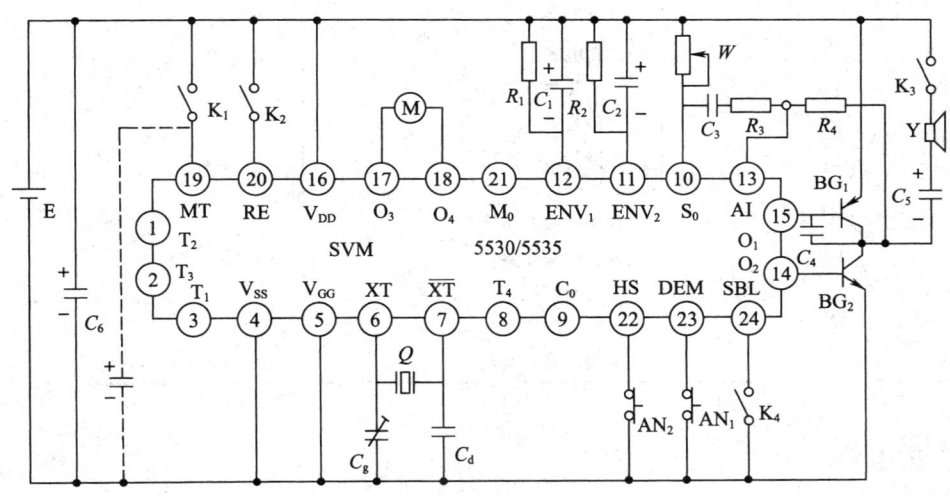

图 18-7 5530/5535 走时、音乐、报时报刻钟用 IC 原理图

图 18-7 的电路中各元器件参数与功能如表 18-1 所示。

表 18-1　　　　　图 18-7 电路中各元器件参数与功能

符　号	名称与功能	规格或参数
E	电池	R20
Y	扬声器	0.1VA 8Ω
BG_1	功率放大三极管	NPN 9013
BG_2	功率放大三极管	PNP 9012
Ⓜ	步进电机	
Q	石英谐振器	4194304Hz
CMOS IC	集成电路	SVM5530/5535
W	音量调整电位器	WHS——1A 470kΩ

续表

符 号	名称与功能	规格或参数
R_1	延时电阻	300 kΩ
R_2	延时电阻	300 kΩ
R_3	反馈电阻	510 kΩ
R_4	耦合电阻	100 kΩ
C_1	延时电容	4.7μf/10V
C_2	延时电容	4.7μf/10V
C_3	输入耦合电容	0.01μf/6.3V
C_4	反馈电容	0.01μf/6.3V
C_5	输出耦合电容	100μf/6V
C_6	旁路电容	100μf/6V
C_g	微调电容	3/27pF
C_d	振荡电容	8.2pF
K_1	触发开关	
K_2	止秒开关	
K_3	止报开关	
K_4	选择开关（报时报刻控制）	
AN_1	演示按钮开关（演奏测试）	
AN_2	调整按钮开关（报时报刻调整）	

四、步进电机

步进电机由转子、定子和线圈组成，起着将电能转换成机械能的作用。

（1）转子　转子包括磁钢和齿轴，结构形式如图18-8所示。磁钢为圆柱形，中间穿孔，一般采用高磁能积的稀土永磁材料如铈钴铜铁，锶钙铁氧体等制成，沿其径向充磁成一对极永久磁体，磁场强度为0.1T（wb/m²）左右。

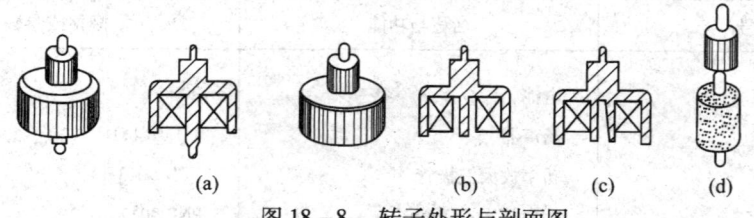

图18-8　转子外形与剖面图

（2）定子　定子一般由高导磁率的铁镍合金（坡莫合金）制成，外形如图18-9所示，常用材料牌号有1J50、1J79、1J80等。

（3）线圈　线圈用高强度的漆包线在塑制或胶木制的线圈骨架上绕制而成，如图18-10所示，一般漆包线的直径在φ0.07~φ0.16mm之间；线圈匝（圈）数在3000~15000

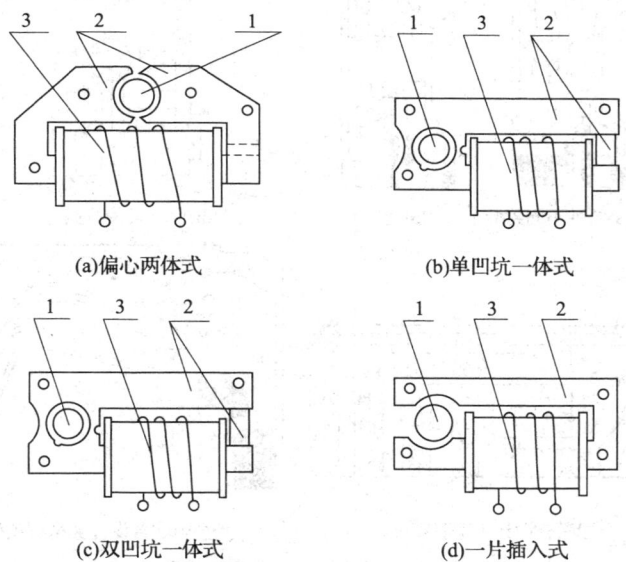

图 18-9　指针式石英钟定子和步进电机结构示意图
1—转子　2—定子　3—线圈

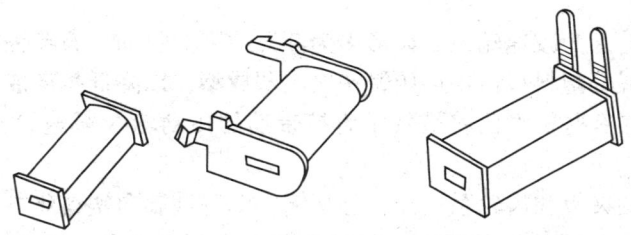

图 18-10　线圈外形图

匝之间；电阻值约有几百欧姆。线圈的线径、匝数由电机的性能及设计要求所决定。如上海电钟厂 SD 型钻石石英钟线圈线径为 $\phi0.09mm$、匝数 5000 匝，电阻值 300Ω；天津长城石英钟线圈线径为 $\phi0.10mm$、匝数 4000 匝，电阻值 $220\sim240\Omega$；而济南康巴丝石英钟线圈线径为 $\phi0.09mm$、匝数 6200 匝，电阻值 460Ω。

五、印刷线路板

指针式石英钟的印刷线路板通常采用酚醛纸质层压板或酚醛玻璃布层压板等材料为基板，根据电路的要求，将光敏胶"印制"在覆铜基板上，再经感光、腐蚀、清洗、钻孔等工艺程序，加工去除了不必要的铜箔后，就制成了预定要求的印刷线路板。有些印刷线路板为了焊接和防潮防蚀的方便或要求，在印刷板有关部位涂覆有助焊剂和通常为绿色的阻焊剂或半透明稀薄的清漆等。

在石英钟里，石英谐振器、集成电路、电容等电子元器件通常均安装在印刷线路板上，线圈和电源正负极引线接头常用焊接、压接或卡接的方式连接在线路板上。

几种石英钟印刷线路板外形，如图 18-11 所示。

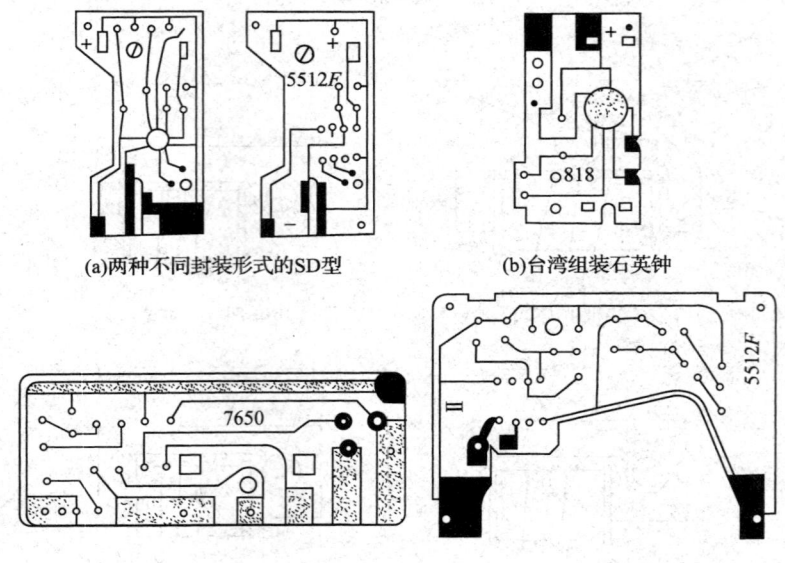

(a) 两种不同封装形式的SD型　　　(b) 台湾组装石英钟

(c) 全国联合设计Ⅰ型石英钟　　　(c) 全国联合设计Ⅱ型石英钟

图 18-11　几种石英钟机芯线路板

六、轮系与夹板

　　石英钟机芯的轮系为减速轮系，齿形多为渐开线形。目前，石英钟轮系材料正朝塑料化发展，采用聚甲醛等塑料将齿轮连压簧一次注塑成型，以降低生产成本。为了降低石英钟机芯的噪声指数，有些机型已将被转子直接带动的传动轮（减速轮）改为软塑料注塑成指状齿形的齿轮。

　　石英钟机芯内的夹板和齿轮系一样，已从铜，铝等金属向塑料化方向发展；大量采用ABS工程塑料等适合钟用的机芯材料，包括机芯外壳（前夹板）和后盖（兼作后夹板）也是一次注塑成型；并且在后盖夹板上还附有轴榫导向孔，以防压盖不慎损伤轮系轴榫。

　　石英钟（音乐报时）机芯轮系传动图如图 18-12 所示。

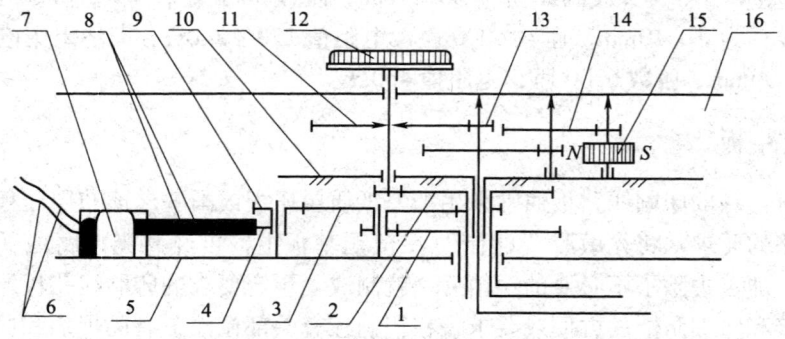

图 18-12　音乐报时石英钟机芯轮系传动图

1—时轮　2—分轮　3—过轮　4—报时轮拨角（齿）　5—前夹板　6—触点开关A、B簧片引线
7—开关"山"形座　8—触点开关A、B簧片　9—报时轮　10—中夹板　11—跨轮　12—拨针柄（片）
13—秒轮　14—传动轮　15—转子　16—后夹板（盖）

［注：报时轮与触发开关位置在机芯内转向90°］

七、音响触发机构与讯响器

多功能石英钟里，音响石英钟占较显著的比重。音响石英钟可分为闹钟和音乐报时钟两大类。闹钟系列按闹时音响形式分有蜂鸣闹、音乐闹、仿声闹、模拟钟声闹、机械打铃闹和电铃闹等。闹时和音乐报时的控制触发机构各有不同，按机械形式分，就有起闹簧式（与机械闹钟相似）、直控式、（金属）轮轴－簧片接触式、台阶式等，闹时与音乐报时钟所用的电－声转换器也不尽相同，有用压电片的，有用电磁式内磁或外磁小喇叭的，也有用蜂鸣器和讯响器的，还有用微型马达带动偏心锤击打金属碗铃形式的。以下介绍其中几种。

（一）触发机构

1. 金属轮轴——簧片接触式闹时电路触发机构

结构图如图 18-13 所示（电路图如图 18-3 所示）。

图 18-13 中时轮，对闹轮、闹轮 M、闹轮 W 齿数相同。该机构的工作过程如下：

（1）对闹　对闹以手拨动拨闹轮柄，拨闹轮带动闹轮 W 与对闹轮转动，对闹结束后，拨闹轮、闹轮 W、对闹轮静止在预定的位置上，闹钟指示出预定的时刻。

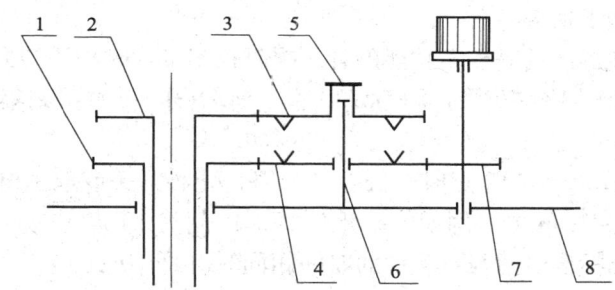

图 18-13　金属轮轴-簧片接触式闹控机构结构图
1—对闹轮　2—时轮　3—闹轮 M　4—闹轮 W　5—簧片（开关接点 B）
6—金属轮轴（开关接点 A）　7—拨闹轮　8—前夹板

（2）闹时　石英钟工作时，时轮转动，带动闹轮 M 同步转动；当预定的闹时时刻来到时，闹轮 M 凸起部分三个爪正好嵌进闹轮 W 的三个凹坑，上压的簧片 5 随闹轮 M 落下与金属轮轴接触，触点接通，喇叭发出闹时音响。

（3）止闹　如图 18-13 电路图所示，止闹开关采用按键或推拨开关手控，止闹开关开路即可止闹。

2. 报时轮——双簧片接触式音乐报时电路触发机构

（1）触发开关机构原理如图 18-12、图 18-14 所示。分轮、跨轮与报时轮同步，每转一周为 1 小时，且分轮与报时轮转向相同，因此，可以通过报时轮轴齿下的拨角，见图 18-14（a），来拨动特设的簧片触发开关，见图 18-14（b），瞬间导通，以达到每小时输送给音乐集成电路正点触发信号的目的。当分针每到"12"位置上时，报时轮拨角便会拨动簧片 A 一次，利用 A 片的反弹力使 A 片与 B 片瞬间碰接，触发音乐报时电路工作一次。如果选用的是内贮 12 首乐曲的音乐集成电路，则石英钟就会每逢一个整点，对应地演奏一首不同乐曲，使用者无需看钟，凭熟悉的乐曲旋律，就能判断准确的时间。

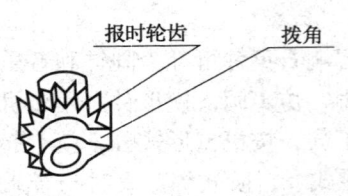
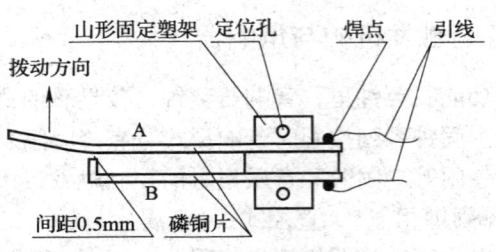

(a) 带拨角的石英钟报时轮外形　　　　(b) 触发开关结构示意图

图 18-14　触发开关结构及报时轮

(2) 音乐打点报时电路的置数调整　音乐打点报时电路的打点报时与走时时间的同步调整是通过按键开关（AN）（通常与机芯内触发开关并联）控制的。无打点功能的音乐集成电路可不设按键开关（AN）调整置数。

一般打点音乐电路的调整可先将钟拨至标准时间前 1 小时（如标准时间为 10 点 20 分，可先将钟拨至 9 点 20 分，不包括整点位置），然后按动按键，使打点数和指针指示时间相符，而后再将钟拨至标准时间，当指示时间与打点数相符时，调整即告完成。

对于有程控功能的音乐报时集成电路，可先按动按键开关（AN）确定上、下午的打点置数顺序后，再依上法调整。

对于一些进口或国产的高档多功能的音乐报时报刻带走时功能的大规模集成电路的调整是特别的，下面以图 18-7 所示 SVM5530 型走时/音乐/报时报刻集成电路为例，简述其置数调整方法。

(a) 调整　当秒针指在 12 点时，关上（开路）止秒开关或取出电池，将分针拨至比"标准"时间超前 1~2min 内。例如"标准"即时时间为 10 点 12 分 15 秒，可将分针拨至 10 点 14 分上，当标准时间与石英钟的时间相同时（即 10 点 14 分时），打开止秒开关或安上电池，石英钟指示值与标准指示值相同。按动调整按钮开关（间隙不大于 4s），喇叭就会发出"嘀、嘀"的置数次数音响讯号，按动的次数应该与即时时间的整时数相对应。例如，即时时间为 10 点 18 分 54 秒，应该按动 10 次调整按钮开关，置数完以后，应再按动演示按钮开关，试听其报时数与置数次数是否相符；报时正确后，在秒针走到 12 点时，应随即打开（闭合）止秒开关，这样，石英钟在整时（时针在即时整时位置上，分针和秒针在 12 点位置上）时就可以听到悦耳的音乐和洪亮的报时钟声，并在每小时的 15 分、30 分、45 分钟时刻时，奏一段音乐（无打点声），即为报刻音乐。

(b) 音乐报时功能的控制　音乐报时功能由止报开关控制，通过此开关的转换，就可以按需要选择报时、报刻音乐功能或只报时、不报刻等不同功能。当报时出现故障或更换电池后，也需按 (a) 所述的方法重新调整。

(二) 讯响器

通常，电子闹钟的电声换能器件常见于蜂鸣器和扬声器（喇叭），但随着石英闹钟向高性能、小型化的发展，对电声换能器提出了体积小、电压低、功耗小、声压强的要求，上述两种器件就越来越显得不适应发展，于是，讯响器就出现在石英闹钟之中。

讯响器的结构与收音机的耳塞相似（如图 18-15 所示），它由音膜片、磁环（环形磁钢）、线圈、垫板、调节螺钉和壳体组成。通过线圈电流时会产生磁场，并可通过调节

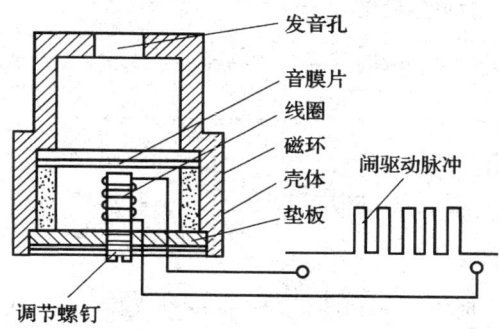

图 18-15　讯响器结构示意图

螺钉的调整与磁环的磁场相互叠加。若线圈输入交流音频讯号时，线圈产生交变磁场并与磁环磁场叠加在一起，使音膜片随交变电流的音频讯号频率上下振动，进而推动空气从发音孔中传出闹鸣声。

由于这种讯响器为无触点结构，它的闹声取决于驱动信号，但驱动信号必须为交变的信号，而石英钟的闹电路输出的正是交变的音频驱动信号，因此，讯响器能够根据闹电路输入的音频信号发出特定频率的电子鸣闹声。

八、电池

对钟用干电池有如下要求：

（1）容量大、新电池电压要达到 1.55V；
（2）放电特性要相对稳定；
（3）自放电率低；
（4）封闭性能好、无漏液现象。

石英钟常用的有 1 号、2 号和 5 号电池，以 5 号电池居多。它们的储电能量分别为 2.5、1.5 和 0.5A·h，额定电压均为 1.5V。

根据石英钟对电池的要求，一般，在石英钟里使用高功率电池（如 R6P 型）、碱性电池（如 LR6 型），寿命较长。

第二节　指针式石英钟的装配

不同结构的石英钟机芯，其装配方法不一样。即使相同机型的机芯，因其附加功能装置的不同，其装配的方法和程序也不同。下面简述几例较典型的石英钟机型装配程序。

一、典型指针式石英钟装配程序

1. 全国联合设计 I 型石英钟装配程序

（参见图 18-16 全国联合设计 I 型石英钟机芯分解图）

机芯：

① 定子片 ⟶ 线圈线路板 ⟶ 主夹板
② 转子 ⟶ 传动轮 ⟶ 减抖簧 ⟶ 跨轮 ⟶ 秒轮 ⟶ 主夹板
③ 上夹板
④ 拨针簧 垫圈 拨针杆 ⟶ 上夹板 ⟶ 主夹板 ⟵ 拨针匙
⑤ 分轮 ⟶ 过轮 ⟶ 时轮 ⟶ 时轮压簧 ⟶ 主夹板 ⟶ 盒体
⑥ 正负极 ⟶ 机芯后罩（盖）
⑦ 电池 ⟶ 试走校对

成品：
⑧ 机芯 ⟶ 橡皮垫圈 ⟶ 钟壳体 ⟶ 空心紧固螺钉
⑨ 时针 ⟶ 分针 ⟶ 秒针
⑩ 玻璃 ⟶ 钟壳后盖
⑪ 电池 ⟶ 试走校对

2. 全国联合设计Ⅱ型带闹控装置石英钟装配程序（参见图18-13、图18-17）

机芯：
① 前夹板 ⟶ 对闹轮 ⟶ 闹轮 W ⟶ 时轮 ⟶ 闹轮 M ⟶ 触发开关簧片 ⟶ 定子片线圈 ⟶ 转子
② 过轮 ⟶ 分轮 ⟶ 拨针轮弹簧 ⟶ 拨针轮中夹板
③ 跨轮 ⟶ 传动轮 ⟶ 秒轮 ⟶ 秒轮压簧 ⟶ 后夹板 ⟶ 止秒压簧 ⟶ 夹板螺钉
④ 讯响器 ⟶ 触电开关簧片引线 ⟶ 线路板 ⟶ 止闹开关 ⟶ 正负极接片 ⟶ 正负极接片螺钉
⑤ 焊接 ⟶ 步进电机线圈接头 ⟶ 音响引线接头
⑥ 后盖 ⟶ 拨针柄 ⟶ 力矩试走针 ⟶ 校对

成品：
⑦ 机芯 ⟶ 外观件等 ⟶ 校对

3. 进口组装带音乐报时装置石英钟装配程序

（参见图18-12轮系传动图，图18-14触发开关外形、结构图，图18-20进口组装机芯分解图）

机芯：
① 报时A、B簧片
② 线路板组件 ⟶ 定子片 ⟶ 中夹板
   ⟶ 分轮 ⟶ 过轮 ⟶ 时轮 ⟶ 前夹板
③ 报时轮
④ 转子 ⟶ 秒轮 ⟶ 传动轮 ⟶ 跨轮

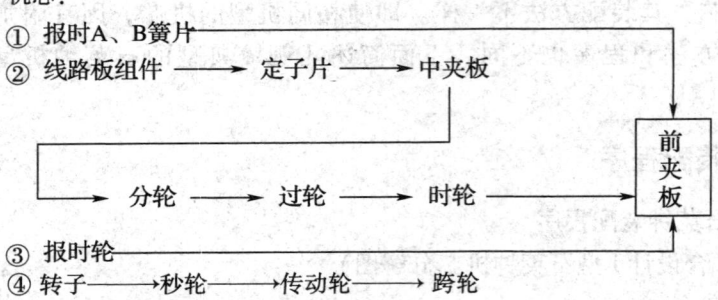

⑤ 后盖──→拨针柄

⑥ 力矩时走针──→电池──→校对

成品：

⑦ 机芯 ──→音乐报时部件──→外观件等──→校对

二、装配注意事项

（1）装配环境应清洁，无灰尘，周围无强电场、强磁场和强振动影响，保持 $25℃±2℃$ 的环境温度和 $50\%～60\%$ 的环境湿度，并有可靠的防静电接地装置。

（2）操作工具要适手，并符合规定的工装要求。

（3）各零件、部件、组件要轻取轻放，排列有序。

（4）电路板、步进电机、线路板上的电子元器件和齿轮及夹板等不得损伤（特别是定子片、塑料齿轮），松动或粘附杂质（若转子吸附铁屑可用橡皮泥粘除）。

（5）夹板固定螺钉、螺母不得旋毛、松动或打滑（滑丝）。

（6）各齿轮之间啮合关系要正确，各轮间和轮与夹板之间要有一定的轴向间隙（$0.2～0.5mm$，转子间隙略大些）和径向间隙，转动灵活。

（7）时、分、秒，报时轮等压簧及音乐报时触点簧片等要求装配后弹性、间隙等恰当，拨针系统倒顺自如，松紧适度，保证轮系正常运行。

（8）发现有损伤或不符合要求的零件、部件、组件要及时剔出，不得流入下道工序。

（9）电路的焊接要求如下：

① 电烙铁要可靠接地或断电焊接，烙铁头适用尖细形；

② 采用腐蚀性较小的松香酒精助焊剂并在焊接后及时用酒精擦去残留助焊剂；

③ 每个焊点焊接时间为 $3～5s$；

④ 焊点应光滑均匀（呈半球型），不应有毛刺、空隙；更不可虚焊、假焊、漏焊、脱焊；

⑤ 防止烙铁烫伤其他零件、部件、组件；

⑥ 为保证焊接质量，可先对电容器，线圈端点进行搪锡处理。

（10）金属轮系可在有关摩擦部位（轴、管、齿、杆、柱脚）加注适量钟用润滑油。

（11）塑料轮系一般不需加油，如有特殊原因（噪声太大，力矩过小等），只能加注适量不易使塑料齿轮和夹板老化的专用石英钟油（如上海钟表配件厂生产的中华牌 703 型石英钟油）。

（12）一些全塑机芯后夹板兼作后盖，前夹板兼作机壳，压盖时要注意不要损伤塑料齿轴，一般，可按下面三个步骤进行：

① 将机壳内各与后夹板（后盖）有关的轮轴垂直放平（特别注意转子轮轴）；

② 将后夹板（后盖）小心放入与机壳（主壳）相应的位置；

③ 两手轻托壳体，小心地同时用手指压入后盖（左右用力匀称）至后盖搭扣扣入扣槽为止。

（13）机芯与外壳体的紧固不得有松动、倾斜现象，各指针间和指针与钟面、字点、玻璃、商标等不得有碰擦现象。

（14）多功能钟附加装置的装配要符合规定的要求。

三、典型指针式石英钟机芯装配位置图（分解图）

如图 18-16、图 18-17、图 18-18、图 18-19、图 18-20 所示。

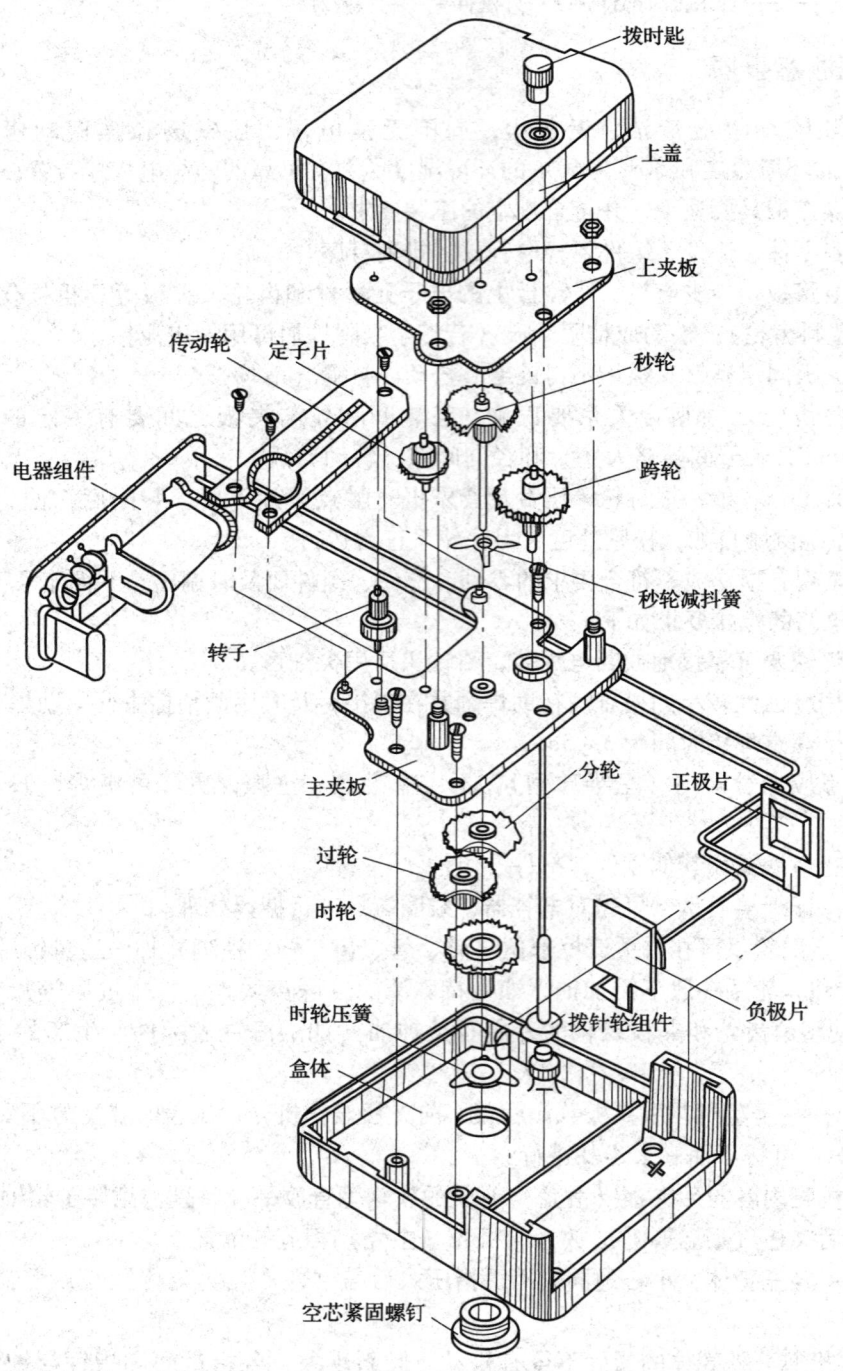

图 18-16　全国联合设计Ⅰ型石英钟机芯分解图

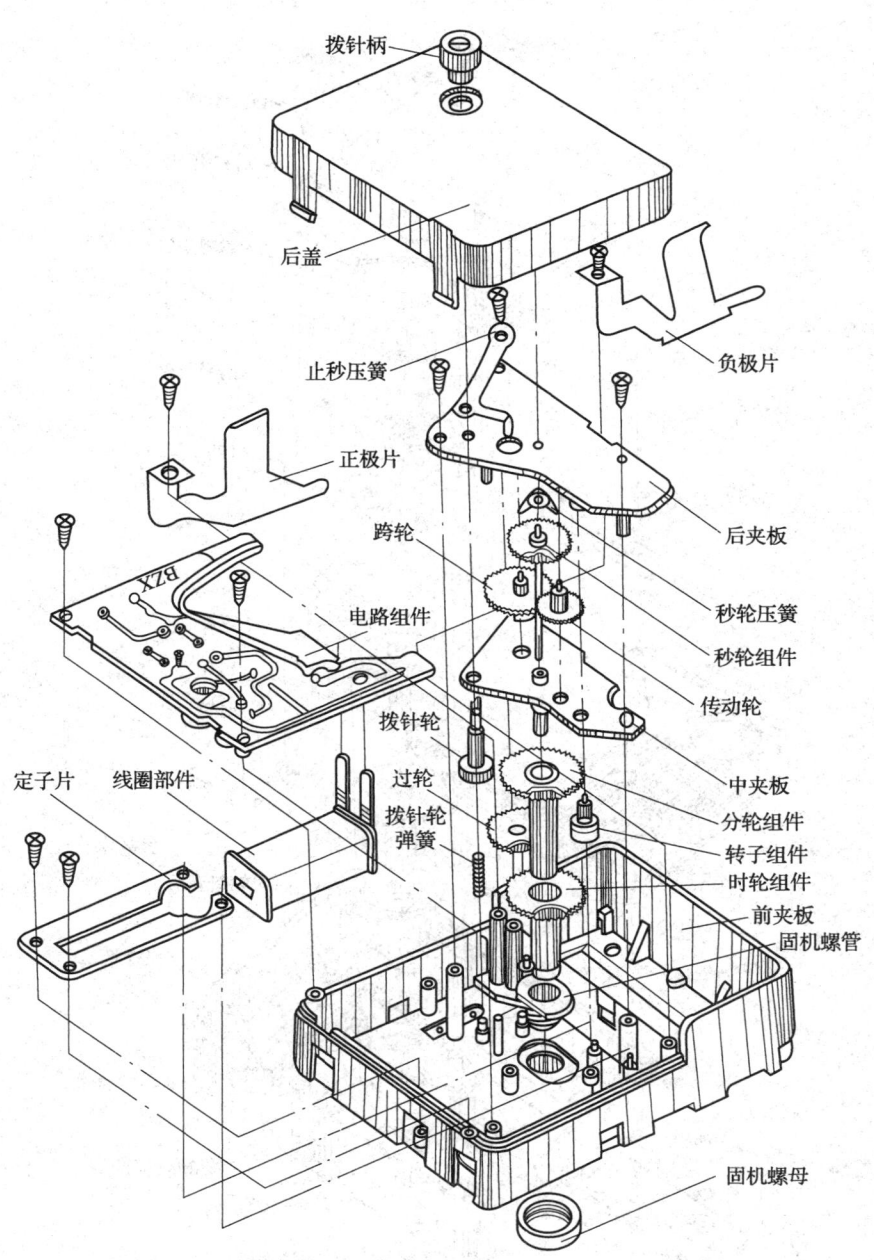

图 18-17　全国联合设计 II 型石英钟机芯分解图

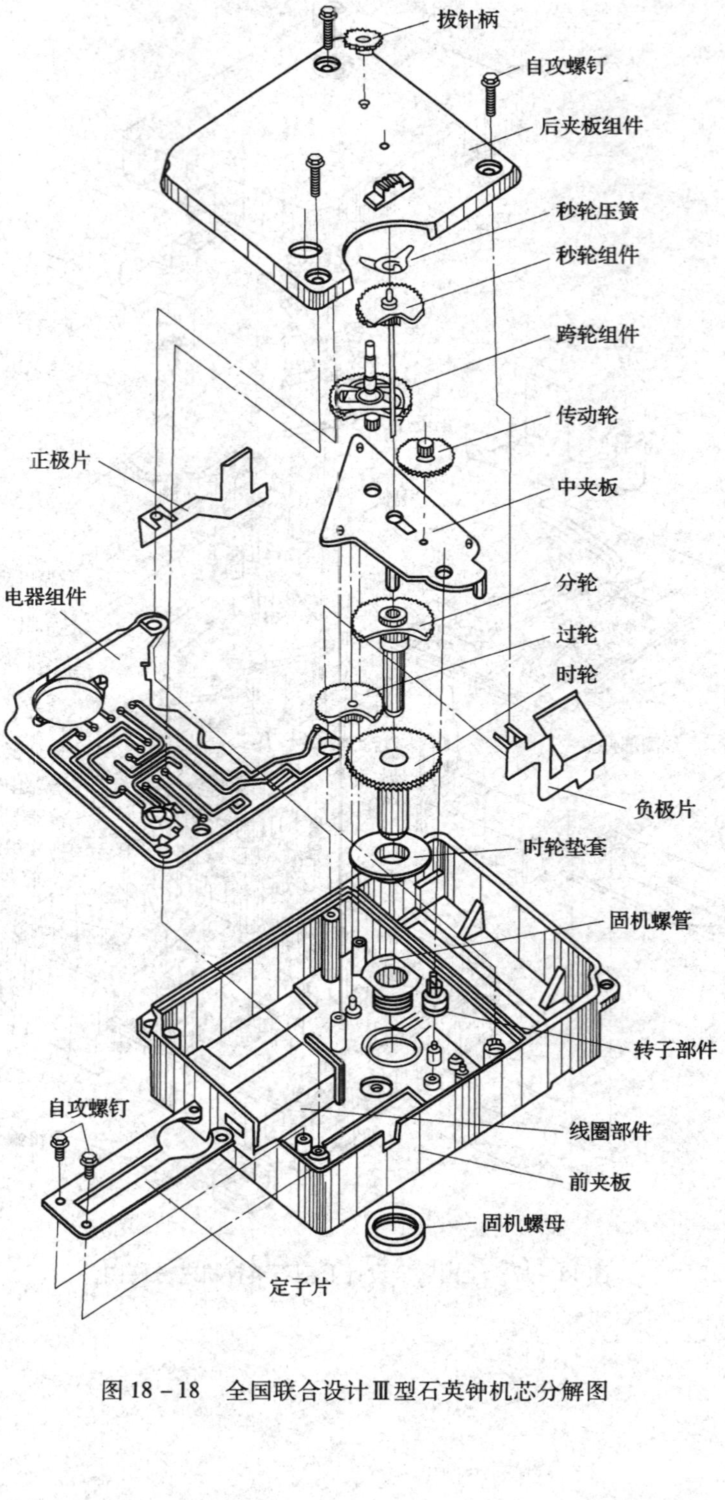

图 18-18 全国联合设计Ⅲ型石英钟机芯分解图

第十八章 指针式石英钟的结构与装配 225

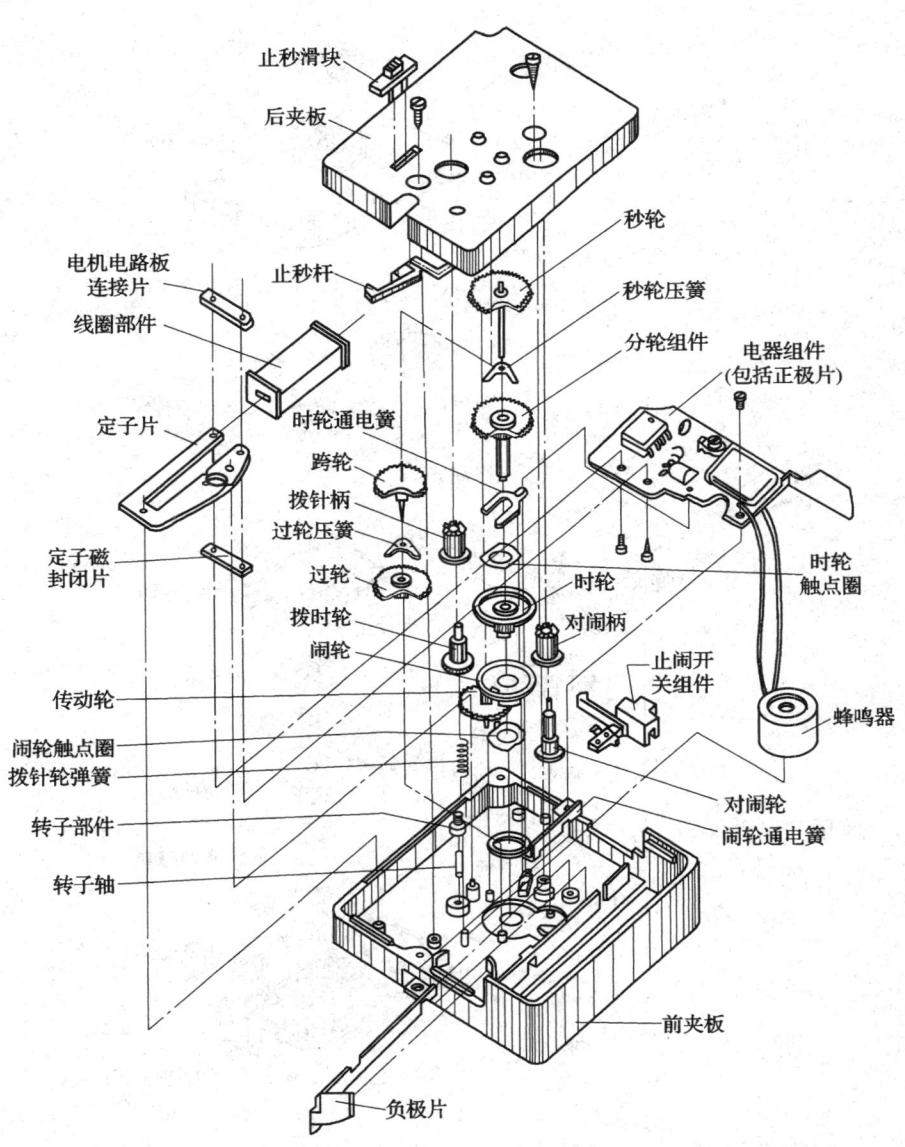

图18-19 全国联合设计Ⅳ型石英钟机芯分解图

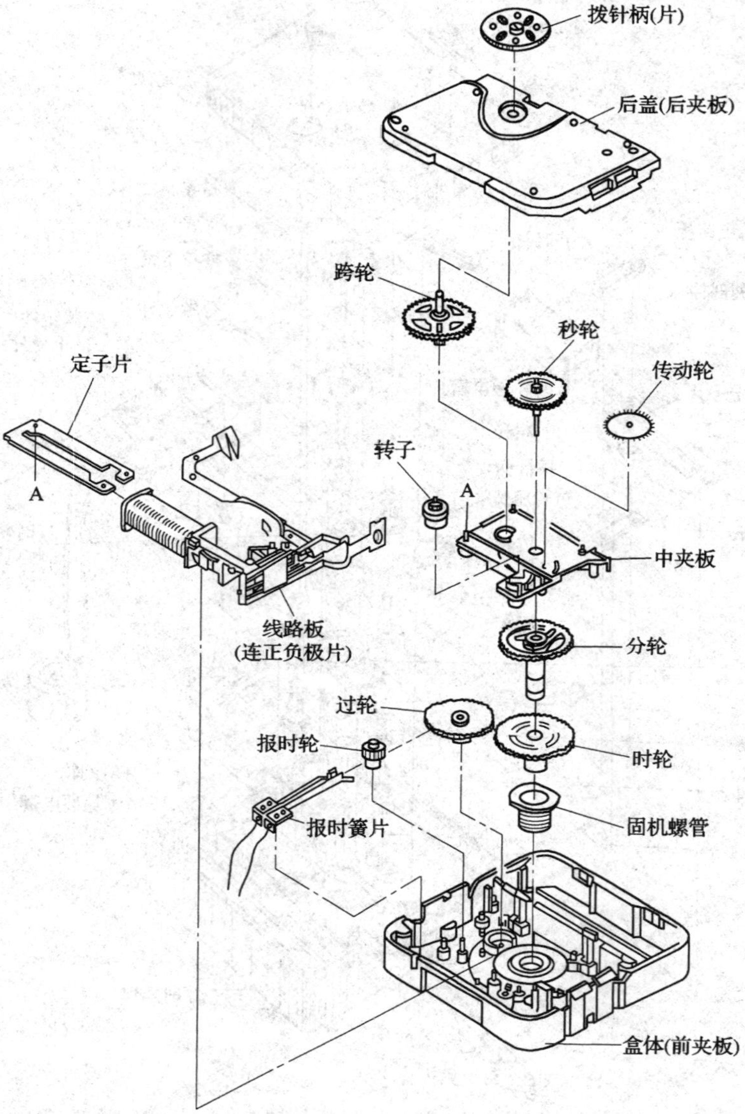

图 18-20　一种带音乐触发报时装置的进口组装石英钟机芯分解图

第十九章 指针式石英钟的检测与维修

第一节 指针式石英钟的检测

(检测工具及注意事项与石英表类同,参见第十七章第一节)。

1. 电池电压检测

检测目的:判别电池电压是否在使用范围内。

(1) 电池在机芯内的检测

选用万用表直流电压挡。

量程:2.5V 挡(刻度 0~25,换算 0~2.5V)

表棒接法:红表棒接线路板正极,黑表棒接线路板负极。如图 19-1 所示。

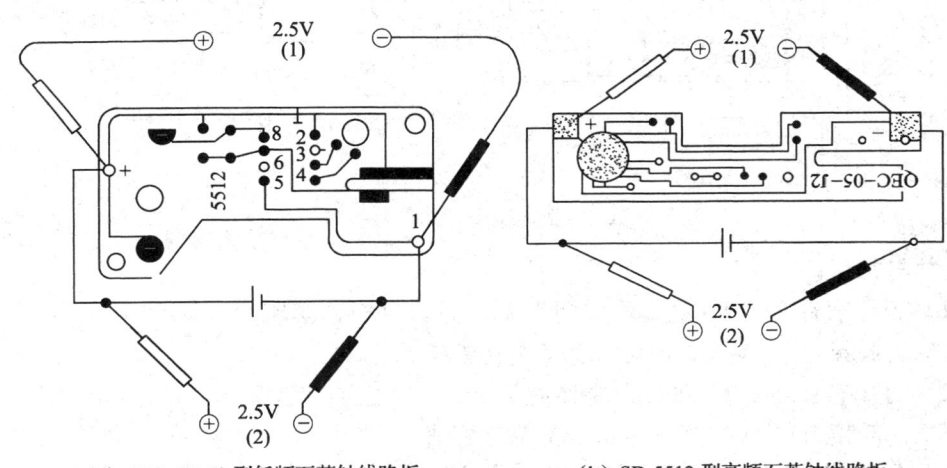

(a) QEL-05-J2 型低频石英钟线路板　　(b) SD-5512 型高频石英钟线路板

图 19-1　电池电压检测

读数与判断:1.3~1.7V 为使用范围。低于 1.3V,电池容量或电压不足,应更换。

(2) 单只电池测量

万用表挡别、量程、读数与判断同上。

表棒接法:红表棒接被测电池正极,黑表棒接被测电池负极。

2. 驱动电路输出脉冲信号检测

检测目的:电路是否有驱动脉冲信号输出。

选用万用表直流电压挡。

量程:2.5V 挡(刻度 0~25,换算 0~2.5V)

表棒接法:

(1) 红表棒接 O_1 或 O_2,黑表棒接 O_2 或 O_1;如图 19-2(a)所示。

(2) 红表棒接 V_{DD},黑表棒依次接 O_1、O_2 如图 19-2(b)所示。

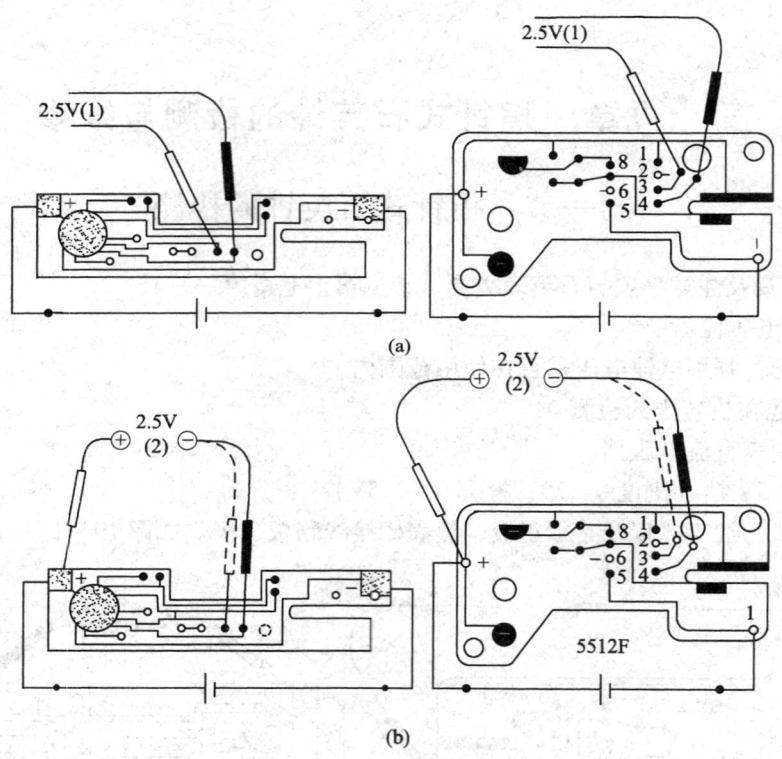

图 19-2 输出脉冲信号检测

读数与判断：

(1) 万用表针在"0"处，作周期为 2s 一次来回对称摆动。

摆幅：低频为 0.2V、高频为 0.25V 为正常值。

(2) 万用表针在"0"处，分别作周期为 2s 一次正向摆动。

摆幅：低频为 0.2V、高频为 0.25V 为正常值。

如果没有脉冲信号或只有一路单向脉冲或脉冲幅度过小、不匀称等，则集成电路有故障。

3. 最小起振电压检测

检测目的：集成电路振荡电路是否可靠。

选用万用表直流电压挡。

量程：2.5V 挡（刻度 0～25，换算 0～2.5V）

附加装置：1.5V 或 3V 可调电源（如图 19-4 所示）。

表棒接法：红表棒接正极，黑表棒接负极，如图 19-3 所示。

读数与判断：当可调电源从 0V 上升至机芯秒针瞬时启动时的电压值即为最小起振电压，一般在 0.9～1.2V 为正常值；大于 1.3V，集成电路有故障。

4. 终止电压检测

检测目的：检测电路电压性能。

选用万用表直流电压挡。

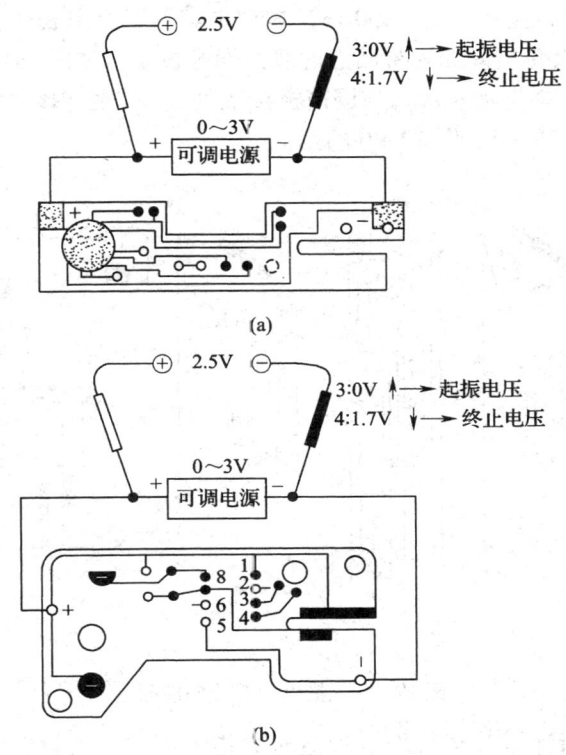

图 19-3 终止电压检测

量程：2.5V 挡（刻度 0~25，换算 0~2.5V）
附加装置：3V 可调电源（如图 19-4 所示）。
表棒接法：红表棒接正极，黑表棒接负极，如图 19-3 所示。

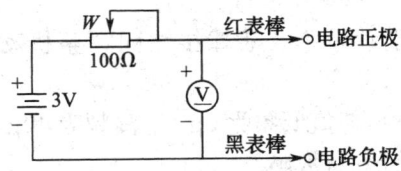

图 19-4 3V 可调电源线路图

读数与判断：当可调电源从高电压（1.7V）向低电压下调至秒针瞬时停走时的电压值为终止电压，正常值一般在 1.3V 以下，往往低于起振电压。如终止电压在 1.3V 以上，则可能是电路或步进电机等有故障。

5. 整机动态功耗检测

检测目的：测试整机（带负载时）动态（指针运动时）的功耗。
选用万用表电流挡。

量程：0.25mA 挡（刻度 0～25，换算 0～250μA）

附加装置：

（1）并联 1000μF 以上的（如 2200μF）电解电容器于万用表红、黑表棒之上。

（2）电池与电池夹正极间插入带凸点的双面铜箔板条，如图 19-6（c）所示。

表棒接法：红表棒接电池正极（与铜箔板接触处），黑表棒接线路板正极（与铜箔板另一面接触处）。如图 19-5、图 19-6 所示。

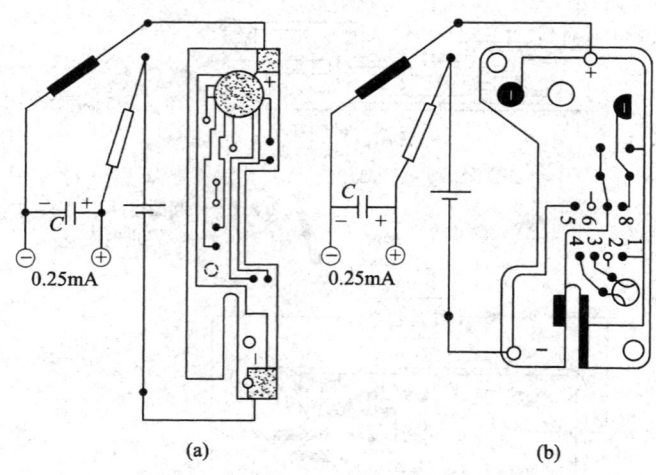

图 19-5 整机动态功耗检测

读数与判断：当指针缓升至某固定均值时为指示值。一般，低频为 100μA、高频为 150μA 左右为正常值。如果功耗低于 50μA，可能晶振或线圈断路或接点接触不良；如果功耗大于 200μA，可能线路板（晶振、集成电路、电容等）元件或正负极短路或机械轮列阻轧。

6. 整机静态功耗检测

检测目的：测试整机（不带负载-线圈）静态（时钟不运行）时的功耗及可能故障。

测量方法：断开或焊开图 19-6（a）、(b)"X"处，线圈与电路驱动脉冲输出的一端（一路）；万用表挡别、量程、表棒接法同"整机动态功耗检测"，如图 19-6 所示。

读数与判断：一般，此时功耗值低频为 2μA、高频为 40μA 左右为正常值。如果功耗大于 50μA、则线路板及元器件等有故障。

7. 步进电机线圈的检测

检测目的：通过对线圈的电阻值测试，判断其好坏。

选用万用表电阻挡。

量程：R×100Ω 挡（刻度 ∞～0，换算：指示值×100Ω）

表棒接法：红或黑表棒接线圈一端，黑或红表棒接线圈与线路板断开的另一端，如图 19-7 所示。

注：此时应取下电池测量，并将线圈与电路驱动脉冲输出的一端（一路）断开或焊开。

第十九章 指针式石英钟的检测与维修

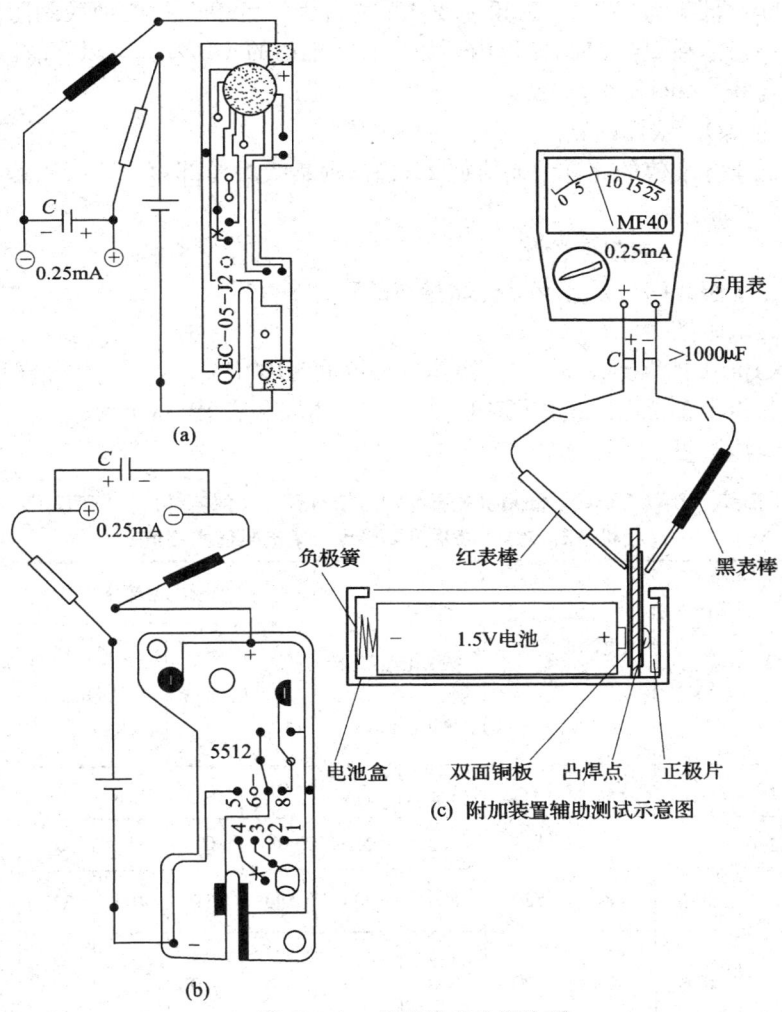

图 19-6 整机静态功耗检测

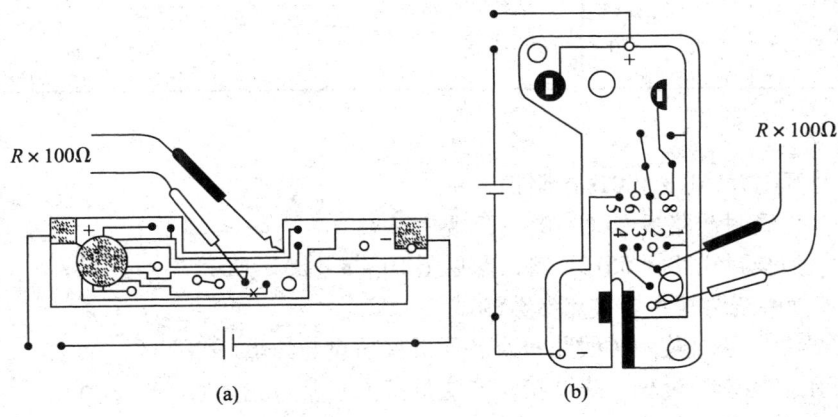

图 19-7 步进电机线圈检测

读数与判断：低频为370Ω、高频为300Ω左右为正常值。石英钟线圈阻值因机型不同略有差别，一般总在200~500Ω以内。如超过标准值的±10%，有以下故障可能：

线圈阻值为0，线圈短路；

线圈阻值为∞Ω，线圈断路。

线圈阻值低于标准值的允许偏差值如150Ω，则是线圈局部短路，会引起功耗增大等故障。

8．线路板主要接点电阻值检测

检测目的：了解线路板及各元器件质量与故障。

选用万用表电阻挡。

量程：R×100Ω挡（刻度∞~0，换算：指示值×100Ω）

表棒接法和指示正常电阻值如图19-8（a）、(b) 和表19-1所示。

注：取下电池测量。

表19-1　上海牌"JINGLING"低频机芯石英钟与钻石牌（上海电钟厂）"5512F"高频机芯石英钟线路板主要接点正常电阻值实测值

测试方法	实测电阻/Ω 电路单元	电源正负极部分		振荡电路部分		驱动电路部分				响闹电路部分	
						方法一		方法二			
红表棒（正）		V_{DD}	V_{SS}	V_{DD}	V_{DD}	O_1	O_2	V_{DD}	V_{DD}	V_{DD}	V_{DD}
黑表棒（负）		V_{SS}	V_{DD}	XT	XT	O_2	O_1	O_1	O_2	AO	AI
带载（有线圈）电阻值	低频	440	580	800	700	290	290	400	330	无	无
	高频	440	700	750	730	310	310	320	300	620（空脚）	740（空脚）
空载（无线圈）电阻值	低频	410	∞			670	690	420	350	无	无
	高频	430	∞			700	710	360	340	620（空脚）	740（空脚）

测试条件：

MF40型万用表，R×100Ω电阻挡，单位Ω；

"低频"为滴封线路板QEC-05-J2型；

"高频"为塑封线路板5512F型，参见图19-8（a）、（b）。

9．石英闹钟线路板主要接点参数测试

检测目的：了解石英闹钟线路板及各元器件质量与故障。

选用万用表挡别、量程、表棒接法、主要接点正常数据如表19-2所示。

钻石牌（上海第四钟厂）ZSZ-1007IC低频机芯石英闹钟线路板主要接点正常数据实测表，参见图19-8（c）。

第十九章 指针式石英钟的检测与维修

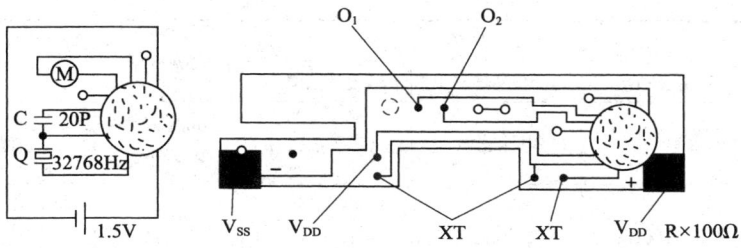

(a)上海牌"JINGLING"低频石英钟机芯

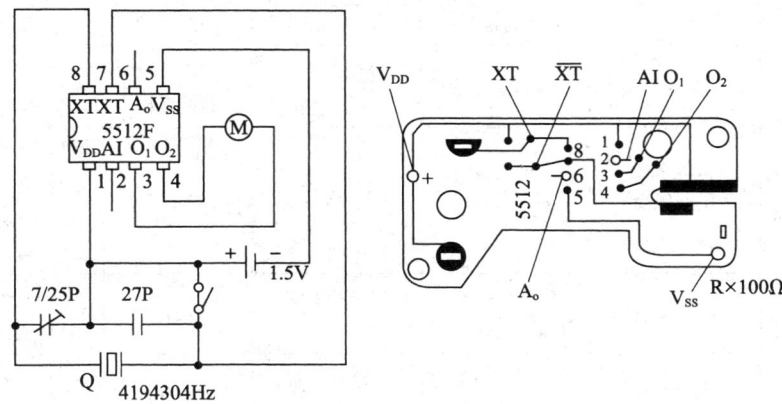

(b)钻石牌"SD型"高频石英钟机芯

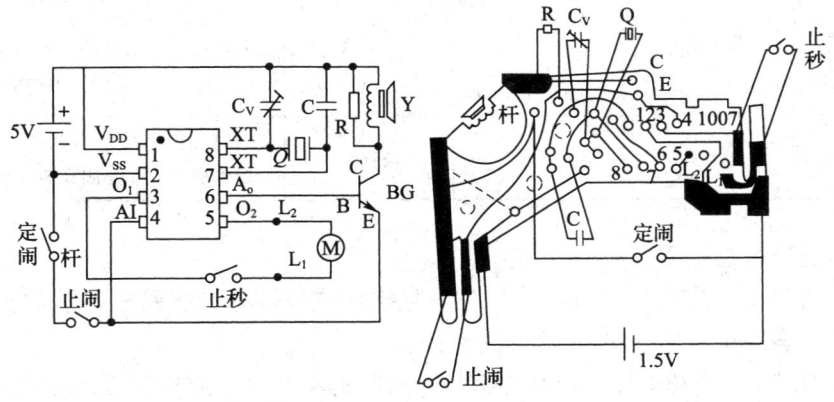

(c)钻石牌"ZSZ-1007 IC"低频石英闹钟机芯

图 19-8 石英钟机芯电路及线路板

表 19-2

检测项目	测量方法			实测数据	备 注
	万用表挡数	红表棒（正）	黑表棒（负）		
电池电压	2.5V	电池正极	电池负极	1.35V 以上	
走时工作电流	10mA	电池正极	线路板正极板	0.1mA 左右脉冲电流	1）电池正极与线路板正极簧分开 2）停秒开关-通路 3）止闹开关-开路

续表

检测项目		测量方法			实测数据	备注
		万用表挡数	红表棒（正）	黑表棒（负）		
报闹工作电流		100mA	电池正极	线路板正极片	30mA 左右脉冲电流	止闹开关－通路
总电阻	反向	R×100Ω	V_{DD}	V_{SS}	350Ω	1）停秒开关－开路 2）止闹开关－开路 3）取出电池
	正向	R×100Ω	V_{SS}	V_{DD}	∞Ω	同"反向"
线路板电压		2.5V	V_{DD}	V_{SS}	1.35V 以上	
走时驱动信号		2.5V	V_{DD}	O_1 和 O_2	0.2V 正向脉冲电压	
步进电机线圈电阻		R×100Ω	L_1 或 L_2	L_1 或 L_2	450Ω±10%	1）L_1 和 L_2 为线圈两引线端 2）停秒开关开路 3）电池取下
止闹开关电阻	开（通路）	R×100Ω	讯响器触杆，闹接触杆	三极管 E 极（发射极）	0Ω	1）止闹开关通路 2）电池取出
	关（开路）	R×100Ω	讯响器触杆，闹接触杆	三极管 E 极（发射极）	∞Ω	1）止闹开关开路 2）电池取出
讯响器电阻		R×10Ω	Y_1 或 Y_2	Y_2 或 Y_1	40Ω 左右	Y_1 和 Y_2 为讯响器两对称端（即讯响器线圈两端）；取出电池
报闹驱动信号		2.5V	V_{DD}	三极管 C 极	0.25V 正向脉冲电压	"C"为三极管集电极 止闹开关－通路

10. 石英谐振器检测

一般，石英谐振器需用专门仪器如晶体阻抗计或外接标准线路板改装的测试装置测试，但用万用表等也可作一些初步的分析判断。

（1）参照"2. 驱动电路输出脉冲信号检测"的正常值，可初步断定晶振正常；

（2）参照"8. 线路板主要接点电阻值检测"，振荡电路部分与正常值（阻值）相近为好；

（3）用万用表 R×100Ω 挡取下晶振测试电阻值，电阻值为∞Ω 即指针不动为好，否则可能是晶振短路或者是漏气故障等；

（4）从外观上观察，有否断线、漏气、焊点虚、假焊现象。

11. 讯响器或喇叭检测

检测目的：讯响器或喇叭是否正常。

选用万用表电阻挡。

量程：R×10Ω 挡

表棒接法：红或黑表棒分别接触讯响器或喇叭两端。

结果判断：若讯响器或喇叭发出"喀嗒、喀嗒"的声音为正常，否则即有故障或损坏。

第二节　指针式石英钟的维修

指针式石英钟的拆卸、清洗、加油、润滑与指针式石英表类同，并在装配一节已有说明，其维修基本思路也与指针式石英表类同，在此不再冗述。

1. 指针式石英钟常见故障检修程序

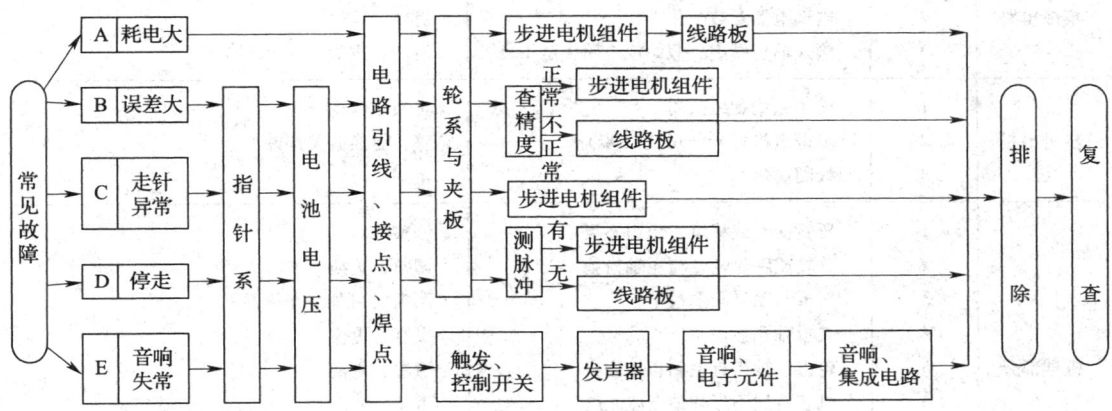

2. 指针式石英钟常见故障原因及维修方法

（1）耗电大：故障原因与维修方法见表19-3。

表19-3　　　　　　　　　耗电大的原因与维修方法

序号	常见故障原因	维修方法
1	电源正负极短路	排除
2	电路板受潮、引线短路	清洗、烘干、排除
3	集成电路内部损坏	更换
4	固定电容短路	更换
5	线圈局部短路	更换
6	转子剩磁减弱	更换
7	机械轮系阻尼过大	清洗、润滑

（2）误差大：故障原因与维修方法见表19-4。

表19-4　　　　　　　　　误差大的原因与维修方法

故障部位	序号	常见故障原因	维修方法
电源部分	1	电池电压低	更换
	2	电池接触不良	清洗、调整
	3	电源接点虚、假焊	重焊

续表

故障部位	序号	常见故障原因	维修方法
石英谐振器	1	老化、漏气、参数变化	更换
	2	与电容器不匹配	调换
	3	假焊、虚焊	重焊
电容器	1	微调电容器动片移位、氧化变值	重校、清洁
	2	固定电容老化、损坏	更换、清洁
	3	电容受潮、断路、假焊、虚焊	更换、烘干、重焊
集成电路	1	内部分频电路损坏	更换集成电路
	2	内部电器参数变化	更换
	3	输入输出端虚、假焊或电路接触不良	清洗、重焊
步进电机	1	转子磁钢剩磁减弱	更换
	2	步进电机失步（1s走二步）	调整，更换有关部件
	3	线圈虚焊	重焊
机械部分	1	压簧变形或移位、压力不当	调整
	2	分轮或跨轮轮片与轮轴松弛	调整、更换
	3	夹板与轮系间隙过小	调整（可加垫圈垫高）
	4	夹板轴孔移损	整修、更换
	5	轮齿、轴齿有毛刺、缺齿或杂质	清洗、更换
	6	机芯装配不当与钟壳体倾斜	重装
	7	三针及钟面、字点、玻璃相擦	调整
	8	停秒开关接触不良	清洁
	9	附加装置阻尼大	调整润滑

（3）走针异常：故障原因与维修方法见表19-5。

表19-5　　　　走针异常的原因与维修方法

故障现象	序号	常见故障原因	维修方法
原地走	1	电池电压低	更换
	2	转子磁钢剩磁减弱或磁钢破损	更换
	3	定子片移位、变形	调整、更换
	4	齿轮轴或轮齿损伤或有杂质阻轧	清洗、更换
	5	线圈内部局部短路	更换
	6	碰针或机芯装配不当倾斜	调整
	7	集成电路脉冲输出信号幅度或宽度不足	更换
	8	压簧太紧	调整
	9	轮系阻尼过大	清洗、润滑
	10	秒轮片移位	调整
	11	机芯固定螺钉压时轮	
	12	秒针管碰分轮管或秒轮片与轴松动	调整、更换
	13	附件装置碰擦轮系或阻尼过大	清洁、调整

续表

故障现象	序号	常见故障原因	维 修 方 法
倒走	1	定子片装反	重装
	2	定子片变形、损伤	更换
	3	转子剩磁下降	更换
针差错位	1	三针有松动现象	重装
	2	机芯固定螺丝松	拧紧
走针呆滞	1	电池电压低	更换
	2	转子磁钢剩磁减弱	更换
	3	定子片移位、受损	调整、更换
	4	机械部分阻尼大	清洁、润滑
秒针抖颤	1	电池质量问题	更换
	2	转子磁钢剩磁过强	更换
	3	秒簧松动、脱落	调整、重装
秒针大小步	1	转子磁钢偏磁	更换
秒针走时分针不走	1	分轮片或跨轮轴齿缺齿	更换
	2	分轮或跨轮轴与轮片松动	调整、更换
时分针走秒针不走	1	秒针管松动	夹紧
	2	秒轴与轮片松动	更换
秒分针走时针不走	1	过轮损坏	更换
	2	过轮套轴断	更换夹板
	3	时轮片与时轮管松脱	修整、更换
	4	时轮压簧漏装	重装
拨针困难	1	分轮压簧太紧	修整
	2	过轮损坏	更换
	3	过轮套轴断	换夹板
	4	拨针轮有毛刺或断脚	更换
	5	拨针杆锈蚀	清整，更换

（4）停走：故障原因与维修方法见表19-6。

表19-6　　　　　　　　停走的原因与维修方法

故障部位	序号	常见故障原因	维修方法
电源部分	1	电池电压低	更换
	2	正负极簧片或接点氧化、接反	清整、更换
	3	负极弹簧弹性不足	拉长、更换
	4	电源线断路	重焊

续表

故障部位	序号	常见故障原因	维 修 方 法
振荡电路部分	1	晶振损坏	更换
	2	晶振假焊、脱焊	重焊
	3	电容短路、击穿或漏电	更换
	4	集成电路振荡电路损坏	更换集成电路
电机驱动电路部分	1	输出脉冲幅度小	更换集成电路
	2	输出脉冲不对称	更换集成电路
	3	无驱动脉冲输出	更换集成电路
步进电机	1	线圈短路或脱焊	更换、重焊
	2	线圈局部短路	更换
	3	转子剩磁过弱或破损	更换
	4	转子沾污或吸附杂质	清洁
	5	转子轴尖或轴齿受损、有毛刺或粘胶剂	清整、更换
	6	定子片移位、折伤变形	调整、更换
电路基板	1	固定螺丝松	旋紧
	2	电路板受蚀、受潮	清洗、烘干
	3	金属布线短路、断路	清整、焊连
机械部分	1	机芯脏污、缺油阻尼过大	清洗、润滑
	2	齿轮轮齿、轴齿、轴尖缺损、弯曲、有毛刺	更换
	3	轮系装配不当	正确装配
	4	秒簧压力过大或移位	调整
	5	三针与钟面、字点和玻璃相碰	调整
	6	机芯装配不当与钟壳体倾斜	重装
	7	夹板轴孔移损	整修、更换
	8	拨针机构卡轮系	调整
	9	夹板与轮系间隙过小	调整
	10	分轮或跨轮轮片与轴配合过松	整修、更换
	11	秒针管碰分轮管	调整、更换
	12	附加机构阻轧	调整、润滑

（5）音响失常：故障原因与维修方法见表19-7。

表19-7　　　　　　　　音响失常的原因与维修方法

Ⅰ．闹时系

故障现象	序号	常见故障原因	维修方法
不闹	1	止闹开关未打开或断路	打开开关、焊连
	2	电池电压低	更换
	3	闹电路元件受损（三极管、讯响器等）	更换、修复
	4	集成电路闹功能损坏	更换
	5	正负极断线，虚假焊接触不良	重焊、清洗
	6	闹电路各接点、焊点、引线虚假焊、断路短路	重焊、清整
时闹时不闹	1	闹电路各接触点表面氧化或有杂质	清整、重焊
	2	通电及开关簧片松动、移位	修整
闹声低或走调	1	电池电压过低	更换
	2	闹电路各接触点有接触不良现象	清洗
闹时不准或多点闹	1	闹针装配不当	
	2	闹针松动或碰钟面、时针	夹紧、重装
	3	闹时接触开关簧片接点变形	修整、更换
长闹	1	闹电路接触开关簧片短路	调整
不能止闹	1	止闹开关及引线短路	清整、重焊

Ⅱ．音乐报时系

故障现象	序号	常见故障原因	维修方法
无音乐报时	1	电池电压过低或电源连线断路	更换、焊连
	2	机芯内触发开关簧片移位、变形、氧化、间距大	清洁、修整
	3	报时轮拨角磨损	更换
	4	音乐电路三极管、电容等元件器件损坏	更换
	5	音乐电路线路引线、焊点、接点虚、假焊、断路短路	重焊、清整
	6	音乐集成电路内部损坏无音频输出	更换
	7	置数开关损坏	整修、更换
	8	喇叭断线或损坏	焊连、更换

续表

故障现象	序号	常见故障原因	维修方法
报时不正确	1	电池松动或正负极簧片接触不良	清洁、调整正负极簧片
	2	置数开关调整置数不当	重调
	3	置数开关引线时而相碰	调整
	4	机芯内触发开关簧片调整不当或变形	修整
	5	音乐电路线路有假焊、虚焊或短路现象	重焊、清整
	6	光敏器件不匹配	更换
	7	音乐集成电路过于敏感	触发端并联 $0.01\mu F$ 电容
报时声音轻	1	电池电不足	更换
	2	音乐电路中相关电容变质	更换
	3	喇叭音圈卡壳或损坏	更换
	4	光敏器件位置不当或脱落	重装、调整

第二十章　特殊用途钟表

除了日常使用的普通钟表，我们再介绍一些特殊用途的钟表

第一节　原　子　钟

常用的原子钟有铯原子钟、氢原子钟等，其基本原理可用方框图表示，如图 20-1 所示。

原子只能处在一定的能级，当它从一个能级跃迁到另一个能级时将辐射或吸收一定频率的电磁波，这种电磁波的频率非常稳定。

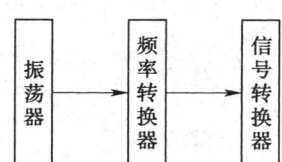

图 20-1　原子钟示意图

国际度量衡委员会规定以铯原子（Cs^{133}）在第三能级到第四能级所辐射或吸收的电磁波振荡 9192631770 次所经历的时段作为原子时的秒长。由此制造的铯原子钟，作为原子时的标准。从此，时间基准的取得摆脱了依赖天体运行及其繁复的计算。

我国已能制造氢原子钟。随着科学技术的发展，原子时准确度将越来越高。

第二节　秒　　表

秒表也是一种具有特殊用途的钟表机构，常应用于体育比赛的计时。我国运动员刘翔创造的 12.88 秒的世界记录，使用的就是石英电子秒表，而且精度必须高于千分之一秒。

一、秒表的分类

秒表有多种形式。由于结构与工作原理的不同，性能、精度和适用场合也不尽相同。

（一）按动力类型分

1．机械式秒表

机械式秒表是以发条为动力，摆轮游丝组件为振动系统，且由叉瓦式擒纵机构与振动系统实现调速，附加测时系统的一种计时仪器。它具备机械表的一切特点，使用、携带均很方便。

2．电机械式秒表（简称电秒表）

电机械式秒表根据电钟原理进行工作，走时系统与一般电钟相同，以 50Hz 交流电为力驱动一同步电机，经齿轮减速和特殊的离合器带动指针运动从而记录时段的长短，一般仅限于实验室使用。

3．电子秒表

根据第四代电子手表（数字式电子表）原理由电池提供能量、以液晶屏或发光二极管显示测量值的秒表为电子秒表。电子秒表读数方便，精度高，功能也比较多。

（二）按量程和刻度值分

常以分秒针的满刻度值来表示其量程。如 3s2min、6s4min、30s15min 和 60s30min 等。量程用秒针和分针每转的时间去表示。3s2min 的秒表其秒针一转为 3s，分针一转为 2min，其余类推。不同量程的秒表其最小刻度值也不同，振动系统的周期（或频率、节拍）也不同。目的在于振动系统每个半振动所对应的秒针针尖跳动量应等于最小刻度值的刻度间隔，这样可以减小读数误差（图 20-2）。

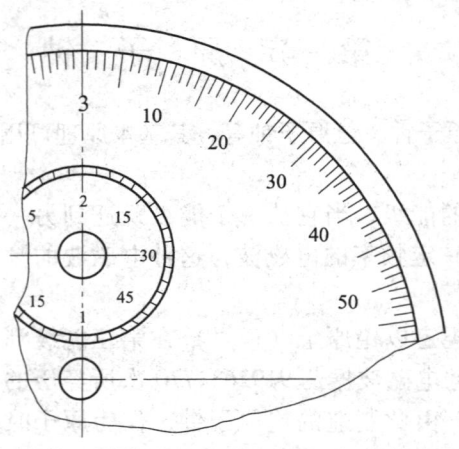

(a)3s2min秒表周期0.02s最小刻度值0.01s

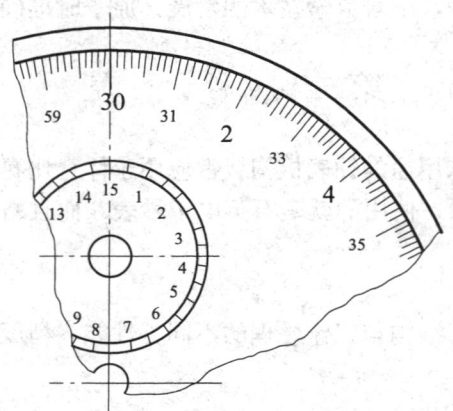

(b)30s15min秒表周期0.2s最小刻度0.1s

图 20-2　不同频率的表盘刻度

（三）按测时系统功能分

1. 无累加功能的秒表

此类秒表结构上为单柄头，转动柄头可实现上条，按压柄头可实现测时控制，秒表外形和测时程序如图 20-3 所示。

2. 具有累加功能的秒表

此类秒表结构上为双柄头、主柄头用于上条并与副柄头一起共同实现测时控制，外形和测时程序如图 20-4 所示。

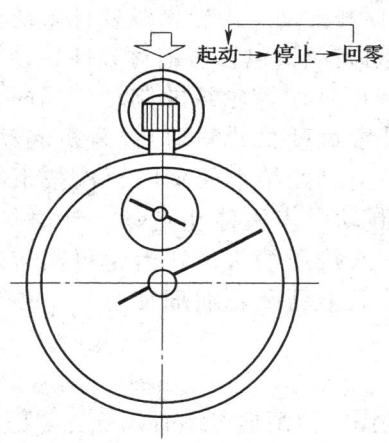
图 20-3 单柄头秒表

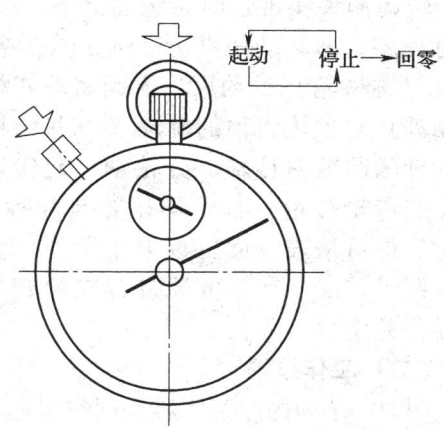
图 20-4 双柄头秒表

（四）按秒针数量分

一般的单秒针表只能用于一个测时对象的时段测量，而双针秒表具有两根秒针，可对两个同时开始而不同时结束的对象作时段测量。结构上为三柄头，其中一个副柄头专门用于控制副秒针，如图 20-5 所示。

二、单柄头秒表的工作原理

机械式秒表是一种使用最普遍的时段测量仪器，而单柄头秒表又是机械式秒表的典型，因此，对单柄头秒表进行分析讨论是研究秒表的基础。

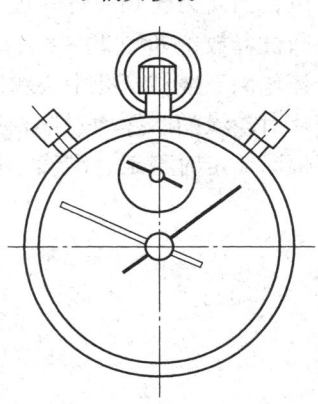
图 20-5 双针秒表

（一）结构方框图

图 20-6 为单柄头秒表的结构方框图，显然，它由机械表与测时系统组合而成。

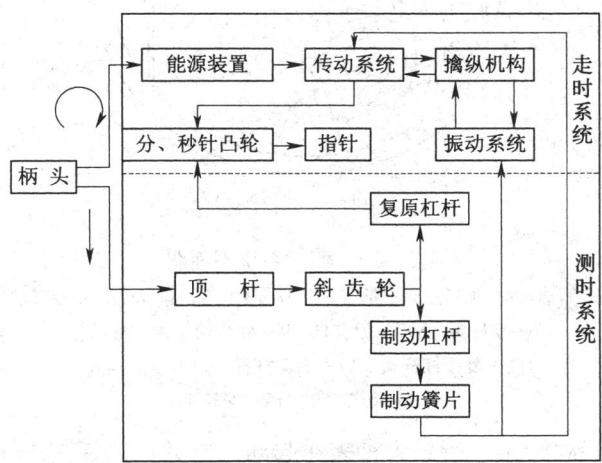

图 20-6 单柄头秒表结构方框图

转动柄头实现走时系统的上条，按压柄头通过顶杆推动斜齿轮操纵杠杆系统实现测时程序，即起动—停止—回零的变换。起动在瞬间完成，包括撤销对分针、秒针凸轮（又称桃轮）的约束，撤销制动杠杆一端制动簧片对摆轮轮缘的制动。同时，撤销制动片对秒轮齿顶的制动（有些结构的秒表不设置对秒轮的制动）。表机起动后，分秒针随凸轮与秒轴、分轮轴一起转动实现计时，当时段结束的瞬间再次按下柄头时，斜齿轮转过一齿，摆轮轮缘和秒轮齿顶即被制动，表机停止走动，计时结束。此时，即可从表盘面上读取指示值。读数完毕第三次按压柄头，斜齿轮再次转过一齿，制动状况不变，复原杠杆在弹簧作用下，其冲面推压凸轮曲面使分针、秒针转向零位并定位于零位。

（二）工作原理

图20-7为国产MJ1秒表同类机芯的表盘面结构图，清楚地将测时系统各零部件的结构及相对位置表示出来。图示位置为秒表的回零状态，摆轮被制动，分秒凸轮被定位于零位，当斜齿轮顺时针转过一齿时，复原杠杆被顶起绕孔中心逆时针有一转角，分、秒凸轮即被释放；如图20-8（a）所示。同时制动杠杆左端小角落入斜齿轮端面的槽内，在弹簧作用下绕杠杆孔中心顺时针有一转角，撤销了对摆轮的制动，并在撤销制动之初利用簧片对轮缘的摩擦力对摆轮沿其轮缘切线方向给予一个冲力，使摆轮一开始就具有足够的摆幅而使走时稳定、准确。这时秒表进入正常的工作状态。

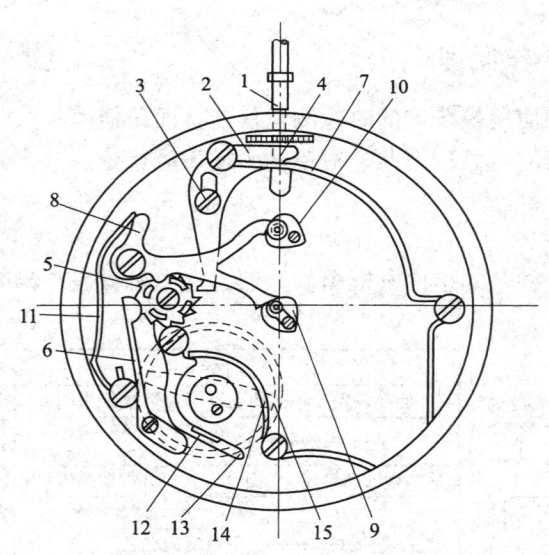

图20-7 测时系统平面图

1—柄轴 2—顶杆 3—螺钉 4—顶杆柱 5—斜齿轮 6—定位簧
7—顶杆簧 8—复原杠杆 9—秒凸轮 10—分凸轮
11—复原杠杆簧 12—制动杠杆 13—制动簧片
14—制动杠杆簧 15—摆轮组件

图20-8（a）、（b）、（c）所示为秒表在起动，制动，回零三个不同状态时测时系统主要零部件的相对位置。

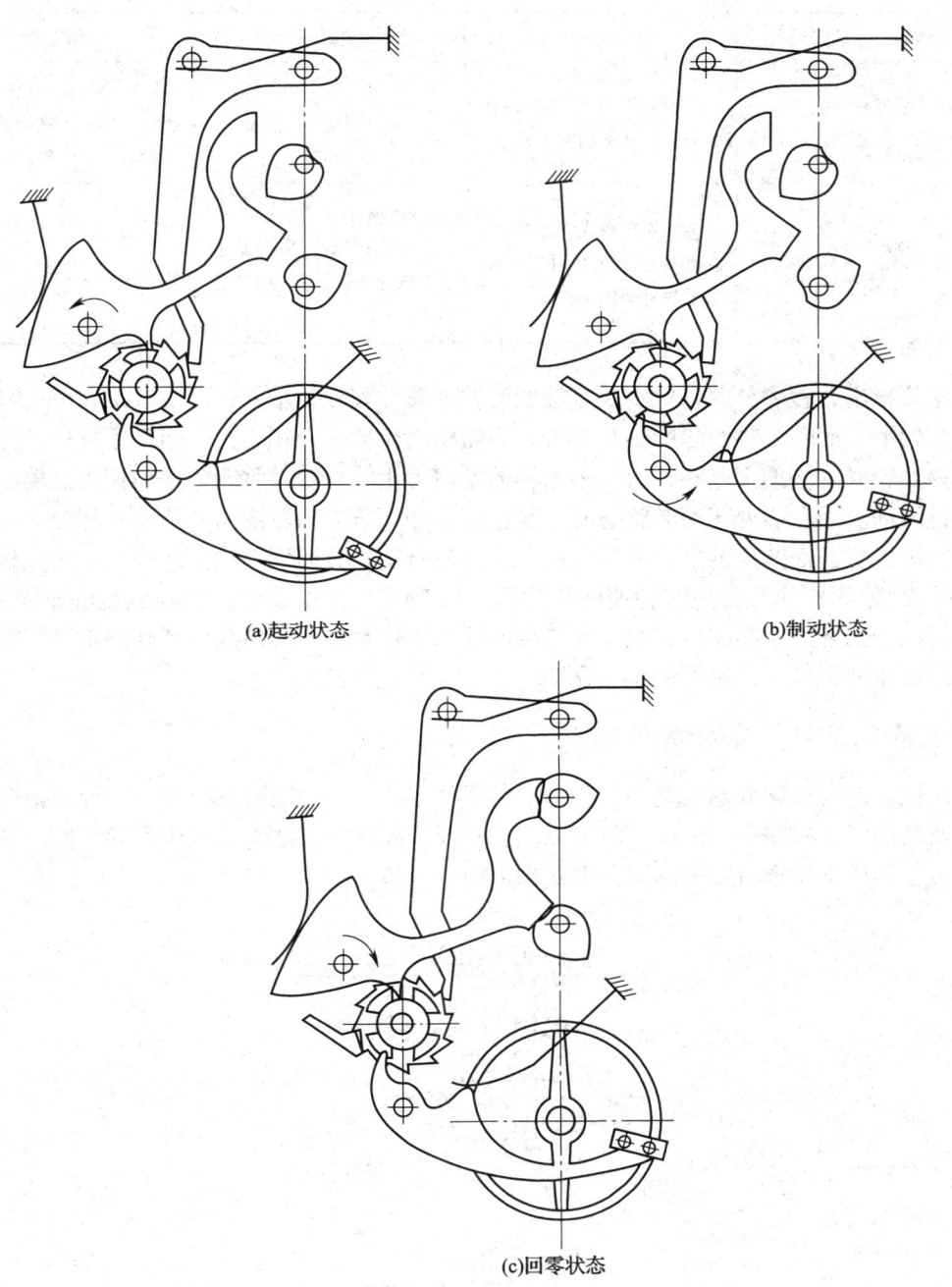

图 20-8　MJ1 秒表测时系统主要零部件位置

各杠杆的位置受斜齿轮控制。斜齿轮为一周边有 12 个棘齿的零件，凸台上铣有十字交叉的矩形槽，复原杠杆的小爪与制动杠杆的小角不是落入槽内，便顶在凸台圆柱面上，使它们具有两个不同工作位置，见表 20-1。柄头每按压一次，顶杆推动斜齿轮顺时针转过 30°，测时系统变换一种状态。

表 20-1　　　　　　　复原和制动杠杆在不同状态时的位置

秒表工作状态	起动	制动	回零
复原杠杆位置	杠杆小爪顶住斜齿轮凸台外圆，冲面抬起凸轮	同左	杠杆小爪落入斜齿轮凸台十字槽内，在弹簧作用下冲面压向凸轮
制动杠杆位置	左端小角落入十字槽内，在弹簧作用下杠杆另一端带动制动簧脱离摆轮	小角顶住斜齿轮凸台外圆，压缩弹簧，另一端靠向摆轮，制动簧片压住轮缘	同左

必须指出，秒表分、秒针不是直接紧配在分轮轴和秒轮轴上，而是紧配在分、秒凸轮的空心轴上，而分、秒凸轮的轴孔与分、秒轮轴由摩擦传动相连接。当复原杠杆冲面脱离分、秒凸轮时，借助于凸轮簧对分秒轮轴的摩擦力矩将分轮、秒轮的运动传给凸轮，从而使表针转动。当秒表处于回零状态时，复原杠杆冲面压向凸轮曲面，凸轮孔与分、秒轮轴之间打滑，在冲面产生的复位力矩作用下使凸轮带动指针回到零位。摩擦传动的结构见图 20-9。凸轮的形状通常为三种曲线所构成，即阿基米德螺旋线，对数螺旋线或渐开线。实际上出于工艺的原因是由三段光滑连接的圆弧去代替。凸轮曲线的形状决定了复原杠杆在复原簧作用下复位力矩的大小（图 20-10）。

三、秒表的常见故障及修理

机械秒表的故障分两大类型。一是走时系统故障，二是测时系统故障。前者由于工作原理及结构同于机械表，因此，故障原因分析及故障排除方法与机械表相同。测时系统故障较多，结构又与走时系统不同，因此作一简略分析。

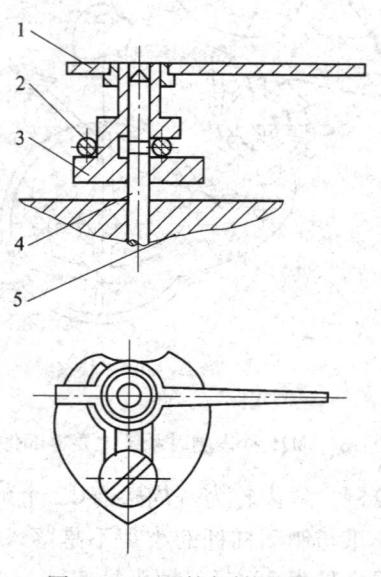

图 20-9　凸轮与轴的连接
1—针　2—凸轮簧　3—凸轮　4—轴　5—夹板

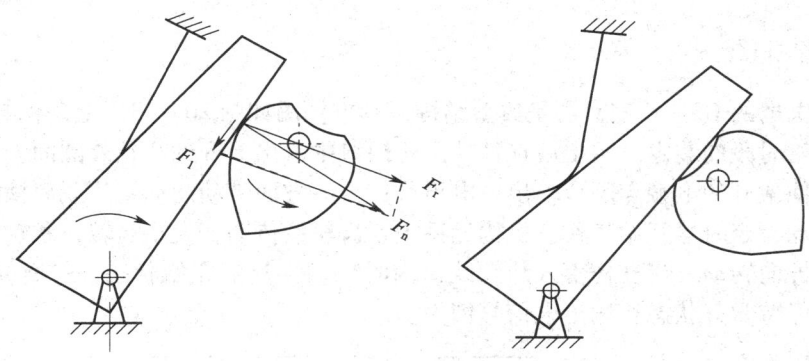

图 20-10　凸轮的复位与定位

测时系统故障通常有两种情况，一种属于机件失效造成故障，如弹簧折断，冲面磨损等一般易于发现，排除亦不难。另一种为装配调试不当所致，寻找故障及排除有一定难度。现将可能造成故障的原因列出供修理参考。

（1）活动件间隙不当。如杠杆的孔与销轴间，杠杆与夹板或相邻零部件间的间隙值，过小造成活动不灵活甚至不到位，或不能活动，间隙过大造成碰擦或偏离正确位置。

（2）斜齿轮三步动作时周向位置的正确性。斜齿轮周向位置不正确或不稳定，造成杠杆位置错位或不稳定，三步动作不协调。应通过定位簧正确调整斜齿轮周向位置。

（3）正确调整制动杠杆簧的弹力大小及位置。制动时制动簧偏离摆轮轮缘时，制动力矩和起动力矩偏小，甚至造成不制动和不起动的情况。

（4）分、秒针的装定。分、秒针装定时偏零位造成指针的系统误差，复原杠杆冲面与凸轮定位面之间的间隙造成指针零位的偶然误差。装配时不允许杠杆冲面与秒凸轮定位弧之间有间隙，而杠杆冲面与分凸轮定位弧之间允许有微量间隙。

（5）指针不回零。原因是冲面或凸轮工作面粗糙度大、复原杠杆簧失效或弹力减小，凸轮孔与轴配合不当，污染或摩擦增大。

第三节　定　时　器

定时器的主要用途是时段的控制。它与普通钟表机构不同的是采用了无固有振动擒纵调速器。

图 20-11 是 6 分钟定时器。图 20-12 是 2 小时定时器。

图 20-11　6 分钟定时器

图 20-12　2 小时定时器

一、结构方框图

常用于电扇的 DS60E 定时器是典型结构,其方框图如图 20-13。上条柄与凸轮铆接,既上条又用于时段的装定。装定后杠杆从凸轮缺口中滑出上升到凸轮外圆面上,杠杆一方面推压簧片使常开的电触点闭合输出一电讯号;另一方面带动制动簧片脱离擒纵轮,撤销对轮齿的制动,定时器开始工作。机构轮系中各齿轮按传动比大小运转,条轴带动凸轮按上条的相反方向转动。当杠杆落入凸轮缺口内时一切恢复到原始状态——擒纵轮被制动,触点断开并保持常开状态,输出电信号消失。

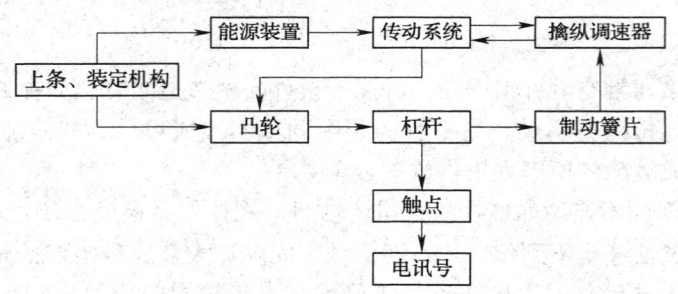

图 20-13 钟表定时器方框图

二、工作原理

钟表机构由精度较低的无固有振动擒纵调速器进行调速,可靠性好,成本低廉。时段长短 Δt 由装定时凸轮缺口的转角 θ 的大小所决定。

$$\Delta t = \theta/2\pi \cdot t_1$$

式中 t_1——头轮轴每转的时间;

$$t_1 = Z \cdot T/i_{12} \cdot i_{23} \cdot i_{34} \cdot i_{45}$$

Z——擒纵轮齿数;

T——调速器的平均周期。

因此
$$\Delta t = \frac{ZT}{2\pi} \cdot \frac{1}{i_{12} \cdot i_{23} \cdot i_{34} \cdot i_{45}} \theta = k\theta$$

时段长短 Δt 与凸轮装定时转角(角位移量 θ)成正比。

三、常见故障分析

(1)头轮轴与头轮片摩擦连接,长期使用容易造成打滑。修理比较困难,一般更换新件为妥。

(2)制动簧片位置偏差造成制动失效,擒纵机构无法停止工作使杠杆反向转出凸轮缺口到达 ON 位置,造成不能停止于 OFF 位置的情况。调整制动簧片位置,使其在杠杆处于凸轮缺口中(OFF 位置)能对擒纵轮实现制动。

(3)销钉式擒纵机构,销钉松动或脱落使擒纵机构停止工作或工作不正常。

(4)时段控制误差较大。无固有振动擒纵调速器周期稳定性较差,受发条力矩的影响较大。通常满行程有 ±10% 误差属正常现象,在误差大大超过规定值时才需检修。

第四节 平衡摆与扭转摆

一、平衡摆

图20-14是平衡摆片簧振动系统。它的工作原理和摆轮游丝系统基本相同。它的特点是振动周期比较小,一般在0.005s~0.01s,用于短时段计时仪器,例如钟表信管等。

二、扭转摆

图20-15是扭转摆示意图。这种振动系统由摆盘1和悬丝2组成。悬丝上端固定于不动的支点,下端固定摆盘。悬丝的横截面可为矩形或圆形。这种振动系统的特点是振动周期较长,一般为几秒到几十秒,多用于能量较节省而走时延续时间较长的计时仪器,例如四百天钟等。

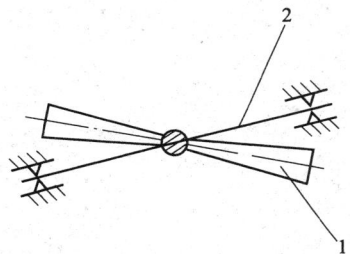

图20-14 平衡摆片簧振动系统
1—平衡摆 2—片簧

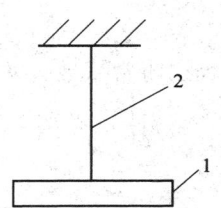

图20-15 扭转摆示意图
1—摆盘 2—悬丝

附　录

摆轮游丝系统运动方程的解法

由动力学定律（$J_\varepsilon = M$），得

摆轮游丝系统运动微分方程为

$$J_b \ddot{\varphi} + M_0 \varphi = 0$$

式中　J_b——系统的转动惯量；

M_0——游丝的刚度；

φ——摆轮任意瞬间的转角；

$\ddot{\varphi}$——φ 对时间 t 的二阶导数 $\left(\dfrac{d^2\varphi}{dt^2}\right)$。

解：

上列方程为二阶常系数齐次线性微分方程。

初始条件：$\varphi(t)\big|_{t=0} = \varphi_0$

$$\dot{\varphi}\big|_{t=0} = \dfrac{d\varphi}{dt}\bigg|_{t=0} = 0$$

上列微分方程的特征方程为

$$J_b \lambda^2 + M_0 = 0$$

或

$$\lambda^2 + \dfrac{M_0}{J_b} = 0$$

特征根：

$$\lambda = \pm j\sqrt{\dfrac{M_0}{J_b}}$$

令

$$n = \sqrt{\dfrac{M_0}{J_b}},\ \text{则}\ \lambda = \pm jn$$

则上式微分方程通解（查表）为

$$\varphi(t) = C_1 \cos nt + C_2 \sin nt$$

代入初始条件：$\varphi\big|_{t=0} = \varphi_0$，得

$$\varphi_0 = C_1$$

代入初始条件：$\dot{\varphi}\big|_{t=0} = 0$，得

$$\dot{\varphi} = \dfrac{d\varphi}{dt} = -C_1 n \sin nt + C_2 n \cos nt$$

所以

$$0 = C_2 n$$

因为 $$n = \sqrt{\frac{M_0}{J_b}} \neq 0$$
所以 $$C_2 = 0$$
将 C_1、C_2 代入通解，得
$$\varphi(t) = \varphi_0 \cos nt$$
此即摆轮游丝系统运动方程。